水利工程管理考核

指导手册

江 苏 省 水 利 厅　编著

江苏大学出版社
JIANGSU UNIVERSITY PRESS

镇 江

图书在版编目(CIP)数据

水利工程管理考核指导手册 / 江苏省水利厅编著
. — 镇江：江苏大学出版社，2019.12
ISBN 978-7-5684-1296-4

Ⅰ．①水… Ⅱ．①江… Ⅲ．①水利工程管理－考核－
手册 Ⅳ．①TV6－62

中国版本图书馆 CIP 数据核字(2019)第 289940 号

水利工程管理考核指导手册

Shuili Gongcheng Guanli Kaohe Zhidao Shouce

编　　著/江苏省水利厅
责任编辑/孙文婷　苏春晶
出版发行/江苏大学出版社
地　　址/江苏省镇江市梦溪园巷 30 号(邮编：212003)
电　　话/0511-84446464(传真)
网　　址/http://press.ujs.edu.cn
排　　版/镇江市江东印刷有限责任公司
印　　刷/扬州皓宇图文印刷有限公司
开　　本/787 mm×1 092 mm　1/16
印　　张/17.25　插页 12 面
字　　数/429 千字
版　　次/2019 年 12 月第 1 版　2019 年 12 月第 1 次印刷
书　　号/ISBN 978-7-5684-1296-4
定　　价/100.00 元

如有印装质量问题请与本社营销部联系(电话:0511-84440882)

大溪水库

赵村水库

横山水库

横山水库溢洪闸

二河闸

入海水道大运河立交

三河闸

三汊河河口闸

万福闸

射阳河闸

长江大堤

港区堤防

江堤护岸工程

江堤绿化

入海水道通榆河立交

泰州引江河高港枢纽

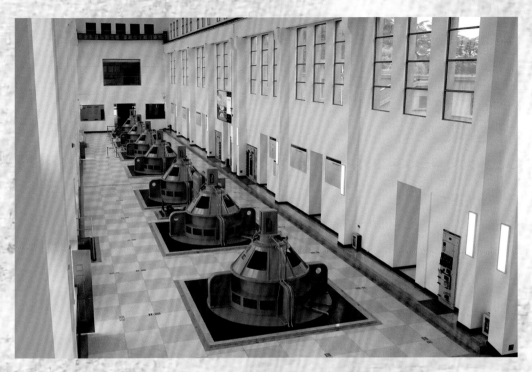

江都第四抽水站

江都第三抽水站

江都站变电所

《水利工程管理考核指导手册》编委会

主　　任：张劲松

副 主 任：陆一忠　郭　宁

编　　委：问泽杭　王冬生　辛华荣　魏强林

　　　　　周灿华　高杏根

主　　编：陆一忠

副 主 编：郭　宁

执行主编：高杏根　蔡　平

编写人员：高杏根　蔡　平　周贵宝　朱承明　匡　正

　　　　　黄振富　戴春祥　叶建琴　吉　庆　肖　璐

　　　　　刘媛媛　薛井俊　周开欣　任　杰　范　珩

　　　　　严静慧　练　佳　罗伯明　赵　勇　许　涛

前　言

　　水利工程管理考核是规范工程管理、提高管理水平、确保安全高效运用的重要举措，为指导全省水利工程管理考核工作有效开展，依据《水利部水利工程管理考核办法》及其考核标准（水运管〔2019〕53 号）、《江苏省水利工程管理考核办法》及其考核标准（苏水管〔2017〕26 号），江苏省水利厅组织江苏省江都水利工程管理处等单位编制本手册。

　　本手册共分六个章节，分别为水利工程管理考核办法、组织管理、安全管理、运行管理、经济管理和小型水库规范化管理。其中，安全管理、运行管理分水库工程、水闸工程、河道工程、泵站工程等四类工程分别编写，组织管理、经济管理为四类工程通用内容。本手册针对不同章节的考核条目，编写了条文解读，规程、规范和技术标准及相关要求，备查资料和参考示例。

　　本手册力求通过对条文的解读、相关规范的引用、备查资料及参考示例的例举，为基层水利工程管理单位开展管理考核提供参考依据。

　　由于编者水平有限，本指导手册中难免存在疏漏和不足，敬请专家和广大读者批评指正。

目　录

第一章　水利工程管理考核办法

第一节　概述

水利工程是国民经济和社会发展的重要基础设施，是保障和服务民生的重要物质载体。水利工程管理考核作为规范化管理的重要举措，旨在有效提高水利工程在水资源供给、水灾害防御和水生态保护等方面的安全保障能力，全面、系统、科学地评价水利工程状况和水管单位管理水平，强化水利工程技术管理，促进水利工程管理规范化、制度化、科学化、法制化、现代化建设，提高水利工程管理水平。

水利工程管理考核是一项年度常态化的工作，水管单位每年按照考核标准从组织管理、安全管理、运行管理和经济管理四个方面规范日常管理，进行自检自评和完善；上级主管部门对自检结果进行考核，并将年度考核结果反馈水管单位进行整改。通过自检、考核、整改，规范管理行为，保证管理单位和水行政主管部门全面、及时、准确地掌握水利工程管理状况，及时解决管理中存在的问题，保持工程运用安全高效、管理规范有序。

自 2003 年起，江苏省全面推行水利工程管理考核工作，制定了《江苏省水利工程管理考核办法》及其考核标准，并不断修改完善。通过开展年度水管单位自检与考核、省级水管单位定期复核和不定期飞检抽查，以创建国家级、省级水管单位为抓手，不断整改工程管理存在的各种问题，对通过国家级和省级管理考核验收的水管单位，江苏省水利厅在正常安排省级维修养护资金的基础上，每年安排专项补助资金，使得水管单位在工程的日常运行管理、检查观测、维修养护、安全管理与资料整编等各项工作中都达到相关规定和技术标准的要求，工程管理整体水平全面提升。截至 2018 年年底，全省共创建国家级水管单位 20 家，数量位居全国前列；省级以上水管单位 285 家，占全省水管单位总数的 48.1%；省规范化小水库 468 座，占全省小型水库的 52.1%。

管理单位通过水利工程管理考核，加强了规章制度建设，规范了日常管理行为，锻炼了职工队伍，确保了工程安全，提升了单位形象，促进了单位发展；在日常管理工作中，通过严格执行上级指令，合理调度水利工程，使工程安全运行，效益得到了更好的发挥。同时，按照考核办法的要求，管理单位加强单位党风廉政、精神文明和水文化建设，档案管理上等级，环境绿化上台阶，水利工程始终处于良好的状态，管理范围违法侵占现象大为减少，工程管理秩序井然，管理面貌焕然一新，工程管理形象得到有效展示。随着管理考核工作的深入推进，工程管理以更加完善的制度、更加扎实的措施、更加规范的行为，确保工程良性运行，充分发挥其社会效益、经济效益、生态效益，全面推进水利工程管理现代化建设进程。

为顺应新时期水利工程管理要求，在强化水利工程依法管理、规范管理的基础上，江苏省水利厅积极推进管理创新。2015 年起在厅属管理单位开展水利工程精细化管理试点，2016 年 6 月省水利厅印发了《江苏省水利工程精细化管理指导意见》，在全省大力推行精细化管理工作，探索水利工程管理创新的新模式，建立规范管理的升级版，促进管理水平全面提档升级。2019 年 1 月省水利厅印发《江苏省水利工程精细化管理评价办法（试行）》，通过构建精细化管理的标准体系，提出健全管理制度体系、明晰管理工作标准、规范管理作业流程、强化管理效能考核的精细化管理工作要求，指导水管单位分类推进。厅属管理处全面开展水利工程精细化管理工作，设区市水行政主管部门选择管理水平较高、基础条件较好的国家级和省级水管单位进行试点，形成精细化管理批量的参照系，并在全省其他单位不断推广，提升管理成效。

第二节　水利部水利工程管理考核办法解读

2003 年 5 月 22 日，水利部首次印发了《水利工程管理考核办法（试行）》及其考核标准（水建管〔2003〕208 号）。为充分发挥水利工程管理考核的作用，确保水利工程运行安全和充分发挥效益，水利部组织对《水利工程管理考核办法》及其考核标准进行了 3 次修订，于 2019 年 2 月 13 日印发《水利工程管理考核办法及其考核标准》（水运管〔2019〕53 号）。

一、考核对象和范围

水利工程管理考核对象是水利工程管理单位（指直接管理水利工程的法人），重点考核水利工程的管理工作，包括组织管理、安全管理、运行管理和经济管理四类。

适用的水利工程是指大中型水库、水闸、泵站、灌区、调水工程，七大江河干流堤防，流域管理机构所属和省级管理的河道堤防、海堤，以及其他河道三级以上堤防等工程。

二、考核原则和组织

管理考核按分级负责的原则进行，各级水行政主管部门组织所属水管单位开展水利工程年度自检和考核工作。

水利部负责全国水利工程管理考核工作。部直管水利工程管理考核工作由水利部负责，流域管理机构负责所属水利工程管理考核工作，县级以上地方各级水行政主管部门负责所管辖的水利工程管理考核工作。

部直管工程自检结果符合水利部验收标准的，由水利部直接组织考核和验收。流域管理机构负责所属工程、水利系统外工程申报水利部验收的水管单位的初验、申报工作，对自检、考核结果符合水利部验收标准的组织初验，初验符合水利部验收标准的，向水利部申报验收。省级水行政主管部门负责本行政区域内申报水利部验收的水管单位的初验、申报工作。对自检、考核结果符合水利部验收标准的组织初验，初验符合水利部验收标准的，向水利部申报验收，并抄送相关流域管理机构。

申报水利部验收的水管单位，由水利部或其委托的有关单位组织验收。

水利工程管理考核分水管单位年度自检和上级水行政主管部门年度考核两个阶段。申报水利部验收的，需具备以下条件：

（1）完成水管体制改革并通过验收。新成立水管单位的管理体制机制应符合水管体制改革要求。

（2）工程通过竣工验收（包括新建工程、除险加固工程、更新改造和续建配套工程等）。

（3）水库、水闸工程按照《水库大坝注册登记办法》和《水闸注册登记管理办法》的要求进行注册登记。

（4）水库、水闸、泵站工程按照《水库大坝安全鉴定办法》《水闸安全鉴定管理办法》和《泵站安全鉴定规程》的要求进行安全鉴定，鉴定结果达到一类标准或完成除险加固。

河道堤防工程（包括湖堤、海堤）、灌区工程达到设计标准。

（5）水库工程的调度规程和大坝安全管理应急预案经相关单位批准。

（6）工程管理范围和保护范围已划定。

通过水利部验收的水管单位，年度考核结果需于次年1月底前由省级水行政主管部门或流域管理机构汇总报水利部备案。

三、考核与验收标准

水利工程管理考核，按水库、水闸、堤防、泵站、灌区等工程类别分别执行相应的考核标准。调水工程按照上述相关工程的考核标准执行。

水利工程管理考核实行千分制。水管单位和各级水行政主管部门依据水利部制定的考核标准对水管单位管理状况进行考核赋分。通过水利部验收，考核结果总分应达到920分（含）以上，且其中各类考核得分均不低于该类总分的85%。

四、复核与退出

通过水利部验收的水管单位，由流域管理机构每五年组织一次复核，水利部进行不定期抽查；部直管工程和流域管理机构所属工程由水利部或其委托机构组织复核。对复核或抽查结果，水利部予以通报。

凡出现以下情况之一的，取消国家级管理单位：

（1）未开展年度自检和考核工作；

（2）未通过复核或抽查发现突出问题未按期整改；

（3）工程安全鉴定为三类及以下（不可抗力造成的险情除外）；

（4）发生较大及以上安全生产事故；

（5）发生其他造成社会不良影响的重大事件。

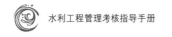

第三节　江苏省水利工程管理考核办法解读

2004 年 7 月 4 日，江苏省水利厅根据省水利工程管理体制的特点，参照《水利工程管理考核办法》（水建管〔2003〕208 号）的要求，制定了《江苏省水利工程管理考核办法（试行）》（苏水管〔2004〕118 号）。后来进行了 3 次修订，2017 年 5 月 6 日，省水利厅根据水利部 2016 年修订的考核办法，修订颁布了《江苏省水利工程管理考核办法》及其考核标准（苏水管〔2017〕26 号）。

一、考核对象和范围

经批准设立的水利工程管理单位或小型水库管理责任承担单位（包括承担小型水库管理责任的乡镇水利站或村委会等）。

水利工程是指在册水库，大中型水闸、泵站及三级以上河道堤防、海堤工程，其他工程可参照执行。

二、考核等级和内容

考核等级：分江苏省一、二、三级水利工程管理单位和江苏省规范化小水库。

水利工程管理考核分管理单位年度自检和上级主管部门年度考核验收两个阶段。考核结果达到省三级以上水利工程管理单位标准、小型水库考核结果达到省规范化小水库标准的，可申报验收。

重点考核水利工程的管理工作，包括组织管理、安全管理、运行管理和经济管理四类。

三、考核原则与组织

水利工程管理考核工作按照管理权限实行分级负责制，各级水行政主管部门和厅属管理处组织所属水管单位开展水利工程年度自检和考核工作。

江苏省水利厅负责全省水利工程管理考核工作，设区市、县（市、区）水行政主管部门和厅属管理处具体负责所管辖的水利工程管理考核工作。申报省一级水利工程管理单位的，在取得省二级水利工程管理单位满两年或省三级水利工程管理单位满三年后方可申请；小型水闸、泵站工程，仅限申报省三级水利工程管理单位；对于管理多座小型工程且总规模达到中型工程规模的，可申报省二级水利工程管理单位。

申报省三级以上水利工程管理单位和省规范化小水库，应具备以下条件：

（1）完成水管体制改革并通过验收；新设立管理单位的管理体制应符合水管体制改革的要求。

（2）工程通过竣工验收（包括新建工程、除险加固工程、更新改造和续建配套工程等）。

（3）水库、水闸工程按照《水库大坝注册登记办法》和《水闸注册登记管理办法》的要求进行注册登记。

（4）水库、水闸、泵站工程按照《水库大坝安全鉴定办法》《江苏省水闸安全鉴定管理办法》和《江苏省泵站安全鉴定管理办法》的要求进行安全鉴定，鉴定结果达到二类及以上标准或完成除险加固。

河道堤防工程达到设计标准。

（5）水库工程的调度规程和大坝安全管理应急预案经相关单位批准。

（6）工程管理范围已划定和保护范围明确，工程管理范围土地使用证已领取。

（7）近三年内未发生工程安全责任事故。

（8）一年内无单位负责人被追究刑事责任。

（9）近三年内管理范围内无新增违法建设项目。

（10）国家级水管单位应配备高级职称工程技术人员；省一、二级水利工程管理单位应配备中级及以上职称工程技术人员，省三级水利工程管理单位应配备初级及以上职称工程技术人员。

四、考核与验收标准

省水利工程管理考核按大中型水库、水闸、泵站、河道和小型水库等工程类别分别执行相应的考核标准。对于管理多种类别工程的单位，按工程类别分别考核，最后根据各类工程所达到的最低级别确定该单位考核等级。

大中型水库、水闸、泵站、河道工程管理考核实行 1000 分制，小型水库工程管理考核实行 100 分制。考核结果为 920～1000 分的（含 920 分，其中各类考核得分均不低于该类总分的 85%），确定为省一级水利工程管理单位；考核结果为 850～920 分的（含 850 分，其中各类考核得分均不低于该类总分的 80%），确定为省二级水利工程管理单位；考核结果为 750～850 分的（含 750 分，其中各类考核得分均不低于该类总分的 75%），确定为省三级水利工程管理单位。通过省一级水利工程管理单位考核验收满两年且考核分在 950 分以上的，可由省水利厅推荐向水利部申报国家级水利工程管理单位考核验收。

小型水库工程管理考核结果为 90～100 分的（含 90 分，其中各类考核得分均不低于该类总分的 85%），确定为省规范化小水库。

五、复核与退出

省三级以上水利工程管理单位和省规范化小水库，每五年复核一次，期间省水利厅进行不定期抽查。省水利厅每年年初下达年度复核计划，复核一般在上半年完成。省一、二级水利工程管理单位由省水利厅或其委托的单位组织复核；省三级水利工程管理单位和省规范化小水库，由各设区市水行政主管部门或厅属管理处组织复核。

对复核或抽查结果，省水利厅予以通报，抽查结果按 30% 比例计入复核总分。复核或抽查结果达不到原定等级标准的，根据得分情况予以降级或取消原定等级。因故不能按期复核的，应提出书面申请。

凡出现以下情况之一的，予以取消其原有省级水利工程管理单位考核等级：

（1）未开展年度自检和考核工作；

（2）未通过复核或抽查发现突出问题未按期整改；

（3）工程安全鉴定为三类及以下（不可抗力造成的险情除外）；

（4）发生较大及以上安全生产事故；

（5）发生其他造成社会不良影响的重大事件。

六、水利部考核办法与江苏省考核办法主要不同点

（1）考核对象：水利部工程管理考核对象是水利工程管理单位（指直接管理水利工程的法人），江苏省工程管理考核对象是经批准设立的水利工程管理单位或小型水库管理责任承担单位。

（2）考核范围：水利部工程管理考核适用的水利工程是指大中型水库、水闸、泵站、灌区、调水工程，七大江河干流堤防，流域管理机构所属和省级管理的河道堤防、海堤，以及其他河道三级以上堤防等工程。江苏省工程管理考核的水利工程是指在册水库，大中型水闸、泵站及三级以上河道堤防、海堤工程，其他工程可参照执行。

（3）验收标准：通过水利部验收，考核结果总分应达到920分（含）以上，且其中各类考核得分均不低于该类总分的85%。江苏省工程管理考核结果为920~1000分的（含920分，其中各类考核得分均不低于该类总分的85%），确定为省一级水利工程管理单位；考核结果为850~920分的（含850分，其中各类考核得分均不低于该类总分的80%），确定为省二级水利工程管理单位；考核结果为750~850分的（含750分，其中各类考核得分均不低于该类总分的75%），确定为省三级水利工程管理单位。

（4）准入条件：江苏省在水利部申报验收准入条件的基础上，增加了近三年内未发生工程安全责任事故；一年内无单位负责人被追究刑事责任；近三年内管理范围内无新增违法建设项目；国家级水管单位应配备高级职称工程技术人员，省一、二级水利工程管理单位应配备中级及以上职称工程技术人员，省三级水利工程管理单位应配备初级及以上职称工程技术人员四个准入条件。

第四节　考核组织工作

一、验收

1. 验收组织

江苏省一、二级水利工程管理单位由省水利厅或其委托的单位组织验收；江苏省三级水利工程管理单位和省规范化小水库，由设区市水行政主管部门或厅属管理处组织验收。

设区市水行政主管部门负责本行政区域内申报省二级以上水利工程管理单位初验、申报工作，对考核结果符合省二级以上的水利工程管理单位组织初验，初验达到标准的向省水利厅申报验收。

市属、厅属水利工程管理单位分别由设区市水行政主管部门和厅属管理处负责考核，达到省二级以上水利工程管理单位标准的，由设区市水行政主管部门或厅属管理处向省水利厅申报验收。

各地区和各单位应根据实际情况，制订本地区和本单位管理考核达标计划，于每年2月底前向省水利厅报送年度考核验收计划，10月底前上报验收申请。

2. 申报工作

（1）申报：自检分数达到相应等级省级水利工程管理单位标准的，填写《江苏省省级水利工程管理单位申报书》（以下简称《申报书》）自检部分，报上级主管部门。

（2）考核：上级主管部门接到管理单位《申报书》后，应及时组织考核，并填写《申报书》考核部分，考核结果达到省三级以上水利工程管理单位标准的，将结果报设区市水行政主管部门或厅属管理处。

申报国家级水利工程管理单位的，由设区市水行政主管部门和厅属管理处负责考核，符合申报条件的，填写《水利部水利工程管理考核申报书》，报省水利厅。

（3）初验：设区市水行政主管部门应及时组织对申报江苏省一、二级水利工程管理单位进行初验，初验意见应反馈管理单位进行整改。初验结果达到省一、二级水利工程管理单位标准的，填写《申报书》初验部分，并向省水利厅申请验收。

申报国家级水利工程管理单位的，由省水利厅组织初验，并向水利部申请验收。

（4）验收：省一、二级水利工程管理单位由省水利厅或其委托的有关单位组织验收，省三级水利工程管理单位和省规范化小水库由设区市水行政主管部门和厅直属管理处分别组织验收。

3. 验收程序

验收按以下程序进行：

（1）听取汇报。详细听取管理单位自检情况汇报、县水行政主管部门考核和设区市水行政主管部门或厅属管理处初验情况汇报。管理单位汇报时，主要汇报管理单位和工程基本情况、工程管理方面的创新点、是否符合申报省级管理单位的条件，以及自检中发现的问题和整改情况、主要扣分项目和扣分原因等。

（2）查看现场。按照工程类别，对照考核标准内容，分别对主体工程（河道堤防及有关配套工程，水库、水闸、泵站工程，机电设备等）、附属工程（变电站）、其他设施（控制室、防汛仓库、备用发电机组、配电间、档案室等）、文体设施、安全设施、党风廉政及水文化建设设施、管理范围（界桩、标牌）、管理单位办公区及生活区等进行实地察看，并进行工程试运行，对工作人员进行规章制度和技术管理等现场抽查。其中，大、中型工程每个建筑物都需检查，小型闸站工程及小型穿堤建筑物，由专家组决定检查方式，工程较多时可实行抽查。

（3）查阅资料。查阅机构设置、体制改革、精神文明、划界确权、注册登记、安全鉴定、安全生产、检查观测、养护维修、控制运用等资料，有关文件、规章制度、上级部门颁发的荣誉证书及财务报表和审计报告等。以上文件均应为归档原件。

（4）专家质询。召集管理单位的主要领导、有关技术人员和科室人员，对考核过程中发现的问题、存在的疑问等进行质疑。

（5）讨论评议。专家组成员将查看现场、查阅资料及专家质询等过程中发现的有关问题提交专家组进行讨论评议，分析讨论管理单位管理状况，确定考核合理缺项，汇总整改建议，起草验收意见。

（6）考核赋分。专家组成员根据专家组讨论意见，对照考核标准逐项独自赋分，按照工程类别分别填写《江苏省水闸、泵站、水库、河道工程管理考核表》，并进行统计汇总。

（7）通过验收意见。专家组讨论并通过验收意见，填写验收报告，并签名。

（8）通报结果。验收专家组组长向管理单位及其上级主管部门通报验收意见和整改建议，并进行验收总结。

通过省级水利工程管理单位和省规范化小水库考核验收的，由验收组织单位在其网站进行公示，公示一周且无异议，由省水利厅批准并颁发标牌和证书。

二、复核

验收结束后，管理单位应按照专家组提出的考核整改建议及时进行整改，努力提高管理水平。省三级以上水利工程管理单位和省规范化小水库，每五年复核一次，期间省水利厅进行不定期抽查。省一、二级水利工程管理单位由省水利厅或其委托的单位组织复核；省三级水利工程管理单位和省规范化小水库，由设区市水行政主管部门或厅属管理处组织复核。

复核的主要内容包括：

（1）水利工程管理考核办法中各项目和内容符合标准情况；

（2）验收以来管理水平是否有所降低；

（3）专家组提出的整改意见是否落实；

（4）管理工作是否有新的创新点；

（5）验收所需的必要条件如年度自检和考核、安全鉴定、注册登记变更、划界确权和安全生产等落实情况。

对复核结果，省水利厅予以通报。复核结果达不到原定等级标准的，根据得分情况予以降级或取消原定等级。因故不能按期复核的，应事先提出书面申请。

通过水利部验收的，由流域管理机构每五年组织一次复核，水利部进行不定期抽查。对复核或抽查结果，水利部予以通报。

三、抽查

对省三级以上水利工程管理单位和省规范化小水库，省水利厅不定期进行抽查，抽查内容主要包括现场检查、管理资料和问题整改等。对抽查结果，省水利厅予以通报，抽查赋分按30%比例计入复核总分，抽查结果达不到原定等级标准的，根据得分情况予以降级或取消原定等级。

1. 抽查工作组织

（1）省级水利工程管理单位抽查实行飞检制度，事先不通知被查单位，省水利厅根据年度工作安排委托有关单位组织进行。

（2）抽查承担单位组织精干工作人员和专业人员进行抽查。抽查专家组由专家组长、专家和助理组成，一般3~4人，被查地区（单位）人员不参加专家组。

（3）每个单位抽查结束后，专家组与被查单位交流存在的问题、提出整改建议、赋分，并起草抽查报告。

（4）年度抽查工作结束后，抽查承担单位进行总结，对抽查单位管理情况进行客观评价，对发现的主要问题进行梳理，对重大问题提出建议。对不符合相应等级省级水管单位要求的，应提出降级或取消原定等级的建议，向省水利厅报送抽查工作总结。

2. 抽查内容

抽查的内容主要包括现场检查、管理资料和问题整改。

（1）现场检查主要包括规章制度、工程设施、管理设施、安全生产和水行政管理等。

规章制度：建立、健全并不断完善制度，关键岗位制度、岗位职责、操作规程等在适当位置上墙明示，安装规范，协调、美观。

工程设施：水库工程包括坝体、排水设施、溢洪闸、涵洞等、金属结构及机电设备维护、操作运行、报汛、洪水预报及安全监测系统；水闸工程包括技术图表、混凝土工程养护修理、砌石工程维修养护、防渗、排水设施及永久缝维修养护、土工建筑物维修养护、闸门养护修理、启闭机养护修理、机电设备及防雷设施维护、微机监控、视频监视系统及安全监测系统维护；河道工程包括堤身、堤防道路、河道防护工程、穿堤建筑物、害堤动物防治、生物防护工程、工程排水系统、河道供排水、标志标牌、微机监控、视频监视系统及安全监测系统维护；泵站工程包括技术图表、建筑物工程养护修理、主机组管理及维护、高低压电气设备维修养护、辅助设备维修养护、启闭机养护修理、金属结构维修养护、微机监控、视频监视系统及安全监测系统维护。

管理设施：管理范围内水土保持良好、绿化程度高，水生态环境良好；管理单位庭院整洁，环境优美；管理用房及配套设施完善，管理有序。管理范围、保护范围明确，界桩、标志明显，埋设规范，位置正确，编号与土地证一致，无缺损。预警系统、通信手段、备用电源、防汛物资、抢险工具、器材设备完好、运行可靠；物资管理资料完备。

安全生产：安全警示警告标志设置规范齐全；定期开展隐患排查治理，发现隐患及时整改；安全检查、巡查及隐患处理记录资料规范；安全措施可靠，消防设施、安全用具配备齐全并定期检验，严格遵守安全生产操作规定，工程及设施、设备运行正常；无较大安全生产责任事故。

水行政管理：管理范围完整，无侵占、破坏、损坏水利工程的行为，无新增违建；按规定进行水行政安全巡查，依法对管理范围内批准的建设项目进行监督管理；标志、标牌内容准确、设置合理、埋设规范、及时出新。积极开展水生态、水环境保护，无排放有毒或污染物等破坏水质的活动；河道、水库采砂等监管到位，无违法采砂现象。

（2）管理资料主要包括现场管理、工程观测、维修养护、运行调度等各类记录和资料整理归档等。现场管理台账主要检查日常巡查记录；汛前、汛后检查记录及报告；水下检查记录及报告；特别检查记录及报告；值班记录；设备等级评定资料；各类试验、检测报告等；工程大事记；工程技术管理细则；反事故预案和防汛防旱应急预案，经批准的调度运用方案和控制运用记录。工程观测按要求开展；观测成果真实、准确，精度符合要求；观测设施齐全、完好；进行观测资料分析，成果用于指导工程运用。按要求编制维修计划和实施方案，并上报主管部门批准；加强项目实施过程管理和验收；项目管理资料齐全；日常养护资料齐全，管理规范。档案设施齐全、完好；各类工程建档立卡，图表资料等规范齐全，分类清楚，存放有序，按时归档；档案管理信息化程度高。

（3）问题整改主要包括年度自检与考核情况、历次考核问题整改落实情况。管理单位根据考核标准每年进行自检，并将自检结果报上级水行政主管部门；上级水行政主管部门按规定组织考核，并将考核结果及时反馈水管单位。对自检、考核及上级主管部门检查意见按期落实整改或制定相应措施。

四、考核重点与注意事项

1. 工程现场

水闸、泵站等各类水利工程各有特点，各个单项工程又有其自身的特点，但基本上都可以归并为工程设施和管理设施两大类。工程设施主要包括河道、堤防、土坝等土工建筑物，护坡、挡土墙等石工建筑物，水闸闸身、泵站站身及其附属的翼墙、流道、交通桥、工作桥、检修便桥等各类混凝土建筑物，闸门、拦污栅、启闭机、行车、捞草机、水泵等金属结构，以及电动机、变压器、输电线路、配电设施、监控设备和通信设备等。管理设施主要包括启闭机房、泵站主副厂房、配电间、发电间、防汛物资仓库、办公管理用房、安全设施、观测设施和水文设施等。

组织管理：一是管理范围内（包括管理单位内部和工程周围）要做到庭院整洁、环境优美、绿化程度高，门面房出租等综合经营管理有序。二是管理用房及阅览室、活动室等文体娱乐设施配备齐全。三是档案室要做到三室分开（库房、办公室、阅档室），防尘、防火、防盗、防潮、防光、防高温、防蛀、防腐等"八防"设施齐全，有江苏省档案工作等级证书。

安全管理：一是划界确权资料、界桩齐全，并且界桩数量、位置、编号等与土地使用证一致。二是管理范围内无违章建筑、码头等设施，无围网养鱼、鱼箔、鱼罾等行洪障碍，未发生打井、埋坟、爆破、违法采砂等影响安全的活动，水闸、泵站管理范围内禁止游泳、捕鱼、船舶停靠等危险行为。三是警示、警告、水法规宣传等标志、标牌规范齐全，船闸和节制闸通航孔的信号灯、禁停区、待泊区等助航设施齐全，停靠有序，通航河道上闸站工程助航设施齐全。四是灭火器、砂箱等消防设备和绝缘手套、绝缘鞋等电气安全用具齐全，设备贴有定期试验合格标贴。五是防汛仓库、物资器材仓库内物资堆放整齐、保管良好，抢险工具齐备，块石码放整齐。

运行管理：一是各类水工建筑物完好，无老化、破损等，主要包括各类混凝土结构、砌石结构表面整洁，无明显裂缝、破损、倾斜等；排水设施畅通，观测设施齐全。二是闸门、拦污栅、启闭机、行车、捞草机等金属结构无锈蚀，表面清洁；闸门无变形、漏水；启闭机减速箱、液压系统等无渗漏油，油位油质符合规定，加油嘴齐全，油杯不缺油，钢丝绳无扭曲变形，保养良好；齿轮啮合良好，无严重磨损；闸门开高指示准确、限位装置动作可靠。三是各类机电设备维护良好，表面清洁，无老化、锈蚀，能正常使用；油、气、水等管路按规定分色，无"跑、冒、滴、漏、锈"等现象；各类高、低压配电柜、开关箱等符合安全使用要求，标识规范，编号齐全，柜前后有绝缘垫，柜内整洁、无灰尘；电气线路接线规范、整齐，电缆挂牌规范齐全；表计指示正确并定期校验；建筑及电气设备防雷设施齐全，接地可靠，避雷、接地等正常并定期校验；备用发电机组能正常投入使用。四是工程监测、监控自动化程度高，有自动化监视、控制、测量等现代化设施，并能正常可靠地运行，利用率高，有办公局域网络，能通过网络与上级机关交流信息。加入水信息网，建立了信息管理系统，现代化管理水平高。

经济管理：主要是财务管理规范，职工工资福利及"五险一金"有保障，水土资源开发利用率高。商店、饭店、招待所、生产车间、门面房出租等综合经营场所要整洁、有序。过闸费、供水水费、采砂管理费、堤防占用补偿费、过路过桥费等收费场所要有收费许可证和收费标准公示，收费程序规范。

2. 管理资料

工程管理过程中要按照规范化的要求进行资料管理，重视平时记录，无论是检查观测、养护修理、控制运用等均要留下相应的证据资料，现场管理台账资料齐全，并及时进行收集、整理。主要工作要有发展规划和实施计划，各项工作要有计划有总结，部分工作应出具相关主管部门的证明。主要包括规章制度类、计划总结类、原始记录类、整编成果类、图表证书类等。

组织管理：一是水管体制改革情况，包括管养分离、竞聘上岗、分配激励等，以及通过水管体制改革验收的相关材料。二是岗位设置、责职、培训情况，包括机构设置、岗位测算、持证上岗证书、各类培训证书、计划总结等。三是获得先进集体、先进个人荣誉的各类奖状、标牌和证书等，包括党风廉政建设、精神文明、水利风景区、绿化先进、管理先进、安全标准化、档案等级证书、治安管理等有关工作的证明文件。四是各项规章制度汇编及效果执行情况材料。五是年度自检和考核资料、精细化管理开展情况。

安全管理：一是注册登记、安全鉴定资料、水工建筑物及机电设备管理等级评定表及上级主管部门审定文件。二是依法管理情况，包括划界确权、土地使用证或不动产权证等权属证明书，实现地籍信息化；管理范围内建设项目批文、汇总表和监管资料；水政执法巡查记录和违法查处情况。三是防汛抢险组织机构、防洪预案、防汛物资台账；安全生产活动记录。四是堤防隐患探查、工程隐患登记、加固或更新计划等资料。

运行管理：一是各工程技术管理实施细则及其批复文件。二是相关技术图表，包括工程平面图、剖面图、立面图、电气主接线图、闸下安全水位-流量关系曲线、水位-闸门开高-流量关系曲线、自动化控制电气原理图、安全设施布置图、启闭机电气线路控制原理图及工程主要技术指标表、主要机电设备揭示图等，各岗位责任制度、操作规程等，均应在适当位置张贴上墙。三是设备等级评定、检查观测记录和成果，包括经常检查、定期检查和特别检查记录，各类电气设备定期预防性试验、表计校验成果，历年观测资料包括原始记录簿、年度观测资料成果整编、分析。四是工程养护修理资料，包括养护修理施工方案及预算、工程项目管理卡、工程竣工总结、验收手续。五是控制运用资料，包括调度运用原则或供水计划，调度指令、运行记录和年度运行统计，现代化发展规划和实施计划等。

经济管理：一是经费下达、使用情况，包括财务检查及审计报告、报表，财政拨款情况表；各年度工程维修养护经费、运行管理经费情况表。二是工资福利情况，包括人员工资和职工福利发放表，职工福利待遇高于单位所在地的平均水平的统计年鉴证明材料，职工社会保险证明材料。三是经营情况，包括船闸和通航孔过闸费、小水电发电、供水、经营等费用收取情况表，水土资源开发利用规划等。

3. 考核注意事项

水管单位管理多种类型工程时，分别按照水库、水闸、河道、泵站等标准对各类工程赋分，按其最低得分确定该水管单位管理考核等级。

合理缺项：由管理单位根据上级主管部门赋予的管理职责和管理任务，对照考核标准提出，并经专家组集体商定。

合理缺项得分 =［合理缺项所在类得分／（该类总标准分 − 合理缺项标准分）］×合理缺项标准分。

第二章 组织管理

组织管理是水利工程管理考核的主要内容，共 8 条 150 分，包括管理体制和运行机制、机构设置和人员配备、精神文明、工程环境和管理设施、规章制度、档案管理、精细化管理、年度自检和考核等。

一、管理体制和运行机制

考核内容：管理体制顺畅，管理权限明确；实行管养分离，内部事企分开；建立竞争机制，实行竞聘上岗；建立合理、有效的激励机制。

赋分原则：没有完成水管体制改革的，新成立水管单位不符合水管体制改革要求的，此项不得分。

管理体制不顺畅，管理权限不明确，分类定性不准确，扣 1~5 分；未实行管养分离（管养分离包括内部实行），扣 5 分；内部事企不分，扣 5 分；未实行竞聘上岗，扣 5 分；未建立激励机制，扣 1~5 分。

条文解读：

（1）水利工程管理单位应完成水管体制改革，并形成一套完备的水管体制改革验收台账资料，这是申报省级以上水管单位的必备条件。

（2）按照水管体制改革的要求，水利工程管理单位应管理体制顺畅，管理职责明确，分类定性清晰，人员定岗定编，经费测算合理。水利工程管理单位应持续推进内部改革，建立岗位竞争机制，公开竞聘，择优录用。新成立的水管单位应符合水管体制改革要求。

（3）水利工程管理单位应建立合理有效的分配激励机制，分配档次适当拉开，充分调动各方面的积极性，提高工作效率。

（4）水利工程管理单位应实行管养分离，将工程维修养护工作分离出去，走向市场，向社会公开招标选择有资质、有经验的养护队伍，实行社会化管理。目前尚不具备管养分离条件的水管单位，应首先实行内部管养分离，将工程管理工作任务及管理人员、待遇与维修养护工作任务及人员、待遇进行分离，将管理工作与维修养护工作分开。

规程、规范和技术标准及相关要求：

《江苏省水利工程管理体制改革工作的实施意见》

备查资料：

（1）水利工程管理单位成立批复文件；

（2）工程管理体制改革实施方案及批复文件；

（3）工程"管养分离"实施方案及批复文件；

（4）职位竞争上岗管理办法；

（5）目标管理考核办法；

（6）工程管理考核办法；

（7）绩效工资实施方案；

（8）职位竞争上岗资料；

（9）工程管理考核资料；

（10）绩效工资发放资料；

（11）工程典型"管养分离"合同、项目实施资料（近三年）；

（12）事业单位法人证书（含统一社会信用代码）。

二、机构设置和人员配备

考核内容： 管理机构设置和人员编制有批文；岗位设置合理，人员配备满足管理需要，不超过部颁标准；技术工人经培训上岗，关键岗位持证上岗；单位有职工培训计划并按计划落实实施，职工年培训率达到50%以上。

赋分原则： 机构设置和人员编制无批文，扣10分；岗位设置不合理，人员多于部颁标准配备或技术人员配备不能满足管理需要，扣1~5分；技术工人不具备岗位技能要求，未实行持证上岗，扣5分；无职工培训计划或职工年培训率未达到50%，扣5分。

条文解读：

（1）管理机构设置和人员编制经县级以上机构编制部门批准，非独立法人单位应经县级以上水行政主管部门批准，单位内设机构（部门）不作为水利工程管理考核对象。

（2）水利工程管理单位应按照水管体制改革的要求和批准的编制合理设置岗位，配备人员。设置的岗位主要有管理岗位、专业技术岗位和工勤技能岗位等。

（3）已实行管养分离的单位，不应包括工程维修养护人员；实行内部管养分离的单位，应分别测算管理人员和维修养护人员数量。

（4）岗位设置要符合科学合理、精简效能的原则，坚持按需设岗、竞聘上岗、按岗聘用、合同管理。人员配备不得超编，并不得高于部颁和省颁标准，技术人员配备应满足工程管理工作需要；技术人员职称证书、技能工人上岗证、特殊工种、财务人员、档案管理人员等岗位，应通过专业培训获得具备发证资质的机构颁发的合格证书。申报国家级水管单位应配备技术负责人和水利专业高级职称技术人员（提供专业技术证书和聘书），申报江苏省一、二级水管单位应配备中级职称以上工程技术人员，申报江苏省三级水管单位应配备初级职称以上工程技术人员。

（5）单位职工应进行岗前培训，单位应制订年度职工培训计划。培训计划针对工作需要，计划要具体，要明确培训内容、人员、时间、奖惩措施、组织考试（考核）等，职工年培训率不得低于50%。

规程、规范和技术标准及相关要求：

（1）水利部、财政部《水利工程管理单位定岗标准（试点）》

（2）关于印发《江苏省水利事业单位岗位设置管理的指导意见》的通知

备查资料：

（1）关于同意成立×××单位的批复；

（2）单位设岗情况；

（3）定员情况（部颁标准）；

（4）技术人员基本情况表；

（5）工勤人员基本情况表；

（6）专业技术岗位持证情况表；

（7）年度培训计划、培训结果、汇总表和总结等；

（8）学习培训通知、试卷、阅卷评分表等。

参考示例：

（1）×××单位设岗情况（见表2-1）

表2-1　×××单位设岗情况

单位	现有人数	初设岗数	备注

（2）×××技术人员基本情况表（见表2-2）

表2-2　×××技术人员基本情况表

序号	姓名	出生日期	参加工作时间	学历	专业技术职务	持证名称

（3）×××工勤人员基本情况表（见表2-3）

表2-3　×××工勤人员基本情况表

序号	部门	姓名	性别	出生日期	参加工作时间	学历	专业技术职务

三、精神文明

考核内容：管理单位领导班子团结，职工敬业爱岗；重视党建工作和党风廉政建设；重视精神文明创建和水文化建设，职工文体活动丰富；单位内部秩序良好，遵纪守法，无违法犯罪行为发生；近三年获县级（包括行业主管部门）及以上精神文明单位或先进单位等称号。

赋分原则：管理单位领导班子不团结，扣5分；单位职工反映的意见较多，合理意见长期得不到解决，扣5分；精神文明创建、水文化建设活动制度不健全、职工参与程度不高、宣传力度不够等，扣1~10分。

发生下列三种情况之一，此项不得分：① 上级主管部门对单位领导班子的年度考核结果不合格；②不重视党建工作和党风廉政建设，领导班子成员发生违规违纪行为，受到党纪政纪处分；③单位发生违法违纪行为，造成社会不良影响的。

近三年（从上一年算起）获得国家级、省（部）级、市级精神文明单位或先进单位称号的分别加3分、2分、1分。

条文解读：

（1）领导班子应团结，分工明确，各司其职。班子成员定期开展各种学习活动，党风廉政常抓不懈。建立健全职工代表大会制度，职工提案有记录，有回复意见。重大问题公开透明，台账资料齐全。

（2）重视党建工作和党风廉政建设，台账资料齐全，上级党组织定期对基层党支部开展考核，并做好党建宣传阵地标准化建设工作。

（3）加强职工教育，大力倡导社会公德、职业道德、家庭美德、个人品德；建立健全建设活动制度，水文化建设规划合理，争创国家级文明单位、省级文明单位、水利风景区，创建成果突出。

（4）基层工会组织健全，工会作用充分发挥，职工文体活动丰富，文体活动场地建设规范，职工参与度高；管理单位行政、党建宣传力度大，形式多样地宣传党的方针、政策、法律法规；表彰先进、鞭策落后，提高职工的政治思想觉悟和道德素质，努力形成遵纪守法、热爱集体、团结友善、敬业爱岗、争先创优的良好氛围。

（5）领导班子考核合格，成员无违规违纪行为，职工遵纪守法，无违反《治安管理条例》情况，无违法刑拘人员。

（6）近三年（从上一年算起）获得上级行政主管部门综合先进单位称号、精神文明先进称号或考核成绩名列前茅。

规程、规范和技术标准及相关要求：

（1）中央文明办《全国文明单位评选标准》

（2）江苏省文明办《江苏省文明单位创建管理规定》

（3）《水利风景区评价标准》（SL 300）

（4）江苏省水利厅《关于加快水利风景区建设的意见》

备查资料：

（1）工程管理单位领导班子近三年考核资料；

（2）工程管理单位领导班子各类政治理论、业务学习资料；

（3）无犯罪记录证明；

（4）党建及党风廉政建设责任状；

（5）党建及组织（民主）生活会会议资料；

（6）党支部目标管理考核细则；

（7）工会、共青团工作台账资料；

（8）精神文明创建活动台账资料；

（9）水文化建设方案及实施台账；

（10）基层群众各类文体活动台账资料；

（11）近三年（从上一年算起）获得的国家级、省（部）级、市级精神文明单位或先进单位称号证明材料；

（12）近三年（从上一年算起）获得上级行政主管部门先进单位称号、综合先进和精神文明先进或考核成绩名列前茅等获奖资料。

参考示例：

×××党支部目标管理考核细则（见表2-4）

表2-4　×××党支部目标管理考核细则

项目	考核内容	标准分	赋分原则	考核分
1	领导班子建设			
1.1	……			
2	思想政治建设			
3	组织建设			
4	精神文明建设			
5	党风廉政建设			
6	加分条件			

四、工程环境和管理设施

考核内容： 管理范围内水土保持良好、绿化程度高，水生态环境良好；管理单位庭院整洁，环境优美；管理用房及配套设施完善，管理有序。

赋分原则： 水土保持设施不足，宜绿化面积率（宜绿化面积率为：已绿化面积/可绿化面积×100%）为60%~80%，扣2分，宜绿化面积率低于60%，扣5分；水生态环境差，扣1~5分；管理单位（包括基层站、所、段等）办公、生产、生活等环境较差，扣1~5分；管理用房及文、体等配套设施不完善或管理混乱，扣1~5分。

条文解读：

（1）水土保持设施完好，绿化程度高。管理范围内无荒地，宜林地绿化覆盖率大于95%。绿化及后勤等有委托管理合同或专人管理。水生态建设有规划、方案和具体实施计划。

（2）环境优美，庭院整洁，无卫生死角；规划布局合理、功能分区科学，因地制宜建设，可持续发展。包括工程管理区、办公服务区、后勤生活区、文体活动区等管理规范。

（3）管理用房满足办公和管理需要，内外整洁，布局合理，无安全隐患；管理设施和配套设施完善，管理制度齐全，管理有序，无脏、乱、差现象。

（4）建有体育运动场所（如乒乓球室、篮球场等）、健身娱乐设施（如健身房、健身器材、会议室、阅览室等）、生产生活设施（如仓库、车间、食堂、招待所等）。

规程、规范和技术标准及相关要求：

《江苏省"十三五"水利发展规划》

备查资料：

（1）单位绿化情况；

（2）工程环境、水保、绿化、后勤等管理或委托管理资料；

（3）工程环境基础设施资料及图片；

（4）工程文体设施资料及图片；

（5）工程环境及附属设施定期检查、维修资料；

（6）工程获得的荣誉证书、环境建设的成果展示。

五、规章制度

考核内容： 建立、健全并不断完善各项管理规章制度，关键岗位制度明示，各项制度落实，执行效果好。

赋分原则： 管理规章制度不健全、针对性不强，扣1~5分；关键岗位制度未明示，扣1~5分；制度执行无记录或记录不全，扣1~5分；发现有松懈、执行不够、违规现象，扣1~5分。

条文解读：

（1）工程管理单位建立健全完善的管理制度；用制度管事管人就是按章办事，落实责任，有据可依；结合单位工作实际不断修订完善规章制度，规章制度针对性、可操作性强；关键岗位制度应上墙明示（关键岗位根据工程特点、单位实际需要确定），并在工作上认真落实，严格执行。

（2）根据工程管理需要，工程管理单位应重点对控制运用、检查观测、维修养护、安全生产、防汛工作等制度持续修订，确保制度满足工程管理需要，并在管理工作实际中认真贯彻执行。各项管理制度应进行分类，并汇编成册，职工人手一册。

（3）工程管理单位应建立完善的考核机制并有效执行；工程管理单位应重点加强关键岗位职责、履职能力、实际操作等制度执行情况的考核与评价，并作为考核评优、奖惩、奖金绩效的参考依据。

（4）工程管理单位应以正式文件批复规章制度，涉及职工切身利益的制度应经职代会通过后实施，对各类制度考核资料妥善保管。重要的考核结果应以正式文件发布。

规程、规范和技术标准及相关要求：

（1）《江苏省水库技术管理办法》

（2）《水闸工程管理规程》（DB32/T 3259）

（3）《江苏省堤防工程技术管理办法》

（4）《江苏省泵站技术管理办法》

备查资料：

（1）工程规章制度汇编、修订及批复文件；

（2）关键规章制度上墙资料；

（3）重要规章制度内容；

（4）重要岗位制度内容；

（5）规章制度执行效果支撑资料。

参考示例：

×××规章制度考核评价表（见表2-5）

表2-5　×××规章制度考核评价表

项目	考核内容	标准分	赋分原则	考核分
1	制度的修订			
1.1	……			
2	制度的评价			
3	制度的汇编			
4	制度的明示			
5	制度的学习培训			
6	制度的执行评价			

六、档案管理

考核内容： 档案管理制度健全，配备档案管理专业人员；档案设施齐全、完好；各类工程建档立卡，图表资料等规范齐全，分类清楚，存放有序，按时归档；档案管理信息化程度高；档案管理获档案主管部门认可或取得档案管理单位等级证书。

赋分原则： 档案管理制度不健全，扣2分；未配备档案管理专业人员，扣2分；档案设施不齐全，扣2分；工程没有建档立卡，扣2分；工程技术档案分类不清楚、存放杂乱，扣1~6分；不按时归档，扣2分；档案管理信息化程度低，扣1~3分；未获档案管理主管部门认可或无档案管理单位等级证书，扣4分。

条文解读：

（1）水利工程管理单位档案管理制度应包括：档案阅卷归档、保管、保密、查阅、鉴定、销毁制度等。

（2）档案室要求库房、办公、阅览"三分开"，库房内要求配置空调、抽湿机、碎纸机、档案柜、温湿度仪、防盗报警器、防爆白炽灯、防紫外线窗帘等专用设施，办公室配有电脑、打印机等设备，档案目录可以通过电脑进行查询。

（3）档案的分类标准有多种，目前被人们普遍认可的种类（非严格逻辑种类）有文书档案、科技档案、专业档案、声像档案、电子档案、实物档案。

（4）档案要有专人管理（可以兼职），做到"防盗、防火、防水、防潮、防尘、防蛀、防鼠、防高温、防强光"。

（5）档案的日常管理工作应规范有序，档案案卷应排放有序，为了便于保管和利用档案，应对档案柜、架统一编号，编号一律从左到右，从上到下。同时应对档案室内保存的档案编制存放地点索引。做好档案的收进、移出、利用等日常的登记、统计工作。对特殊载体档案应按照有关规定进行验收、保存和定期检查。

（6）档案室应加强信息化建设，实现档案目录电子检索，重要科技档案、图纸等资料应实施电子化。

（7）水利工程管理单位应创建星级档案室，申报省级以上水管单位的基层档案室应达到三星级以上，并按规定定期复核。

（8）省一级以上水管单位应积极开展数字化档案室建设。

（9）严格执行档案借阅制度，借阅、归还登记记录齐全，档案利用率高，效益显著；需提供档案效能评价等资料。

规程、规范和技术标准及相关要求：

《江苏省档案工作等级评定试行办法》

备查资料：

（1）档案管理制度；

（2）档案管理组织网络；

（3）工程档案分布图；

（4）档案管理人员持证及培训；

（5）档案达标创建资料及证书；

（6）档案管理分类方案；

（7）工程档案全引目录；

（8）工程档案日常管理资料；

（9）档案利用效果登记表。

参考示例：

（1）档案管理制度

档案管理制度应包括：总则，归档制度，档案保管制度，档案保密制度，档案利用制度，档案统计、鉴定和移交制度，档案工作人员岗位责任制，音像档案资料管理制度。

归档制度包括：范围、时间、要求。

音像档案资料管理制度包括：基本原则、收集范围、归档与报送要求、管理与利用。

（2）档案存放索引

××号库房

××——××会计档案　　　　　××——××文书档案

××——××声像档案、实物档案

（3）档案存放示意（见表2-6）

表2-6　档案存放示意

档案存放示意（×—×）	档案存放示意（×—×）
一　档	一　档
一层：_____	一层：_____
二层：_____	二层：_____
三层：_____	三层：_____
四层：_____	四层：_____
五层：_____	五层：_____

（4）档案管理工作网络图（见图2-1）

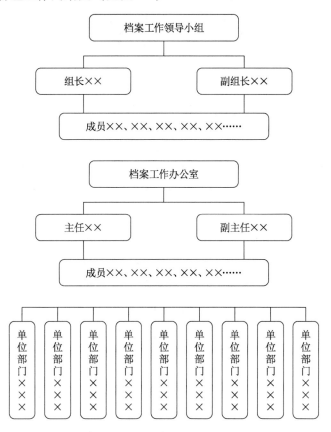

图2-1　档案管理工作网络图

（5）档案定期检查记录表（见表2-7）

表2-7　档案定期检查记录表

			检查人
一季度	库房安全环境检查		
	案卷保管情况		
	温湿度调控措施		
	其他		
二季度	库房安全环境检查		检查人
	案卷保管情况		
	温湿度调控措施		
	其他		

（6）档案库房温湿度记录表（见表2-8）

表2-8　档案库房温湿度记录表

库房号	时间（年/月/日）	温度（℃）	湿度（%RH）	记录人	备注

（7）借阅档案登记表（见表2-9）

表2-9　借阅档案登记表

序号	日期	单位	案卷或文件题名	利用日期	期限	卷号	借阅人签字	归还日期	备注

（8）档案利用效果登记表（见表2-10）

表2-10　档案利用效果登记表

日期		单位		姓名		案卷或文件题名	
利用目的							
利用效果							

七、精细化管理

考核内容：制定精细化管理目标任务和推进措施，操作性强，精细化管理有序推进，取得实效。

赋分原则：目标措施操作性不强，缺乏针对性，扣3~5分。

管理制度体系不健全，扣1~3分；管理工作标准不够明晰，扣1~3分；管理作业流程不够规范，扣1~3分；管理效能考核不明显，扣1~3分。

条文解读：

（1）水利工程管理单位应落实《江苏省水利工程精细化管理指导意见》，并积极推进。

（2）水利工程管理单位应成立精细化管理领导小组，制订实施计划、方案，落实人员及经费保障；各阶段性目标明确，措施切实可行，可操作性强。

（3）制订精细化管理方案和年度目标计划；按计划实施细化任务、落实责任、明晰标准、规范流程、完善制度和绩效管理等精细化管理相关工作；精细化管理工作成效显著。

（4）管理单位按《江苏省水利工程精细化管理评价办法》，从管理任务、管理标准、管理流程、管理制度、内部考核、管理成效等方面开展评价，争创精细化管理单位。

规程、规范和技术标准及相关要求：

（1）江苏省水利厅关于印发《江苏省水利工程精细化管理指导意见》的通知

（2）《江苏省水利工程精细化管理评价办法》

备查资料：

（1）精细化管理创建领导组织机构；

（2）精细化管理实施计划；

（3）工程精细化管理任务清单；

（4）工程典型作业指导书；

（5）工程精细化管理标准；

（6）工程精细化管理实体资料；

（7）工程精细化管理考核情况及资料。

参考示例：

（1）精细化管理实施计划

精细化管理实施计划应包括：指导思想、总体思路和目标、主要工作、实施步骤、保障措施等。

（2）任务清单编制要点

任务清单应针对工程特性制定，紧密结合工程日常管理工作和各专项工作，分类详细，编写内容针对性强，可操作性强。

任务清单可按控制运用、工程检查、工程观测、维修养护、安全生产、制度建设、档案管理、配套设施管理、水政管理及汛前汛后检查专项工作等进行分类。

清单内容主要包括项目名称、工作内容、实施时间和频率、工作要求及成果、责任对象等。

（3）精细化管理典型作业指导书编制要点

①控制运用作业指导书主要内容有工程基本情况、值班要求及岗位职责、控制运用要求、调度指令执行、闸门启闭流程或机组开停机和操作步骤、运行巡视检查、常见故障处理、相关管理制度、启闭或运行记录等。

②工程检查及设备评级作业指导书主要内容有工程基本情况、工程检查分类、检查组织、经常检查、定期检查、专项检查、设备评级、安全鉴定。

③工程观测作业指导书主要内容有工程基本情况、观测项目及时间、工作组织、工作要求、垂直位移观测、测压管水位观测、引河河床变形观测、建筑物伸缩缝观测、其他观测和资料整理等。

（4）管理标准编制要点

工程单位应根据精细化管理任务，制定工作标准和要求，当工况发生变化时，及时修订。

工作标准种类应齐全，主要包括控制运用、检测观测、安全生产、闸站建筑物、

机电设备、管理及配套设施、环境绿化、档案资料、技术图表、标志标识等。

八、年度自检和考核

考核内容：管理单位根据考核标准每年进行自检，并将自检结果报上级水行政主管部门。上级水行政主管部门应按规定组织考核，并将考核结果及时反馈水管单位，水管单位应加强整改。

赋分原则：管理单位未开展年度自检每少一年扣 10 分，未报经上级主管部门考核并上报每少一年扣 10 分，上级主管部门未按规定考核的每少一年扣 5 分。

对自检发现问题、上级主管部门考核反馈意见，管理单位未整改落实的，扣 5 ～ 15 分。

条文解读：

（1）水利工程管理单位根据考核办法每年进行自检，形成年度自检情况报告，上报上级主管部门考核，上级水行政主管部门应按规定及时组织考核。未开展年度自检和考核工作，将取消原有考核等级。

（2）市县国家级水管单位由市水行政主管部门组织考核，厅属国家级水管单位由省水利厅组织考核。省级水管单位的自检资料应报上级水行政主管部门组织考核，厅属水管单位由厅属管理处负责考核，考核结果应于每年 1 月由各市水利局和厅属管理处汇总后报省水利厅。

（3）对自检中发现的问题，以及上级主管部门考核反馈的意见要认真落实整改并形成书面整改意见上报。

（4）自检及考核工作应严格按考核办法执行，不得弄虚作假，不得走过场。

规程、规范和技术标准及相关要求：

江苏省水利厅关于印发《江苏省水利工程管理考核办法》的通知

备查资料：

（1）年度自检报告；

（2）年度考核申报书；

（3）上级主管部门年度考核开展情况；

（4）考核整改情况。

参考示例：

年度自检报告编制要点

年度自检报告应包括：基本情况、管理单位基本情况、工程管理工作情况、考核验收整改意见落实情况、年度考核自检情况、存在问题及整改措施、结论、工程管理考核自检得分表等。

第三章 安全管理

考核按水库、水闸、河道、泵站等工程类别分别执行相应的考核标准，其中，水库共 11 条 300 分，水闸共 8 条 285 分，河道共 11 条 330 分，泵站共 7 条 240 分。

第一节 水库工程

水库工程的安全管理共 11 条 300 分，包括注册登记、安全鉴定、划界确权、大坝安全责任制、水行政管理、防汛组织、应急管理、防汛物料与设施、除险加固、更新改造、安全生产等。

一、注册登记

考核内容：按照《水库大坝注册登记办法》进行注册登记，并及时办理变更事项登记。

赋分原则：未进行大坝注册登记，此项不得分。未及时办理变更事项登记，扣 10 分。

条文解读：

（1）未注册登记的水库不得参加水利工程管理考核。

（2）完成新一轮注册登记和复查换证，领取换发的注册登记证。注册登记表和注册登记证内容不齐全、填报有误的，需及时进行变更，否则需相应扣分。

（3）已注册登记的大坝完成扩建、改建的，或经批准升、降级的，或隶属关系发生变化的，应当在 3 个月内，向水行政主管部门办理变更登记。

（4）水库大坝应按国务院水行政主管部门规定的制度进行安全鉴定。鉴定后，大坝管理单位应在 3 个月内，将安全鉴定情况和安全类别报原登记机构，大坝安全类别发生变化者，应向原登记受理机构申请换证。此项内容也是考核内容之一，要提供材料。

规程、规范和技术标准及相关要求：

（1）《水库大坝安全管理条例》

（2）《水库大坝注册登记办法》

（3）《江苏省水库管理条例》

（4）《江苏省水库技术管理办法》

备查资料：

（1）大中型水库大坝注册登记表；

（2）大中型水库大坝注册登记证；

（3）大坝变更事项登记资料；

（4）大坝安全鉴定资料。

二、安全鉴定

考核内容： 按规定开展水库大坝安全年度报告工作，按照《水库大坝安全鉴定办法》和《水库大坝安全评价导则》开展安全鉴定工作，鉴定成果用于指导水库的安全运行、更新改造和除险加固。

赋分原则： 未按规定开展水库大坝安全年度报告工作，扣 10 分。未进行大坝安全鉴定，此项不得分。未将鉴定成果用于指导水库安全运行、更新改造和除险加固，扣 15 分。

条文解读：

（1）应按规定开展水库大坝安全年度报告工作。

（2）水库大坝安全鉴定工作应按照《江苏省水库管理条例》《水库大坝安全鉴定办法》《水利部关于进一步加强水库大坝安全管理的意见》《江苏省水库大坝安全鉴定实施细则》规定的程序进行。未按规定进行安全鉴定的水库不得申报省级以上水利工程管理单位。

（3）水库大坝安全鉴定周期：大坝实行定期安全鉴定制度，新建（含扩建）或除险加固的水库首次安全鉴定应在竣工验收后 5 年内进行；未及时组织竣工验收的水库，应在蓄水验收后 5 年内进行；正常运行的水库，大中型水库每 6 年、小型水库每 8 年内应进行一次大坝安全鉴定；水库扩建、改建立项前，应进行大坝安全鉴定；水库遭遇特大洪水、强烈地震等破坏性自然灾害或者发生重大事故及其他危及大坝安全的事件后 3 个月内，应进行专门的大坝安全鉴定。

（4）水库大坝完成除险加固竣工验收不满 5 年的，可以把除险加固前安全鉴定成果和竣工验收报告、蓄水验收报告作为备查资料。

（5）鉴定组织单位负责委托满足规定的大坝安全评价单位对大坝安全状况进行分析评价，并提出大坝安全评价报告报送并配合鉴定审定部门审查。

（6）鉴定成果用于指导水库安全运行和除险加固：

① 大坝经过安全鉴定后还未实施加固的，在水库管理细则和防洪（汛）预案中要有体现。比如：在水库的防洪（汛）预案、反事故预案、运行管理实施细则中要明显体现水库存在的安全问题和应急措施。

② 安全鉴定存在的问题应全部包含在水库大坝除险加固内容中。

（7）经安全鉴定为三类坝、二类坝的水库，鉴定组织单位应当对可能出现的溃坝方式和对下游可能造成的损失进行评估，并采取除险加固、降等或报废等措施予以处理。在处理措施未落实或未完成之前，应制定保坝应急措施，并限制运用。

（8）经安全鉴定，大坝安全类别改变的，必须自接到大坝安全鉴定报告书之日起 3 个月内向大坝注册登记机构申请变更注册登记。

规程、规范和技术标准及相关要求：

（1）《水库大坝安全鉴定办法》

（2）《江苏省水库管理条例》

（3）《江苏省水库大坝安全鉴定实施细则》

（4）《水利部关于进一步加强水库大坝安全管理的意见》

备查资料：

（1）水库大坝安全评价资料汇编；

（2）安全鉴定审定部门印发的安全鉴定报告书；

（3）水库大坝除险加固前安全度汛措施；

（4）水库大坝除险加固期间安全度汛措施；

（5）水库大坝除险加固工程资料；

（6）水库大坝安全年度报告；

（7）水库大坝变更注册登记资料。

参考示例：

水库大坝安全年度报告编制要点

水库大坝安全年度报告编制要点应包括：水库工程概况和工程运行情况概述、现场安全检查、巡视检查和安全监测、运行调度、工程维护、应急管理、结论和建议等。

水库工程概况和工程运行情况概述包括：工程基本情况简介、描述水库一年来的运行情况。

现场安全检查包括：运行管理单位开展日常巡视检查，防汛防旱指挥部、水库主管部门、运行管理等单位联合进行汛前、汛后和特别巡视检查，在现场安全检查中进行梳理和总结，并根据大坝安全现场检查情况，综合判断大坝的安全性。

巡视检查和安全监测包括：巡视检查的时间和路线，对巡视检查中发现的异常现象及其部位、特征和运行条件进行简要描述，通过描述和记录，揭示其严重程度，并做出判断，给出大坝安全结论和建议。对今后巡视检查重点部位和检查内容给出特殊建议；描述监测系统的布置和项目、监测频次和方法，以及一年来监测系统的运行、维护情况，特别是能否正常监测，监测设施完好情况，有无更新改造，更新改造情况等。对监测系统一年来发生的重大事故或误测、异常等要进行描述，在以前监测成果整编的基础上，将本年度监测资料延长，并进行过程线、相关线分析，分析资料是否存在异常，明确是否反映相应部位工程状态，做出初步判断等。

运行调度包括：根据防办批复意见，对本年度防洪调度和兴利调度进行评价，对没有按照调度规程调度的原因和后果及处理情况进行分析评价等。

工程维护包括：对本年度或上一年度末制订的工程维修养护计划，应核实实施情况，并说明维修养护中存在的问题，重点说明在汛期或汛后检查中及巡视检查中发现的可能影响大坝安全的新问题，并对工程维修养护情况做出评价，提出下一年度的维修重点和实施计划建议等。

应急管理包括：对本年度出现的突发事件（洪水、地震、工程险情、水污染事件）等，是否按应急预案实施、实施过程如何、预案如何修订进行总结，提出应对的经验和教训，进一步完成应急预案等。

结论和建议包括：根据各方面的总结分析，对水库大坝安全做出判断，对下一年度的维修养护计划提出意见，对如何更好地保障大坝安全和提高管理水平提出建议等。

三、划界确权

考核内容： 按规定划定水库库区管理范围、工程管理和保护范围；划界图纸资料齐全；边界桩齐全、明显；工程管理范围内土地已取得土地使用证面积达95%以上。

赋分原则： 未完成划界的，此项不得分。边界桩不齐全、不明显，扣10分；工程管理范围内取得土地使用证的面积低于95%的，每低10%扣5分。

条文解读：

（1）按《水库工程管理设计规范》（SL 106）和《江苏省水库管理条例》规定划定水库库区管理范围、工程管理和保护范围，划界图纸资料齐全。

（2）划界应通过验收并经政府公布，划界成果实现与国土、规范部门共享，信息化管理水平高。

（3）工程管理范围内取得不动产权证的面积不低于95%。

（4）管理范围界桩应按河湖和水利工程管理范围划定的标准设立。

规程、规范和技术标准及相关要求：

《江苏省水库管理条例》

备查资料：

（1）水库管理范围划界图纸（含电子地图）；

（2）水库土地证统计情况表；

（3）水库不动产权证书；

（4）水库工程管理范围界桩统计表；

（5）水库工程管理范围界桩分布图。

参考示例：

水库土地证统计情况表（见表3-1）

表3-1　水库土地证统计情况表

编号	证号	发证机关	发证时间	土地面积	涉及工程	备注

四、大坝安全责任制

考核内容：按照《水库大坝安全管理条例》及其他有关规定，建立以地方政府行政首长负责制为核心的大坝安全责任制，落实了政府、主管单位及管理单位责任人，明确具体责任，并落实责任追究制度。

赋分原则：政府、主管单位及管理单位三级责任人未全部落实的，此项不得分。责任人未在公共媒体上公告的，扣5分。未书面告知责任人工程情况、履职要求的，扣2分。

条文解读：

（1）三级责任人名单应在公共媒体和水库大坝醒目位置上公示。

（2）市或县级水行政主管部门应书面告知各责任人工程情况和履职要求。

规程、规范和技术标准及相关要求：

（1）《水库大坝安全管理条例》

（2）《关于加强水库安全管理工作的通知》（水建管〔2006〕131号）

备查资料：

（1）《省水利厅关于公布××年全省大中型水库大坝安全责任人名单的通知》；

（2）水库大坝安全三级责任制；

（3）水库大坝三级责任人网络图；

（4）水库大坝安全管理规章制度；

（5）三级责任人公共媒体公示资料；

（6）水库大坝安全管理责任追究制度。

参考示例：

（1）水库大坝安全三级责任制编制要点

水库大坝安全三级责任制应包括：政府责任人、水库主管部门责任人、水库管理单位责任人的确定、告知书、媒体公示及具体责任。

责任应符合江苏省水利厅关于印发《江苏省大中型水库（大坝）安全责任人履职要求》的通知。

（2）水库大坝安全管理责任追究制度编制要点

水库大坝安全管理责任追究制度应包括：总则、大坝管理职责、大坝防汛责任追究、附则等。

五、水行政管理

考核内容：编制《水库开发利用规划》并报有关部门和政府审查批准。坚持依法管理，配备水政监察专职人员，执法装备配备齐全，加强水法规宣传、培训、教育；按规定进行水行政安全巡查，发现水事违法行为，采取有效措施予以制止并做好调查取证、及时上报、配合查处等工作。依法对管理范围内批准的涉河建设项目进行监督管理。水库管理和保护范围内无违章建筑，无危害工程安全活动；水法规宣传标语、危险区警示等标志标牌醒目；积极开展水生态、水环境保护，无排放有毒或污染物等破坏水质的活动。

赋分原则：未编制《水库开发利用规划》，扣10分；规划未经有权单位审查批准，扣5分；未配备水政监察专职人员，扣5~10分；执法装备不齐全，扣3~5分；未开展水法规宣传、培训、教育的，扣5分；未制定执法巡查制度、落实执法巡查责任，扣5分；水行政安全巡查内容不全、频次不足、记录不规范，扣5分；发现水事违法行为，未及时采取有效措施制止，每起扣10分；未及时上报的，每起扣5分；对涉河建设项目监督管理不力的，扣10分；水库管理范围内有违章建筑，每处扣5分；大坝管理和保护范围内有挖洞、爆破、打井、开矿、挖沙、取土等危害工程安全活动，每处扣5分；无水法规宣传标语、危险区警示等标志标牌，扣5分；有排放有毒或污染物等破坏水质的活动未及时制止并向上级报告的，扣10分；库区内水生态保护不好，存在乱伐林木、陡坡开荒、围垦、采石、取土等破坏生态的活动，每起扣3分；水库水质三类以下（含三类），扣3~10分。

条文解读：

（1）水库主管单位应为规划编制单位，组织编制《水库保护和开发利用规划》，经省水利厅审查同意后报设区市人民政府批准。

根据《江苏省水库管理条例》，在水库管理范围内从事开发利用活动，应当符合水库主管单位编制的水库开发利用规划，服从水污染防治、防洪安全和水资源保护的总体要求。城镇建设和发展不得占用水库管理范围。大中型水库开发利用规划应当经省水行政主管部门审查同意后，报所在地设区的市人民政府批准；小型水库开发利用规划应当经设区的市水行政主管部门审查同意后，报所在地县级人民政府批准。

（2）只有大坝巡查记录而没有上游库区定期巡查记录的，视为水行政安全巡查内容不全、频次不足、记录不规范，扣5分。

（3）结合水库遥感监测成果、管理范围划界公布成果、巡查记录综合判断，水库管理范围内发生违反《江苏省水库管理条例》第十三条禁止活动的，视为对涉河建设项目监督管理不力，扣10分。

（4）按照《中华人民共和国水法》《中华人民共和国防洪法》《水库大坝安全管理条例》《江苏省水库管理条例》《江苏省河道管理条例》等法律法规对水库依法进行管理；制定水行政管理制度和考核办法、执法巡查制度，落实责任，并上墙明示。

（5）提供上级主管部门以正式文件明确的水行政管理职能、组织机构和人员编制。适时开展水法规宣传，制定水行政执法人员学习培训制度和计划；水行政管理制度、执法人员上岗证及执法许可证等应上墙明示。

（6）按内容和频次要求开展安全巡查，做好记录。

（7）在水库管理范围内，危害河道工程安全和影响防洪抢险的生产、生活设施及其他各类建筑物，在险工险段或严重影响防洪安全的地段，应限期拆除。

（8）在允许采砂和水产养殖的水库，要严格加强监管，确保水库大坝和水源地安全；严厉查处和打击非法采砂和围垦、网箱养殖行为，有监管、巡查、查处记录。

（9）水库是水源保护区，严禁在库区堆放、倾倒、掩埋污染源、排污及清洗有毒污染物等行为；有供水功能的水库，要有水源地和供水设施保护措施及预案，考核验收时提供水质定期监测报告。

（10）在水库管理范围和保护范围内建设项目行政审批手续和监管记录齐全，管理范围内没有违章建筑和未经审批建设工程设施。

（11）严格执行《水库大坝安全管理条例》《江苏省水库管理条例》《江苏省水利工程管理条例》和《江苏省河道管理条例》等有关规定。水库水面广阔，在危险区域应设置警告警示标志和宣传标语，警告警示标志以禁止游泳、垂钓、养殖、排污、违建等为主，宣传标语以依法管理水利工程、维护工程完整、节约保护利用水资源为主。

（12）水事案件查处严格按规定程序进行，水行政执法人员在办案过程中无违规违纪行为；案卷规范，归档及时。

（13）水行政管理工作年初有计划，年终有总结。

（14）水行政管理台账应齐全。

规程、规范和技术标准及相关要求：

（1）《江苏省水库管理条例》

（2）《水库大坝安全管理条例》

备查资料：

（1）水库开发利用规划、审查及批准文件；

（2）水政监察机构成立及人员设置批复文件；

（3）行政执法证；

（4）水政监察证；

（5）水行政管理规章制度；

（6）执法装备统计表；

（7）水法规宣传教育资料；

（8）水行政执法人员学习培训制度、计划和学习考核资料；

（9）水行政执法巡查制度；

（10）水行政执法管理工作计划和总结；

（11）水政监察巡查记录；

（12）水政执法巡查月报表；

（13）行政处罚案件卷宗（处罚决定书、立案审批表、执法监督检查意见书、整改意见回执单等）；

（14）案件查处结案率统计表；

（15）水法规宣传标语、警示标志标牌统计表及检查记录；

（16）水库水质监测报告。

参考示例：

（1）水库保护和开发利用规划编制要点

水库保护和开发利用规划应包括：概述，区域及水库概况，水库资源分析与评价，水库资源保护与开发利用战略，水库空间布局与功能分区，水利工程充分利用与保护规划，库区水源及生态保护与开发利用规划，水利科技与水文化传播规划，管理服务、配套设施及保障规划，利用水土资源发展经济规划，项目建设投资估算、效益分析、实施保障等。

概述包括：规划背景、规划范围与期限、规划目标与原则等。

区域及水库概况包括：区域情况、水库概况、管理概况等。

水库资源分析与评价包括：水文资源、地文资源、工程资源、生物资源、天象资源、文化资源、资源组合等。

水库资源保护与开发利用战略包括：水库资源分析、水库资源保护与开发利用总体目标，水库资源保护与开发利用思路与战略等。

水库空间布局与功能分区包括：空间布局、功能分区、理顺各功能分区之间的关系等。

水利工程充分利用与保护规划包括：完善工程设施、加强工程水行政执法、加强工程观测、加强工程维修养护、逐步建立工程管理信息化系统、加强工程环境整治等。

库区水源及生态保护与开发利用规划包括：建立长效管理机制、明确划定水源保护区的范围、落实库区管理责任制、开展巡查执法、建立库区管理信息系统、开展库区管理与保护宣传、加强水体保护、恢复植被、控制氮磷的入库量、加强现有水景观保护、加强鸟类等山体生物资源保护、加强大气质量保护及噪声污染防治、合理进行生态景点建设、抓好花木实验园建设等。

水利科技与水文化传播规划包括：开展工程及水库科普、加强信息化建设与科技创新、加强物质水文化建设、加强精神水文化建设、开展文化遗存保护等。

管理服务、配套设施及保障规划包括：管理单位办公设施完善及出入口环境改善、水库交通规划、给排水设施规划、完善电力工程、完善通信工程、完善户外照明及亮化工程、实施管理用房改造、抓好环境卫生、完善户外标识标志、消防规划、防汛规划、做好防震减灾、加强安全管理、加强治安保卫等。

利用水土资源发展经济规划包括：总体目标和基本原则、主要经济项目、经营体制机制与管理等。

效益分析包括：社会效益分析、生态效益分析、经济效益分析、综合效益分析等。

（2）水行政执法巡查记录表（见表3-2）

表3-2　水行政执法巡查记录表

日期		巡查时间	
巡查地点、路线或区域（水域）		巡查方式	
巡查情况（如发现问题，应记录基本情况，涉嫌违法行为应简要介绍）			
对发现问题所采取的措施及结果			
巡查人员签名			
巡查负责人签名			
领导批示			

（3）立案审批表（见表3-3）

表3-3　立案审批表

　　　水立〔　　〕　　号

案件来源								
案发地点					案发时间			
当事人情况	个人	姓名		性别		电话		
		住所地			邮编			
	单位	名称						
		法定代表人（负责人）		职务		电话		
		住所地			邮编			
案情简介及立案依据		经办人：　　　　　年　　月　　日						
执法机构负责人审核意见		签　名：　　　　　年　　月　　日						
执法机关负责人审批意见		（执法机关印章）签　名：　　　　　年　　月　　日						
备注								

（4）水行政执法巡查月报表（见表3-4）

填报单位：

表3-4 水行政执法巡查月报表

（ 年 月）

巡查人次	巡查次数	巡查重点	违章建筑（平方米）	违章圈圩（亩/处）	违章取土（起）	违章占用（平方米）	违章种植（亩）	违章凿井（眼）	网、簖	违章坝埂道	非法采砂船（只）	备注
		水工程管理范围										

案件（件）		案件类型（件）							案件执行情况			备注
		水资源案	河道案	水工程案	水土保持案	非法采砂案	其他案		上月遗留数	结案数	当月查结数	
案件受理												
查处数（件）	现场处理											
	立案查处											

典型情况（具体事由及处理情况）：

填报人： 填报日期： 年 月 日

联系电话：

审核人：

（5）江苏省水政监察总队××支队执法监督检查意见书（见表3-5）

表3-5　江苏省水政监察总队××支队执法监督检查意见书

编　号：

受检查单位		检查负责人	
检查时间		检查人员	
检查内容			
检查范围			
检查人员意见			
检查负责人		抄报防汛检查领导小组负责人及管理单位负责人	

（6）整改意见回执单（见表3-6）

表3-6　整改意见回执单

年　　月　　日

受检查单位		项目名称	
检查单位		检查时间	
整改内容			
措施要求			
检查人员			
检查单位负责人		受检查单位负责人	

六、防汛组织

考核内容：以行政首长负责制为核心的各项防汛责任制落实，任务明确，措施具体，责任到人；制订了防汛抢险应急预案，可操作性强；防汛办事机构健全，人员精干；防汛抢险队伍的组织、人员、培训、任务落实。

赋分原则：防汛责任制不落实，任务不明确，扣10分；措施不具体，扣5分；未制订防汛抢险应急预案，扣5分；可操作性不强，扣1~5分；防汛办事机构不健全，扣5分；防汛抢险队伍的组织、人员、任务不落实，扣10分；防汛抢险队伍未经培训，扣5分。

条文解读：

（1）每年汛前，按有关规定组建防汛办事机构和防汛组织网络，明确水库防汛行政责任人和技术责任人、巡查责任人，修订汛期各项工作制度，组建防汛抢险队，落实防汛责任。

（2）编制或修订水库控制调度运用方案，并报上级防汛部门审批，调度指令和执行结果记录翔实。

（3）编制防汛（洪）抢险应急预案并经批准。

制订的防汛抢险应急预案内容要齐全，计划要周密，措施要得力，针对性和可操作性要强。防洪预案和控制调度运用方案应上墙公示。安全鉴定为二、三类坝的水库在编制防洪预案时应对存在的问题有针对性地制定应急措施，确保水库安全运行。

（4）制订全年防汛培训计划，培训计划要明确培训的时间、内容、地点、培训对象和主讲人等。组织参加省、市、县及兄弟单位组织的防汛知识培训、防汛抢险演习。

（5）管理单位每年汛后应对防汛工作进行总结和评价。

规程、规范和技术标准及相关要求：

（1）《江苏省防洪条例》

（2）《水库防汛抢险应急预案编制大纲》

备查资料：

（1）防汛组织机构和组织网络；

（2）××年度防汛责任状；

（3）水库防汛责任制；

（4）水库汛期工作规章制度；

（5）水库防汛值班表和值班记录；

（6）水库调度和执行记录；

（7）水库工程控制调度运用方案；

（8）关于同意《×××水库××年度防汛抢险应急预案》的批复；

（9）水库防汛抢险应急预案；

（10）水库管理单位防汛抢险培训资料（含年度培训计划、记录、考核和演练等）；

（11）水库管理单位防汛工作总结和评价。

参考示例：

水库防汛抢险应急预案编制要点

水库防汛抢险应急预案应包括：总则、工程基本情况及历史特征分析、组织体系及职责、监测预警与预防机制、应急响应、应急保障、后期处置、附则等。

总则包括：编制目的、编制依据、适用范围、工作原则等。

工程基本情况及历史特征分析包括：工程概况、骨干防汛防旱工程概况、历史防汛防旱特性分析等。

组织体系及职责包括：组织体系、主要职责等。

监测预警与预防机制包括：监测、预警与预防。

应急响应包括：应急响应总体要求、应急响应工作内容、应急响应级别及响应行动、信息报送与处理、应急结束等。

应急保障包括：通信与信息保障、应急支援和物资保障、交通运输保障、治安保障、培训和演习等。

后期处置包括：灾后救助、抢险物资补充、水毁工程修复、灾后重建、保险与补偿、调查与总结等。

附则包括：名词术语定义、预案管理与更新、奖励与责任追究、预案解释部门、预案实施时间等。

七、应急管理

考核内容：按照《水库大坝安全管理应急预案编制导则》（SL/Z 720）编制水库大坝安全管理应急预案，并报经有关政府批准。大坝安全管理应急预案内容齐全，措施得当，可操作性强，并开展了相关的宣传、培训和演练。

赋分原则：未编制预案，此项不得分。预案内容不全，每缺1项扣2分；计划不周密，措施不得力，可操作性不强，扣2~10分；预案未及时修正，扣5分；预案未演练，扣5分；预案未经有关政府批准，扣5分。

条文解读：

（1）根据《江苏省水库管理条例》，地方各级人民政府应当制订本行政区域内水库安全运行应急预案。水库主管部门应当对所管辖水库可能出现的溃坝特征、淹没范围和灾情损失等做出预估，制订水库安全管理应急预案，报县级以上地方人民政府批准后执行。

（2）根据《水库大坝安全管理应急预案编制导则》（SL/Z 720），水库管理单位编制水库大坝安全管理应急预案，预案内容齐全、可操作性强，并报县级以上人民政府批准后执行。为保证预案的有效性，应根据水库大坝工程安全状况、运行条件与应急组织体系中涉及的相关单位与人员变化，及时修订预案，并定期组织预案培训、演练。

（3）水库发生除险加固、更新改造等重大工情变化和控制运用原则的改变，应及时修订预案并履行报批手续。

规程、规范和技术标准及相关要求：

（1）《水库大坝安全管理应急预案编制导则》

（2）《江苏省水库管理条例》

备查资料：

（1）关于同意《×××水库大坝安全管理应急预案》的批复；

（2）水库大坝安全管理应急预案；

（3）预案培训、演练资料；

（4）预案修订资料。

参考示例：

水库大坝安全管理应急预案编制要点

水库大坝安全管理应急预案应包括：前言，水库大坝概况，突发事件分析，应急组织体系，预案运行机制，应急保障，宣传、培训与演练，附则和附表等。

前言包括：编制目的、编制依据、适用范围、编制原则、突发事件分类分级等。

水库大坝概况包括：流域或社会经济概况、工程和水文概况、水情和工情监测系统概况、历次病险症状及处置情况等。

突发事件分析包括：工程安全现状分析、可能突发事件分析、突发事件的可能后果分析与预估、可能突发事件排序等。

应急组织体系包括：应急组织体系、应急指挥部领导及其成员部门或单位、应急指挥机构、专家组、抢险救援队伍、应急指挥办公室等。

预案运行机制包括：预测与预警、预案启动、应急处置、应急结束、善后处理、调查与评估、信息发布等。

应急保障包括：应急队伍保障、经费保障、应急救援物资与应急物资、基本生产、医疗及防疫、交通运输、治安维护和通信等。

宣传、培训与演练包括：宣传、培训、演练等。

附则包括：制订与解释部门，发布、实施与执行时间，管理与更新，奖励与责任等。

八、防汛物料与设施

考核内容： 有完善的防汛物料管理制度，配备专人管理；防汛物料按上级防汛部门下达的定额配备，建档立卡；防汛砂石料存放规范；防汛仓库管理规范，有防汛物资抢险调运图、防汛物资储备分布图等；防汛车辆、道路等齐备完好；备用电源使用可靠；预警系统、通信手段、抢险工具等设备完好、运行可靠。

赋分原则： 防汛物料管理制度不健全，扣5分；未配备专人管理，扣5分；防汛物料不能按定额配备，扣5分；防汛砂石料存放不规范，扣5分；防汛仓库管理不规范，扣5分；防汛道路不平整、不畅通，无专用车辆或车辆不能正常运行，扣5分；动力系统、预警系统、通信设施、抢险工具等完好率低，运行不可靠，扣10分。

条文解读：

（1）建立健全防汛物料管理制度，并上墙明示；防汛仓库有专人管理。

（2）根据水库规模，按照水利部《防汛物资储备定额编制规程》对储备防汛物资和抢险设备品种、规格和数量进行测算，配备的防汛器材、料物品种、抢险工具、设备品种、数量、入库时间、保质期登记翔实。协议储备的防汛物资要提供双方签订的协议书、分布图和调运方案。防汛物资即使有代储协议，在水库大坝现场也应储备抢险应急防汛物资、工具和器具。

（3）提供防汛物资抢险调运图、防汛物资储备分布图，仓库的布局要合理，防汛仓库标志明显，防汛道路通畅，仓库具有通风、防潮、防霉、防蛀等功能，按规定配备消防器材和防盗设施；油料存放应有专门油库，油库需配备防爆灯、消防砂箱、消防桶和铁锹等。防汛仓库需配备防雷设施和应急照明。

（4）防汛物资储备管理参照《中央防汛抗旱物资储备管理办法》执行。防汛物资的完好率符合规定，且账物相符，无霉变、无丢失，对霉变、损坏和超过保质期的防汛物资有更新计划，并按规定及时更新；有防汛物料数量分布图，搬运要方便快捷。防汛物资名称、数量、责任人在现场要有标示牌，堆放整齐，编号醒目；防汛物资账目清楚，入库、领用手续齐全。

（5）备用电源可靠，定期保养和试运行，并且有记录。对储备的动力系统、预警系统、通信设施、照明设备、抢险工具、机电设备和防汛车辆应定期检测和试车，并有检测、试车和充放电记录。

规程、规范和技术标准及相关要求：

（1）《防汛物资储备定额编制规程》

（2）《中央防汛抗旱物资储备管理办法》

（3）《江苏省防汛抗旱物资储备管理办法》

备查资料：

（1）水库防汛物资管理制度；

（2）水库仓库管理人员岗位职责；

（3）水库防汛物资储备测算清单；

（4）水库防汛物资代储协议；

（5）水库防汛物资抢险调运线路图；

（6）水库防汛物资储备分布图；

（7）水库仓库日常管理制度；

（8）水库自储防汛物资清单；

（9）水库防汛物资管理台账；

（10）水库防汛车辆相关证件；

（11）水库备用电源试车、维修保养记录。

参考示例：

（1）仓库日常管理制度编制要点

仓库日常管理制度应包括：目的、仓库管理的任务、仓库物资的入库、仓库物资的出库、仓库物资的保管、附则等。

（2）防汛物资（入、出）库单（见表3-7）

表 3-7　防汛物资（入、出）库单

编号：　　　　　　　　　　　　　　　　　　　　　　　年　　月　　日

物资名称	规格型号	单位	检验结果		实（收、发）数量	备注
			合格	不合格		

（3）防汛物资领用归还表（见表3-8）

表 3-8　防汛物资领用归还表

仓库管理员：　　　　　　　　　　　　　　　　　　　　　　　年度：

序号	物资名称	规格型号	数量	单位	发货人签字	领用人签字	领用日期	归还人签字	接收人签字	归还日期

（4）柴油发电机运转记录（见表3-9）

表 3-9　柴油发电机运转记录

　　　　　　　　　　　　　　　　　　年　　月　　日

开车起止时间		日　　时　　分起　　　　日　　时　　分止							
用途									
		冷却温度	机油压力	交流电压	交流电流	直流电压	直流电流	功率因素	频率或转速
开车后	＿时＿分								
	＿时＿分								
	＿时＿分								
	＿时＿分								
	＿时＿分								
	＿时＿分								
本次运转时间		＿时＿分		累计运转时间			＿时＿分		
柴油检查				机油检查					
值班机工				值班电工					
发现问题及处理意见									

监　护：＿＿＿＿＿＿＿　　　　　　　　　操　作：＿＿＿＿＿＿＿

九、除险加固

考核内容：大坝能按规划设计标准正常运行；病险水库有除险加固规划及实施计划，未除险前有安全度汛措施。

赋分原则：一类坝或已除险加固工程，此项满分。二、三类坝，无除险加固规划（由有资质单位编制）及实施计划，扣10分；安全鉴定为三类坝后，3年内未完成除险加固的，扣15分；除险前未制定安全度汛措施，扣10分。

条文解读：

（1）安全鉴定为一类坝或已经过除险加固的水库大坝此项满分。

（2）二、三类坝应由具有相应设计资质证书的单位编制除险加固规划和方案，并制订实施计划；安全鉴定存在的问题均有加固项目和方案。

（3）在除险加固实施前对大坝安全隐患清楚，有度汛措施和应急预案，能确保水库安全运行。

（4）安全鉴定为三类坝的，应立即组织除险加固，除险加固未完成竣工验收的不能进行水管单位考核复核。

规程、规范和技术标准及相关要求：

《水库大坝安全管理条例》

备查资料：

（1）水库大坝安全鉴定报告书；

（2）水库大坝除险加固前安全度汛方案；

（3）水库大坝除险加固工程规划及实施计划；

（4）水库大坝除险加固工程安全度汛措施；

（5）水库大坝除险加固工程竣工验收资料。

参考示例：

水库大坝除险加固期间度汛方案编制要点

工程除险加固期间度汛方案应包括：总则、基本情况、工程调度运用、安全度汛预案等。

总则包括：目的、编制依据、适用范围、工作原则等。

基本情况包括：工程概况及设计效益、区域情况、工程存在的主要问题等。

工程调度运用包括：调度原则、调度方式等。

安全度汛预案包括：组织措施、规章制度、技术措施等。

十、更新改造

考核内容：大坝及其附属工程更新改造有规划，经费落实，项目按时完成，质量符合要求，有竣工验收报告。

赋分原则：工程更新改造无规划，扣5分；经费不落实，项目不能按时完成，扣5分；质量不符合要求，扣5分；无竣工验收报告，扣5分。

条文解读：

（1）更新改造主要是针对不影响大坝及其附属工程安全运行的工程设施及设备。比如：水电站、补水泵站、供水站、启闭机、变配电设备、安全监测设施、水文设施、照明设施、道路、防渗及排水设施、坝坡和水土保持等。

（2）根据水库运行情况和汛前、汛后检查报告制订更新改造方案和实施计划，编制预算，报上级主管部门审批，落实经费，尽快实施。

（3）工程更新改造项目施工应严格按水利工程建设程序加强管理，工程质量合格，资料齐全，按时完工，及时组织竣工验收。

规程、规范和技术标准及相关要求：

《江苏省水库技术管理办法》

备查资料：

（1）关于同意《×××水库工程更新改造规划》的批复；

（2）水库工程更新改造规划；

（3）水库××年度××更新改造项目预算表；

（4）关于上报×××水库××更新改造项目实施方案的报告；

（5）水库××更新改造工程资料。

参考示例：

水库工程更新改造规划编制要点

水库工程更新改造规划应包括：工程概况、现状分析、指导思想与基本原则、更新改造主要任务、更新改造规划、保障措施、附件等。

工程概况包括：工程基本情况，历次重大改建、拆建、加固等情况，工程主要作用与效益等。

现状分析包括：工程现状分析等。

指导思想与基本原则包括：指导思想、基本原则、总体目标等。

更新改造主要任务包括：具体更新改造内容等。

更新改造规划包括：具体改造时间计划等。

保障措施包括：组织领导、资金落实、工程安全、质量进度、沟通协调等。

附件包括：工程更新改造规划表等。

十一、安全生产

考核内容： 开展安全生产标准化单位建设；安全生产组织体系健全，责任制落实；定期开展安全生产教育、培训、演练等工作；安全警示警告标志设置规范齐全；定期开展隐患排查治理，发现隐患及时整改；安全检查、巡查及隐患处理记录资料规范；安全措施可靠，安全用具配备齐全并定期检验，严格遵守安全生产操作规定，工程及设施、设备运行正常；无较大安全生产责任事故。

赋分原则： 发生较大安全生产责任事故，此项不得分。安全生产组织体系不健全，扣5分；安全生产责任制未落实，扣5分；未开展安全生产教育、培训、演练等工作，扣5分；安全警示警告标志设置不规范、数量不足，扣5分；有安全隐患，每发现1处扣5分；未按规定开展重大隐患排查治理，扣20分；安全检查、巡查及隐患处理记录资料不规范，扣5分；安全措施不可靠，扣5分；安全用具配备不齐全、未定期检验，扣5分；违反安全生产操作规定，扣5分；在设计标准内，工程及设施、设备不能正常运行，扣10分。获得水利工程管理单位安全生产标准化一级、二

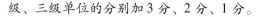

级、三级单位的分别加3分、2分、1分。

条文解读：

（1）安全生产组织网络健全，有安全领导小组名单（安全生产组织网络），人员变化应及时调整。安全生产组织网络要延伸至每个工程、每个生产班组和每个运行班。

（2）安全生产的规章制度齐全，并装订成册；安全生产组织网络及关键部位安全生产管理制度必须上墙明示；各类安全警示警告标志设置应醒目规范，满足管理需求。

（3）定期开展安全检查、巡查，对发现的一般隐患及时处理。重大隐患排查治理按照《水利工程生产安全重大事故隐患判定标准（试行）》开展，做到"五落实"。

（4）未发生供水安全事故，定期检测各监测点水质，防止水源污染事故发生。

（5）要按规定配置安全设施：

① 消防设施：灭火器（根据不同的灭火要求配备）、消防砂箱（含消防铲、消防桶）、消防栓等。

② 高空作业安全设施：升降机、脚手架、登高板、安全带等。

③ 水上作业安全设施：救生艇、救生衣、救生圈、白棕绳等。

④ 电气作业安全设施：变配电室配备绝缘鞋、绝缘手套、绝缘垫、绝缘棒、验电器、接地线、警告（示）牌、安全绳等，电气安全用具按规定周期定期检验，并且是有资质部门出具的试验报告。

⑤ 防盗设施：防盗窗、隔离栅栏、报警装置、视频监视系统等。

⑥ 防雷设施：避雷针、避雷器、避雷线（带）、接地装置等，防雷设施定期（每年惊蛰前）检测，并有检测报告。

（6）管理单位应开展安全生产宣传，并针对安全管理人员、在岗人员、特种作业人员、新员工等制订全年安全生产培训计划，培训计划要明确培训的时间、内容、地点、培训对象和主讲人等，培训资料、图片、考核试卷、评估记录等作为备查材料。参加省、市、县及兄弟单位组织的安全生产知识培训、消防演习等。

（7）安全生产活动记录要齐全，活动记录包括安全生产会议、安全学习、安全检查、安全培训、消防演习等，要写明时间、地点、参加人员和记录人。按时向主管部门上报安全生产报表，安全生产工作每年要有总结。

（8）要提供县级及以上安全生产委员会出具的近三年管理单位无安全生产事故证明。

（9）水管单位应根据有关规定和要求，开展安全生产标准化建设，并持续改进。获得水利工程管理单位安全生产标准化等级证书的单位应提供证书及评价资料。

规程、规范和技术标准及相关要求：

（1）《中华人民共和国安全生产法》

（2）《江苏省水利安全生产标准化建设管理办法（试行）》

（3）《水利工程生产安全重大事故隐患判定标准（试行）》（水安监〔2017〕344 号）（附件见表 3-10）

表 3-10 水利工程运行管理生产安全重大事故隐患综合判定清单（指南）

一、水库大坝工程		
	基础条件	重大事故隐患判据
1	水库管理机构和管理制度不健全，管理人员职责不明晰	满足任意 3 项基础条件 + 任意 3 项物的不安全状态
2	大坝安全监测、防汛交通与通信等管理设施不完善	
3	水库调度规程与水库大坝安全管理应急预案未制定并报批	
4	不能按审批的调度规程合理调度运用，未按规范开展巡视检查和安全监测，不能及时掌握大坝安全性态	
5	大坝养护修理不及时，处于不安全、不完整的工作状态	
6	安全教育和培训不到位或相关岗位人员未持证上岗	
隐患编号	物的不安全状态	
SY-KZ001	大坝未按规定进行安全鉴定	
SY-KZ002	大坝抗震安全性综合评价级别属于 C 级	
SY-KZ003	大坝泄洪洞、溢流面出现大面积汽蚀现象	
SY-KZ004	坝体混凝土出现严重碳化、老化、表面大面积出现裂缝等现象	
SY-KZ005	白蚁灾害地区的土坝未开展白蚁防治工作	
SY-KZ006	闸门液压式启闭机缸体或活塞杆有裂纹或有明显变形的	
SY-KZ007	闸门螺杆式启闭机螺杆有明显变形、弯曲的	
SY-KZ008	卷扬式启闭机滑轮组与钢丝绳锈蚀严重或启闭机运行震动、噪音异常，电流、电压变化异常	
SY-KZ009	没有备用电源或备用电源失效	
SY-KZ010	未按规定设置观测设施或观测设施不满足观测要求	
SY-KZ011	通信设施故障、缺失导致信息无法沟通	
SY-KZ012	工程管理范围内的安全防护设施不完善或不满足规范要求	

备查资料：

（1）水库安全生产组织机构及人员设置文件；

（2）水库安全生产规章制度汇编；

（3）水库××年度职工教育培训资料（计划、考核、评估等）；

（4）水库安全生产宣传活动台账；

（5）水库安全警示标识检查维护记录；

（6）水库近三年无安全生产事故证明；

（7）隐患排查治理记录；

（8）安全检查整改通知书；

（9）安全隐患整改回执单；

（10）水库安全生产工作总结；

（11）水库安全生产设施设备统计表；

（12）水库安全用具定期试验报告；

（13）水库特种设备检验报告；

（14）水库安全生产操作规程汇编；

（15）水库安全生产标准化等级证书。

参考示例：

（1）水库安全生产责任制编制要点

水库安全生产责任制应包括：总则、安全生产组织网络、安全生产责任、考核及奖惩办法等。

总则包括：目的、适用范围等。

安全生产组织网络包括：安全生产组织领导小组成员、工作组成员等。

安全生产责任包括：工作原则、安全生产领导小组主要职责、各工作组主要职责、职工安全生产职责等。

考核及奖惩办法包括：考核工作原则、考核方式、考核时间、奖惩标准及实施部门等。

（2）年度职工教育培训计划编制要点

年度职工教育培训计划应包括：总体要求、主要内容、培训形式、组织实施、培训计划表等。

（3）安全生产隐患排查治理制度编制要点

安全生产隐患排查治理制度应包括：总则、机构及人员职责、排查方法、隐患治理、隐患信息处理、考核与奖惩、附则等。

总则包括：目的、适用范围、事故隐患分类等。

机构及人员职责包括：机构设置、人员职责等。

排查方法包括：排查步骤、排查周期、日常检查、定期检查、汛前汛后检查、节假日检查、专项检查等。

隐患治理包括：隐患登记、隐患治理方案、效果评估等。

隐患信息处理包括：隐患统计、隐患上报、隐患治理台账整理归档等。

考核与奖惩包括：考核、奖惩和责任追究等。

附则包括：执行时间等。

（4）安全检查整改通知书（见表3-11）

表3-11 安全检查整改通知书

×××单位：

×××检查组于××年 ××月 ××日 ××时检查发现你单位存在下列安全隐患，必须迅速采取有效措施处理，限你单位××年××月××日前整改完毕，并将整改情况及时回复×××。

检查性质	
存在问题	
整改意见	

被查单位负责人： 检查组长：

××年××月××日

第二节 水闸工程

水闸工程的安全管理共8条285分，包括注册登记、安全鉴定、除险加固或更新改造、设备等级评定、划界确权、水行政管理、防汛抢险、安全生产等。

一、注册登记

考核内容：按照《水闸注册登记管理办法》进行注册登记，并及时办理变更事项登记。

赋分原则：未进行水闸注册登记，此项不得分。未及时办理变更事项登记，扣10分。

条文解读：

（1）通过水闸注册登记管理系统，采用网络申报方式，按规定完成注册登记。水闸注册登记需履行申报、审核、登记、发证等程序。

（2）水闸注册登记由申请注册登记单位向注册登记机构提供以下材料，一式二份：

① 水闸注册登记表；

② 管理单位法人登记证复印件；

③ 工程建设立项文件复印件；

④ 工程竣工验收鉴定书复印件；

⑤ 水闸安全鉴定报告书或由具备该等级水闸设计资质的勘测设计单位出具的工程安全评估意见；

⑥ 病险水闸限制运用方案审核备案文件；

⑦ 河道上新建水闸工程应提供有管辖权的水行政主管部门或流域机构审批的综合规划审查意见；

⑧ 水闸全景照片。

不具备以上第3、4项材料，可由其上级主管部门出具证明材料。

（3）已注册登记的水闸，如管理水闸的单位或水闸管理单位的隶属关系发生变化，或者因加固、扩建、改建、降等而导致水闸的主要技术经济指标发生变化，水闸管理单位应在3个月内，通过水闸注册登记管理系统办理变更事项登记。

（4）经主管部门批准报废的水闸，管理单位应在3个月内通过水闸注册登记管理系统提供水闸报废批准文件（扫描件），向水闸注册登记机构申请办理注销登记。注销审核工作应在15个工作日内完成。

规程、规范和技术标准及相关要求：

《水闸注册登记管理办法》

备查资料：

（1）水闸注册登记表；

（2）水闸注册登记证（江苏省水闸注册登记名录）；

（3）水闸注册登记变更事项登记表。

二、安全鉴定

考核内容： 按照《水闸安全鉴定管理办法》及《水闸安全评价导则》（SL214）开展安全鉴定工作，鉴定成果用于指导水闸的安全运行管理和除险加固、更新改造、大修。

赋分原则： 未进行安全鉴定，或鉴定结果为三类及以下且未完成除险加固的，此项不得分。

未将鉴定成果用于指导水闸的安全运行管理和更新改造、大修，扣15分。

条文解读：

（1）水闸安全鉴定工作应按照《江苏省水闸安全鉴定管理办法》规定的程序进行，并应符合《水闸安全评价导则》（SL214）的要求。

（2）水闸安全鉴定的周期：首次安全鉴定应在竣工验收后 5 年内进行，以后应每隔 10 年进行一次全面安全鉴定；运行中遭遇超标准洪水、强烈地震、增水高度超过校核潮位的风暴潮及发生重大工程事故后，应及时进行安全检查，如出现影响工程安全的异常现象，应及时进行安全鉴定；闸门等单项工程达到折旧年限时，应适时进行安全鉴定。

（3）水闸现场安全检测应委托具有相应资质的检测单位或省水行政主管部门认可的具备相应检测条件的单位进行。工程复核计算分析工作应根据建筑物的等级选择具有相应资质的规划、设计单位进行。承担上述任务的单位应按时提交现场安全检测报告和工程复核计算分析报告，并对出具的现场安全检测结论和工程复核计算分析结果负责。

（4）水闸安全类别划分为四类：

一类闸：运用指标能达到设计标准，无影响正常运行的缺陷，按常规维修养护即可保证正常运行。

二类闸：运用指标基本达到设计标准，工程存在一定损坏，经大修后，可达到正常运行。

三类闸：运用指标达不到设计标准，工程存在严重损坏，经除险加固后，才能达到正常运行。

四类闸：运用指标无法达到设计标准，工程存在严重安全问题，需降低标准运用或报废重建。

水闸工程管理考核时一类闸不扣分，二类闸适当扣分，三类闸、四类闸不能申请考核。

（5）水闸安全鉴定应提交安全鉴定材料汇编，包括现状调查、安全检测、复核分析、安全评价和安全鉴定报告书，并经组织专家评审和水行政主管部门审定。

（6）鉴定成果用于指导水闸安全运行和除险加固、更新改造、大修，即对安全鉴定为二类闸的工程，在运行管理中对存在的问题须有大修计划和应急处理措施，如在水闸的防汛预案、反事故预案、运行管理实施细则、工程检查中要有体现；对安全鉴定为三类闸的工程，在编制上报除险加固项目时，应包含安全鉴定报告中发现的问题。

规程、规范和技术标准及相关要求：

（1）《水闸安全鉴定管理办法》

（2）《水闸安全评价导则》（SL214）

（3）《江苏省水闸安全鉴定管理办法》

备查资料：

（1）水闸安全评价资料汇编；

（2）水行政主管部门印发的安全鉴定报告书；

（3）水闸除险加固前安全度汛措施；

（4）水闸除险加固期间安全度汛措施；

（5）水闸除险加固工程资料。

参考示例：

水闸工程防洪预案编制要点

防洪预案应包括：工程基本情况、工程调度运用情况、防洪措施、附则等。

工程基本情况包括：工程概况等。

工程调度运用情况包括：调度权限、控制运用原则、运行中的注意事项等。

防洪措施包括：汛前准备、工程监测、抢险组织网络、信息报送、控制运用原则、备品备件、反事故措施等。

附则包括：预案制订与更新、预案报备、预案学习和演练、奖励与责任追究、实施时间等。

三、除险加固或更新改造

考核内容：工程隐患情况清楚，并登记造册；有相应的除险加固、更新改造或大修规划及实施计划；工程隐患未处理前，有安全应对措施。

赋分原则：一类工程和已除险加固工程，此项满分。

工程隐患不清楚且无登记造册，扣 15 分；未编制除险加固、更新改造或大修规划（由资质单位编制）及实施计划，扣 15 分；工程隐患未处理前未制定安全应对措施，扣 10 分。

条文解读：

（1）正在进行或已进行但未竣工验收的除险加固、更新改造的工程不能参与水利管理单位考核。

（2）经过工程检查和鉴定，工程存在问题和隐患清楚，并登记造册；及时委托有资质的单位编制除险加固或更新改造计划、方案，工程除险加固前制定切实可行的安全度汛措施。

（3）新建工程、一类工程和已除险加固的工程此项满分。

（4）检查考核材料包括工程除险加固或更新改造的规划、设计、实施计划、批复文件、加固期间工程的度汛应急措施、可研、初设、竣工验收报告等，在备查资料中提供目录或资料封面的复印件。

规程、规范和技术标准及相关要求：

《水闸工程管理规程》（DB32/T 3259）

备查资料：

（1）水闸工程隐患情况统计表；

（2）水闸除险加固工程实施计划；

（3）水闸除险加固前安全度汛措施；

（4）水闸除险加固期间安全度汛措施；

（5）水闸除险加固工程资料（可研、初步设计、施工及竣工验收等）。

参考示例：

（1）水闸隐患情况统计表（见表3-12）

表 3-12　水闸隐患情况统计表

单位	险工隐患名称	险工隐患位	险情描述	处置措施
×××水闸管理单位				

（2）水闸除险加固期间度汛方案编制要点

水闸除险加固期间度汛方案应包括：总则、基本情况、工程调度运用、安全度汛预案等。

总则包括：目的、编制依据、适用范围、工作原则等。

基本情况包括：工程概况及设计效益、区域情况、工程存在的主要问题等。

工程调度运用包括：调度原则、调度方式等。

安全度汛预案包括：组织措施、规章制度、技术措施等。

四、设备等级评定

考核内容： 按照《水利水电工程闸门及启闭机、升船机设备管理等级评定标准》（SL240）规定开展闸门、启闭机设备等级评定工作，评定结果报经上级主管部门认定。

赋分原则： 未开展设备等级评定，此项不得分。评定结果未报经上级主管部门认定，扣5分；设备评定为二类的，扣5分，评定为三类的，扣10分；评定为三类未制订应急方案的，扣10分。

条文解读：

（1）管理单位应定期对闸门、启闭机及变配电设备进行等级评定，一般每2~4年进行一次，可结合定期检查进行。

（2）评级工作按照评级单元、单项设备、单位工程逐级评定。

（3）单项设备被评为三类的应限期整改；单位工程被评为三类的，在限期整改的同时，向上级主管部门申请安全鉴定。

（4）设备评级的支撑材料要齐全，除汇总的评级表，每个评级单元、单项设备、单位工程要有详细的检查、试验、维修等资料。

（5）设备评级自评后要报上级主管部门审查核定，并且有正式的批复文件。没有上级主管部门的认证，设备评级不能算全部完成。设备等级评定后要给设备挂牌。

（6）设备评级有总结报告，内容包括：人员组织、时间、过程、结果、更新改造计划和应急措施等。

规程、规范和技术标准及相关要求：

《水闸工程管理规程》（DB32/T 3259）

备查资料：

（1）关于×××水闸管理所设备等级评定结果认定的请示；

（2）××年设备评级总结；

（3）工程设备等级评定情况表；

（4）工程设备等级评定汇总表；

（5）设备等级评定表；

（6）关于×××水闸闸门和启闭机设备等级评定结果的批复。

参考示例：

（1）水闸机电设备评级总结编制要点

设备和建筑物评级总结应包括：评定组织、评定分类、评定过程、评定结果等。

（2）工程设备等级评定情况表（见表3-13）

表3-13　工程设备等级评定情况表

| 工程名称 | | 工程规模 | | 竣工日期 | |
| | | | | 改造日期 | |

单位设备名称	等级	单项设备名称	规格	数量	等级	完好率（%）

评级情况综述	

评级组织	评级单位自评	上级主管部门认定
	负责人： 组成人员：	负责人： 认定人员：

（3）工程设备等级评定汇总表（见表 3-14）

表 3-14　工程设备等级评定汇总表

工程名称　　　　　　　　　　　　　　填表日期　　年　月　日　　第　页　共　页

设备名称型号	投运日期	大修日期	试验日期	自评日期	自评等级			降级原因	认可等级			理由
					一类	二类	三类		一类	二类	三类	

| 单项设备 | 名称 | | 数量 | | 等级 | | | | 完好率 | | | % |

（4）设备等级评定表（见表3-15）

表 3-15　设备等级评定表

工程名称			编号		评定日期	年	月	日
评级单元	检查项目			检查结果		单元等级		备注
				合格	不合格	一	二	三
设备等级评定	等级类别		数量		百分比	单项设备等级		
	一类单元							
	二类单元							
	三类单元							
检查人：			记录人：			责任人：		

五、划界确权

考核内容： 按规定划定工程管理范围和保护范围；划界图纸资料齐全；工程管理范围边界桩齐全、明显；工程管理范围内土地使用证领取率达95%以上。

赋分原则： 工程管理范围未完成划界的，此项不得分。工程管理范围边界桩不齐全、不明显，扣10分；土地使用证领取率低于95%的，每低10%扣5分；工程保护范围不明确，扣15分。

条文解读：

（1）根据《江苏省水利工程管理条例》划定工程的管理范围。管理范围需要划界确权，并领取土地证。管理范围未进行划界确权的，此项不得分。考核时要提供管理范围内所有土地证原件或不动产权证。

（2）涵闸的保护范围没有明确规定，保护范围的划分以不影响涵闸安全、运行和管理为前提，保护范围是工程规划范围，是管理范围的延伸，对水利工程有安全保护作用，保护范围不需要划界确权，也不要求领取土地证。保护范围与管理范围管理的要求相同。

（3）提供涵闸设计、规划、征地、划界文件及图纸，图纸上明确标明涵闸的管理范围和保护范围。

（4）涵闸的主体及附属工程和管理范围内水面要包含在划界确权范围内。

（5）划界应通过验收，划界成果实现与国土、规划部门共享，信息化水平高。

（6）管理范围界桩应按土地证附图上标注的界桩设置，界桩位置、编号要与图纸上一致，界桩埋设规范，使用符合规定的标准界桩。

规程、规范和技术标准及相关要求：

《江苏省水利工程管理条例》

备查资料：

（1）工程管理范围划界图纸（明确管理范围和保护范围）；

（2）土地证统计情况表；

（3）管理范围内土地证或不动产权证；

（4）工程管理范围界桩统计表；

（5）工程管理范围界桩分布图。

六、水行政管理

考核内容： 坚持依法管理，配备水政监察专职人员，执法装备配备齐全，加强水法规宣传、培训、教育；按规定进行水行政安全巡查，发现侵占、破坏、损坏水利工程、损害水环境的行为，采取有效措施予以制止并做好调查取证、及时上报、配合查处等工作；水法规宣传标语、危险区警示等标志标牌醒目；依法对管理范围内批准的涉河建设项目进行监督管理。

赋分原则： 未配备水政监察专职人员，扣 5～10 分；执法装备不齐全，扣 3～5 分；未开展水法规宣传、培训、教育的，扣 5 分；未制定执法巡查制度、落实执法巡查责任，扣 5 分；水行政安全巡查内容不全、频次不足、记录不规范，扣 5 分；发现水事违法行为，未及时采取有效措施制止，每起扣 10 分；未及时上报的，每起扣 5 分；无水法规宣传标语、危险区警示等标志标牌，扣 5 分；对涉河建设项目监督管理不力的，扣 10 分。

条文解读：

（1）按照《中华人民共和国水法》《中华人民共和国防洪法》《江苏省水利工程管理条例》和《江苏省河道管理条例》等依法管理水闸工程。管理制度齐全；有主管部门批复的水行政管理职能、组织机构和人员编制文件；有水行政管理执法职能的要有执法许可证。

（2）在涵闸管理范围内，危害涵闸安全和影响防洪抢险的生产、生活设施及其他各类建筑物，在险工险段或严重影响防洪安全的地段，应限期拆除，在工程管理范围和保护范围内不能存在违章建筑和设施。严格执行《江苏省水利工程管理条例》第八条和《江苏省河道管理条例》第二十七条的有关规定。

（3）主要部位设置警告警示标志和宣传标语。警告警示标志内容要与工程的性质、设置部位相符。对于距离远、四周均与外界接壤的水利工程，在上下游、左右岸均应设置警告警示牌。宣传标语以依法管理水利工程、维护水利工程完整、节约保护利用水资源为主。

（4）有通航孔的水闸，应按交通部门的要求设置通航设施和助航标志；通航河道上没有通航功能的水闸，应在上下游河道警戒区外设置拦河索和助航标志。

（5）做好管理范围内建设项目的管理，管理范围内建设项目清楚，并登记在册；每个建设项目均应明确监管责任人和相关管理制度；全程参与建设项目的规划、审查、审批和竣工验收；建设项目的开工报告、施工图纸、施工方案、度汛应急措施等应在水闸管理单位备案。

（6）适时开展水法规宣传，水法规学习培训有制度、有计划、有考核、有图片。

（7）水行政管理工作年初要有计划，年终要有总结。

（8）水行政管理台账应齐全。

规程、规范和技术标准及相关要求：

（1）《江苏省水利工程管理条例》

（2）《江苏省河道管理条例》

备查资料：

（1）水政监察队机构成立及人员设置文件；

（2）行政执法证；

（3）水政监察证；

（4）水行政管理制度汇编；

（5）执法装备统计表；

（6）水法规宣传教育资料；

（7）水行政执法人员学习培训制度、计划和学习考核资料；

（8）水行政执法巡查制度；

（9）水行政执法管理工作计划和总结；

（10）水行政执法巡查记录；

（11）水行政执法巡查月报表；

（12）行政处罚案件卷宗（处罚决定书、立案审批表、执法监督检查意见书、整改意见回执单等）；

（13）案件查处结案率统计表；

（14）水法规宣传标语、警示标志标牌统计表及检查记录；

（15）管理范围内建设项目监管记录。

参考示例：

水行政管理制度汇编编制要点

水行政管理制度汇编应包括：水政监察队工作职责、水政监察员学习培训制度、水行政执行巡查制度、水行政执行案件办理制度、水行政处罚流程图、水行政执法责任追究制度、水行政执行人员行为规范等。

七、防汛抢险

考核内容：防汛组织体系健全；防汛责任制落实；防汛抢险队伍的组织、人员、培训、任务落实；防汛抢险预案、措施落实；汛前准备充分，预警、报汛、调度系统完善，配备必要的抢险工具、器材设备，明确大宗防汛物资存放方式和调运线路，物资管理资料完备。

赋分原则：防汛组织体系不健全，扣5分；岗位责任制不落实，扣10分；防汛抢险队伍的组织、人员、培训、任务未落实，扣5分；防汛预案、措施不落实，扣5分；预警、报汛、调度系统不完善，扣5分；抢险工具、器材配备不完备，大宗防汛物资存放方式或调运线路不明确，扣5分；物资管理资料不完备，扣5分。

条文解读：

（1）每年汛前，管理单位要与上级主管部门签订《防汛责任状》，明确防汛责任、目标和考核要求，组建防汛办事机构和组织网络，确定各工程的防汛责任人及其职责，修订《防汛预案》《反事故预案》和汛期各项工作制度，组建防汛抢险队等，以上工作均需报上级主管部门备案。预案内容要齐全，计划要周密，措施要得力，针对性和可操作性要强。《防汛预案》要报上级防汛主管部门审批。

（2）制订全年防汛培训计划，培训计划要明确培训的时间、内容、地点、培训对象和主讲人等，培训资料、图片、考试卷、考核成绩统计和培训总结等作为备查材料。参加省、市、县及兄弟单位组织的防汛知识培训、防汛抢险演习。

（3）根据涵闸工程规模，按照水利部《防汛物资储备定额编制规程》测算防汛物资和抢险设备数量，配备的防汛器材、料物品种、抢险工具、设备品种、数量、入库时间、保质期登记翔实，并在现场有管理卡。协议储备的防汛物资要提供双方签订的协议书和调运方案。防汛物资即使有代储协议，在涵闸工程现场也应储备抢险应急物资、工具和器具。提供防汛仓库分布位置图，仓库布局合理，标志明显，车辆进出仓库道路通畅，仓库具有通风、防潮、防霉、防蛀等功能，按规定配备消防器材和防盗设施；油料存放应有专门油库，油库需配备防爆灯、消防砂箱、消防桶和铁锹等。防汛仓库一般都比较偏僻，需配备防雷设施和应急照明。有专人管理的仓库在人员定编定岗中要反映出来；仓库管理制度齐全，并上墙明示。

（4）防汛物资储备管理参照《中央级防汛物资储备管理细则》执行，管理规范。防汛物资的完好率符合规定，且账物相符，无霉变、无丢失，对霉变、损坏和超过保质期的防汛物资有更新计划，并按规定及时更新；有防汛料物储量分布图，搬运要方便快捷。防汛物资名称、数量、责任人在现场要有标示牌，堆放整齐，编号醒目；防汛物资账目清楚，入库、领用手续齐全。备用电源可靠，定期保养和试运行，并且有记录。对储备的动力系统、预警系统、通信设施、抢险工具、机电设备和防汛车辆应定期检测和试车，对电瓶、应急灯定期充放电，并有检测、试车和充放电记录。

（5）管理单位汛后应及时向上级防汛主管部门上报汛期工作总结和评价。

规程、规范和技术标准及相关要求：

（1）《防汛物资储备定额编制规程》（SL298）

（2）《江苏省防汛抗旱物资储备管理办法》

备查资料：

（1）××年度工程管理责任状；

（2）防汛防旱组织机构设置文件；

（3）防汛防旱管理办法；

（4）防汛抢险人员学习培训资料（计划、学习、演练、考核评估）；

（5）关于同意《××年度防汛防旱应急预案》的批复；

（6）防汛防旱应急预案；

（7）防汛物资代储协议；

（8）防汛物资储备测算清单；

（9）自储防汛物资清单；

（10）防汛物资管理制度；

（11）仓库管理人员岗位职责；

（12）防汛物资调运方案；

（13）防汛物资仓库物资分布图；

（14）防汛物资调运线路图；

（15）防汛物资管理台账；

（16）备用电源试车、维修保养记录；

（17）防汛物资检查保养记录；

（18）防汛工作总结和评价。

参考示例：

（1）水闸防汛防旱应急预案编制要点

水闸防汛防旱应急预案应包括：总则、工程基本情况、组织体系及职责、预防和预警机制、防汛防旱控制运用、防汛防旱应急响应、防汛防旱保障措施、附则、附录等。

总则包括：编制目的、编制依据、适用范围、工作原则等。

工程基本情况包括：工程概况、历史防汛防旱特性分析等。

组织体系及职责包括：组织体系、主要职责等。

预防和预警机制包括：预防预警信息、预防预警准备等。

防汛防旱控制运用包括：调度指令执行要求、控制运用要求、工程控制运用注意事项等。

防汛防旱应急响应包括：排泄洪水及引水、防御台风措施、超标准洪水应对措施等。

防汛防旱保障措施包括：防汛防旱责任制、工程监测、维修养护、防汛物资、通信设施等。

附则包括：预案制订与更新、预案报备、预案学习和演练、奖励与责任追究、实施时间等。

附录包括：防汛防旱抢险人员通讯录、防汛抢险组织网络图等。

（2）防汛物资储备管理办法编制要点

防汛物资储备管理办法应包括：总则、储备定额与品种、购置与验收、储备管理、调用、核销、补充与更新、附则等。

八、安全生产

考核内容： 开展安全生产标准化单位建设，安全生产组织体系健全；开展安全生产宣传培训；安全警示警告标志设置规范齐全；定期进行安全检查、巡查，及时处理安全隐患，检查、巡查及隐患处理记录资料规范；安全措施可靠，安全用具配备齐全并定期检验，严格遵守安全生产操作规定，设备运行安全；无较大安全生产责任事故。

赋分原则： 出现较大安全生产责任事故，此项不得分。安全生产组织体系不健全，扣5分；未开展安全生产宣传培训，扣5分；安全警示警告标志设置不规范、数量不足，扣5分；未定期进行安全检查，扣5分；未及时处理安全隐患，扣10分；检查、巡查及隐患处理记录资料不规范，扣5分；安全措施不可靠，扣5分；安全用具配备不齐全、未定期检验，扣5分；违反安全生产操作规定，扣5分；设备运行不安全，扣5分。获得水利工程管理单位安全生产标准化一级、二级、三级单位的分别加3分、2分、1分。

条文解读：

（1）安全生产组织健全，要有安全领导小组（安全生产组织网络），人员变化应及时调整。安全生产组织网络要延伸至每个工程，每个生产班组，每个运行班。

（2）安全生产的规章制度齐全，并装订成册；安全生产组织网络及关键部位安全生产管理制度必须上墙明示；各类安全警示警告标志设置应醒目规范，满足管理需求。

（3）定期开展安全检查、巡查，对发现的一般隐患及时处理。重大隐患排查治理按照《水利工程生产安全重大事故隐患判定标准（试行）》（水安监〔2017〕344号）开展，做到"五落实"。

（4）按规定配置安全设施：

① 消防设施：灭火器（根据不同的灭火要求配备）、消防砂箱（含消防铲、消防桶）、消防栓等。

② 高空作业安全设施：升降机、脚手架、登高板、安全带等。

③ 水上作业安全设施：救生艇、救生衣、救生圈、白棕绳等。

④ 电气作业安全设施：绝缘鞋、绝缘手套、绝缘垫、绝缘棒、验电器、接地线、警告（示）牌、安全绳等，对移动电器设备配置隔离变压器或加装漏电开关，检修照明使用行灯。电气安全用具按规定周期定期检验，并且是有资质部门出具的报告。同一型号安全用具在一台（套）以上的要编号。电气安全用具试验合格证必须贴在工、器具上。

⑤ 防盗设施：防盗窗、隔离栅栏、报警装置、视频监视系统等。

⑥ 防雷设施：避雷针、避雷器、避雷线（带）、接地装置等。

⑦ 助航设施：按《内河助航标志》（GB 5863）规定设置。

⑧ 拦河设施：通航河道上建有不通航节制闸时，在闸上下游河道警戒区外侧必须设拦河索，闸工作桥正中上下游侧装二组并列阻航灯等。

（5）特种设备的检验：按规定对起重设备、电梯、压力容器定期进行检验，并且是有资质部门出具的报告，检验周期符合规定。

（6）管理单位应开展安全生产宣传，并针对安全管理人员、在岗人员、特种作业人员、新员工等制订全年安全生产培训计划，培训计划要明确培训的时间、内容、地点、培训对象和主讲人等，培训资料、图片、考核试卷、评估记录等作为备查材料。参加省、市、县及兄弟单位组织的安全生产知识培训、消防演习等。

（7）安全生产活动记录齐全，活动记录包括安全生产会议、安全学习、安全检查、安全培训、消防演习等，要写明时间、地点、参加人员和记录人。按时向主管部门上报安全生产报表，安全生产工作每年要有总结。

（8）要提供县级及以上安全生产委员会出具的近三年管理单位无安全生产事故

证明，主管部门出具的证明无效。

（9）水管单位应根据有关规定和要求，开展安全生产标准化建设，并持续改进。获得水利工程管理单位安全生产标准化等级证书的单位应提供证书及评价资料。

规程、规范和技术标准及相关要求：

（1）《中华人民共和国安全生产法》

（2）《江苏省水利安全生产标准化建设管理办法（试行）》

（3）《水利工程生产安全重大事故隐患判定标准（试行）》（水安监〔2017〕344号）（附件见表3-16）

表3-16 **水利工程运行管理生产安全重大事故隐患综合判定清单（指南）**

四、水闸工程		
	基础条件	重大事故隐患判据
1	工程管护范围不明确、不可控，技术人员未明确定岗定编或不满足管理要求，管理经费不足	满足任意3项基础条件+任意2项物的不安全状态
2	规章制度不健全，水闸未按审批的控制运用计划合理运用	
3	工程设施破损或维护不及时，管理设施、安全监测等不满足运行要求	
4	安全教育和培训不到位或相关岗位人员未持证上岗	
隐患编号	物的不安全状态	
SY-ZZ001	防洪标准安全分级为B类	
SY-ZZ002	水闸未按规定进行安全评价或安全类别被评为三类	
SY-ZZ003	渗流安全分级为B类	
SY-ZZ004	结构安全分级为B类	
SY-ZZ005	工程质量检测结果评级为B类	
SY-ZZ006	抗震安全性综合评价级为B级	
SY-ZZ007	水闸交通桥结构钢筋外露锈蚀严重且混凝土碳化严重	

备查资料：

（1）安全生产组织机构及人员设置文件；

（2）安全生产规章制度汇编；

（3）××年度职工教育培训资料（计划、考核、评估等）；

（4）安全生产宣传活动台账；

（5）特种设备统计表；

（6）特种设备检验报告；

（7）特种作业人员持证上岗情况统计表；

（8）安全警示标识检查维护记录；

（9）隐患排查治理制度；

（10）隐患排查治理记录；

（11）安全检查整改通知书；

（12）安全隐患整改回执单；

（13）安全用具定期试验报告；

（14）安全生产操作规程汇编；

（15）工作票、操作票；

（16）特别检查表；

（17）安全生产工作总结；

（18）近三年无安全生产事故证明；

（19）安全生产标准化等级证书。

参考示例：

安全生产责任制编制要点

安全生产责任制应包括：总则、岗位安全生产责任、部门安全生产责任、考核及奖惩、附则等。

总则包括：目的、适用范围等。

岗位安全生产责任包括：主要负责人安全生产职责、分管安全负责人安全生产职责、其他分管领导安全生产职责、处属单位（部门）负责人安全生产职责、机关员工安全生产职责、项目负责人安全生产职责、专（兼）职安全员安全生产职责、班级长安全生产职责、生产运行人员安全生产职责等。

部门安全生产责任包括：办公室安全生产职责、组织人事科安全生产职责、财供科安全生产职责、工程管理科安全生产职责、安全生产监督科安全生产职责等。

考核及奖惩包括：考核工作原则、考核办法、考核时间、奖惩标准及考核部门等。

附则包括：制度实施时间等。

第三节 河道工程

河道工程的安全管理共 11 条 330 分，包括工程标准、划界确权、涉河建设项目管理、河道清障、水行政管理、防汛组织、防汛准备、防汛物料、工程抢险、工程隐患及除险加固、安全生产等。

一、工程标准

考核内容： 河道堤防工程达到设计防洪（或竣工验收）标准。

赋分原则： 河道堤防工程达不到设计防洪（或竣工验收）标准的，按堤长计，每 10% 扣 3 分。

条文解读：

（1）规划、设计、除险加固及竣工验收资料齐全。

（2）河道堤防工程设计等级及防洪标准应符合《水利水电工程等级划分及洪水标准》（SL252）的规定，并应达到《堤防工程设计规范》（GB 50286）的要求。

（3）提供近三年河道工程观测资料和成果分析报告。

（4）在现场展示牌河道工程概况中应有工程标准介绍，并需提供标准断面图、断面桩设置图、河道淤积冲刷位置图、堤防险工险段位置图及河床河势图等。

规程、规范和技术标准及相关要求：

（1）《水利水电工程等级划分及洪水标准》（SL252）

（2）《堤防工程设计规范》（GB 50286）

备查资料：

（1）规划、设计、除险加固及竣工验收资料；

（2）近三年河道工程观测资料和成果分析报告；

（3）标准断面图、断面桩设置图、河道淤积冲刷位置图、堤防险工险段位置图及河床河势图；

（4）河道工程概况现场展示牌。

参考示例：

洪泽湖大堤工程概况

洪泽湖大堤北起淮阴区码头镇，南至盱眙县观音寺镇张大庄，全长67.25公里，是淮河下游地区2000万人民生命财产和3000万亩农田的防洪屏障，发挥洪泽湖的防洪、灌溉、供水、航运、养殖、发电、旅游和生态环境改善等综合效益，为区域经济发展提供了有力保障。

江苏省洪泽湖堤防管理所是洪泽湖堤防工程（34k+900~67k+250）的专业管理机构，隶属于江苏省洪泽湖水利工程管理处，现有在职人员33人。近年来，管理所加强堤防日常管理，推进精细化管理，提高现代化管理水平，2016年被管理处评为精神文明建设先进单位、先进党支部，被中共淮安市洪泽区委、淮安市洪泽区人民政府评为"文明窗口"；2017年通过江苏省二级水利工程管理单位考核，被评为"江苏最美水地标"。

二、划界确权

考核内容：按规定划定河道管理范围及工程管理和保护范围；划界图纸资料齐全；工程管理范围边界桩齐全、明显；工程管理范围内土地使用证领取率达95%以上。

赋分原则：工程管理范围未完成划界的，此项不得分。工程管理范围边界桩不齐全、不明显，扣10分；土地使用证领取率低于95%的，每低10%扣5分；河道管理范围未完成划界的，扣5~10分；工程保护范围不明确，扣15分。

条文解读：

（1）河道规划、征地、划界图纸齐全，图纸上明确标示管理范围和保护范围。

（2）划界应通过验收并经政府公布，划界成果实现与国土、规范部门共享，信息化水平高。

（3）工程管理范围内取得土地使用证的面积不低于95%。

（4）根据《江苏省水利工程管理条例》的规定划定，河道管理范围必须划界确权，并且按划界确权图上的界桩标示设置界桩，界桩编号要与图纸上一致，界桩埋设规范，使用国土部门规定的标准界桩；工程保护范围明确。

规程、规范和技术标准及相关要求：

（1）《江苏省河道管理条例》

（2）《江苏省水利工程管理条例》

备查资料：

（1）河道工程规划、设计、征地、划界文件及图纸；

（2）管理范围内划界确权资料；

（3）河道工程管理范围内土地证原件；

（4）土地证统计情况表（参见"水库工程–划界确权［参考示例1］"）；

（5）工程管理范围界桩统计表及分布图。

三、涉河建设项目管理

考核内容： 河道滩地、岸线开发利用符合流域综合规划和有关规定；对河道管理范围内建设项目情况清楚；依法对管理范围内批准的建设项目进行监督管理；建设项目审查、审批、监管及竣工验收资料齐全。

赋分原则： 违法违规利用岸线和滩地，每处扣5～10分；对河道内建设项目情况不清楚的，每处扣10分；对管理范围内批准的建设项目监管不力，扣5～10分；建设项目资料不全，扣5～10分。

条文解读：

（1）河道滩地及岸线开发利用规划经过省辖市水行政主管部门审批，建设项目严格按照《江苏省河道管理范围内建设项目管理规定》进行。

（2）管理单位对管理范围内建设项目清楚，并登记造册。

（3）管理单位应参与建设项目的审查、审批、监管和竣工验收。

（4）河道管理范围内建设项目立项之日也是管理单位监管之时，每一个建设项目均应明确监管责任人和监管内容，并在适当位置明示。

（5）所有建设项目的开工报告、施工图纸、施工方案、度汛应急措施等应在河道管理单位备案。

规程、规范和技术标准及相关要求：

（1）《江苏省河道管理条例》

（2）《江苏省河道管理范围内建设项目管理规定》

（3）《江苏省堤防工程技术管理办法》

备查资料：

（1）涉河建设项目登记表；

（2）涉河建设项目批复文件；

（3）涉河建设项目的审查、审批、监管和竣工验收资料；

（4）涉河建设项目的开工报告、施工图纸、施工方案、度汛应急措施等备案资料；

（5）涉河建设项目监管责任人和管理制度明示资料。

参考示例：

（1）涉河建设项目登记表

涉河建设项目登记表应包括：项目名称、项目概况、批准单位、批准日期、建设单位、开工日期、监管责任人等。

（2）涉河建设项目监管公示牌

涉河建设项目监管公示牌应包括：项目概况、监管责任人及联系方式、监管内容、管理制度等。

四、河道清障

考核内容： 对河道内阻水生物、建筑物的种类、规模、位置、设障单位等情况清楚；及时提出清障方案并督促完成清障任务；无新违规设障现象。

赋分原则： 对河道内阻水生物种类、规模不清楚的，扣5分；阻水建筑物，每处扣2分，最多扣10分；未全面清障又无清障计划或方案，扣5分；对新违规设障制止不力，扣10分。

条文解读：

（1）在河道管理范围内，危害河道工程安全和影响防洪抢险的生产、生活设施及其他各类建筑物，在险工险段或严重影响防洪安全的地段，应限期拆除；其他地段，应结合城镇规划、河道整治和土地开发利用规划，分期、分批予以拆除。行洪、排涝、送水河道中阻碍行水的圈堤、坝埂、矿渣、芦苇等障碍物，应按照"谁设障、谁清除"的原则，由防汛防旱指挥部责令设障者限期予以清除。逾期不清除的，由防汛防旱指挥部组织强行清除，并由设障者承担全部费用。管理单位应积极做好督促检查工作。

（2）河道内阻水生物种类、规模清楚，河道管理和保护范围内设障情况清楚，并登记在册；管理范围内设障情况登记齐全。有设障情况的要制订切实可行的清障方案和计划，明确清障时间和责任人，设障情况严重的要及时向主管部门汇报，并会同防汛部门按有关规定做好强行清障工作。

规程、规范和技术标准及相关要求：

（1）《江苏省河道管理条例》

（2）《江苏省水利工程管理条例》

备查资料：

（1）阻水生物登记簿；

（2）阻水建筑物登记簿；

（3）清障计划或方案；

（4）清障执法记录。

参考示例：

（1）阻水建筑物登记簿（见表3-17）

阻水建筑物登记簿应包括：阻水建筑物种类、名称、规模、位置、设障单位、设障时间、发现时间、巡查人、单位负责人。

表 3-17　阻水建筑物登记簿

种类		名称	
规模			
位置			
设障单位			
设障时间		发现时间	
巡查人		单位负责人	

（2）河道清障计划或方案

内容包括：指导思想、基本情况、组织机构及职责（清障责任人）、清障目标范围、清障步骤及时间安排。

基本情况包括：阻水建筑物或水生植物种类、规模、位置、设障单位、设障时间等。

（3）清障记录（见表3-18）

清障记录应包括：阻水建筑物（水生植物）种类、名称、规模、位置、设障单位、清障时间、清障情况、监督责任人、清障验收意见。

表 3-18　清障记录

种类		名称	
规模			
位置			
设障单位			
清障时间		监督责任人	
清障情况			
清障验收意见			

五、水行政管理

考核内容：坚持依法管理，配备水政监察专职人员，执法装备配备齐全，加强水法规宣传、培训、教育；按规定进行水行政安全巡查，发现水事违法行为，采取有效措施予以制止并做好调查取证、及时上报、配合查处等工作，案件取证查处手续、资料齐全、完备，执法规范，案件查处结案率高；水法规宣传标语、疫区及危险区警示等标志标牌醒目；河道采砂等规划合理，无违法采砂现象；配合有关部门对水环境进行有效保护和监督。

赋分原则：未配备水政监察专职人员，扣 5～10 分；执法装备不齐全，扣 3～5 分；未开展水法规宣传、培训、教育的，扣 5 分；未制定执法巡查制度、落实执法巡查责任，扣5分；水行政安全巡查内容不全、频次不足、记录不规范，扣5分；发现水事违法行为，未及时采取有效措施制止，每起扣10分；未及时上报的，每起扣5分；案件查处手续、资料不完备，违规执法的，扣5分；案件查处结案率低于90%的，每低5%扣3分；无水法规宣传标语、疫区及危险区警示等标志标牌，扣5分；发现违法采砂现象未及时制止的，扣10分；对在河道内堆放、倾倒、掩埋污染源及清洗有毒污染物等未及时制止并向上级报告的，扣5分。

条文解读：

（1）按照《中华人民共和国水法》《中华人民共和国防洪法》《江苏省水利工程管理条例》和《江苏省河道管理条例》等依法管理河道工程，法律法规、管理条例、管理办法等资料齐全；制定水行政管理制度和考核办法、执法巡查制度，落实责任，并上墙明示。

（2）水法规学习培训有制度、有计划、有考核、有图片；执法人员装备齐全、持证上岗，有水行政执法职能的管理单位需持有执法许可证，并上墙明示。

（3）按内容和频次要求开展安全巡查，做好记录。

（4）上级主管部门以正式文件形式明确水行政管理职能、组织机构和人员编制。

（5）水法规等宣传标语、标牌数量适当，设置合理、醒目、美观、牢固，宣传标语以依法管理水利工程、维护水利工程完整、节约保护水资源为主。

（6）在允许采砂河段，加强监管，确保河道堤防安全；严厉查处和打击非法采砂行为，有监管、巡查、查处记录。

（7）保护水资源，及时发现和查处在河道内堆放、倾倒、掩埋污染源，排污及清洗有毒污染物等行为。

（8）水事案件查处要按规定程序进行，水行政执法人员在办案过程中无违规违纪行为；案卷规范，归档及时。

（9）水行政管理工作年初要有计划，年终要有总结。

（10）水行政管理台账应齐全。

规程、规范和技术标准及相关要求：

（1）《江苏省河道管理条例》

（2）《江苏省水利工程管理条例》

备查资料：

（1）水政监察队机构成立及人员设置文件；

（2）行政执法证；

（3）执法装备统计表；

（4）水法规宣传教育资料；

（5）水行政执法人员学习培训制度、计划和学习考核资料；

（6）水行政管理制度、考核办法；

（7）水行政执法巡查制度；

（8）河道水政监察巡查记录；

（9）河道水政执法巡查月报表；

（10）水行政执法管理工作计划和总结；

（11）行政处罚案件卷宗（处罚决定书、立案审批表、执法监督检查意见书、整改意见回执单等）；

（12）案件查处结案率统计表；

（13）水法规宣传标语、疫区及危险区警示等标志标牌统计表及检查记录；

（14）制止在河道内堆放、倾倒、掩埋污染源及清洗有毒污染物等违章行为并向上级报告的记录。

六、防汛组织

考核内容： 各种防汛责任制落实，防汛岗位责任制明确；防汛办事机构健全；正确执行经批准的汛期调度运用计划；防汛抢险队伍的组织、人员、培训、任务落实。

赋分原则： 防汛责任制不落实、岗位责任制不明确，扣5分；防汛办事机构不健全，扣5分；调度运用计划执行不当，扣5分；防汛抢险队伍的组织、人员、任务不落实，扣10分；防汛抢险队伍未经培训，扣5分。

条文解读：

（1）每年汛前，按有关规定组建防汛办事机构和防汛组织网络，明确河道防汛行政责任人和技术负责人，落实以行政首长负责制为核心的各项防汛责任制，签订各级防汛责任制，任务明确，措施具体，责任到人；修订汛期各项工作制度，组建防汛抢险队等。

（2）管理单位要根据河道的所属地与地方各级政府明确防汛责任制（行政负责人、防汛物资、抢险队伍等），《防汛预案》的各项抢险方案和应急措施落实到河道每一个责任段、每一个责任部门和每一个责任人。河道管理单位要做好相邻段、左右岸防汛抢险组织协调工作。

（3）有上级防汛主管部门批准的调度运用方案，只能接受上级防汛主管部门的调度指令，其他任何部门和个人的调度指令拒绝接受，调度指令和执行情况记录翔实。

（4）制订全年防汛培训计划，培训计划要明确每次培训的时间、内容、地点、培训对象和主讲人等，管理单位要做好河道沿线防汛负责人、防汛骨干和防汛抢险队的培训工作，特别是对河道沿线防汛负责人要做好培训，让他们了解本地区防汛形势和应急抢险工作。

（5）河道管理单位每年进行防汛工作总结。

规程、规范和技术标准及相关要求：

（1）《江苏省防洪条例》

（2）《江苏省水利工程管理条例》

备查资料：

（1）防汛组织机构和组织网络；

（2）××年度工程管理责任状；

（3）防汛责任制；

（4）汛期工作规章制度；

（5）工程调度运用方案；

（6）防汛抢险培训资料（含年度培训计划、记录、图片、考试卷、考核成绩统计和培训总结等）；

（7）防汛工作总结。

参考示例：

工程管理责任状

工程管理责任状应包括：目的、签订单位和时间、工程管理内容和要求。

工程管理内容主要包括：检查观测工作、控制运用工作、工程维修工作、设备管理工作、工程管理现代化要求、安全生产工作、工程管理达标考核工作、技术资料管理工作、科技试验研究工作、水政工作、水文工作、环境管理工作。

七、防汛准备

考核内容： 按规定做好汛前防汛检查；编制防洪预案，落实各项度汛措施；重要险工险段有抢险预案；各种基础资料齐全，各种图表（包括防汛指挥图、调度运用计划图表及险工险段、物资调度等图表）准确规范；及时检查维护通信线路、设备，保障通信畅通。

赋分原则： 未做汛前检查，扣 5 分；没有防洪预案、度汛措施不落实，扣 5 分；重要险工险段无抢险预案，扣 5 分；基础资料不全、图表不规范，扣 5 分；线路、设备检修不及时，通信系统运行不可靠，扣 5 分。

条文解读：

（1）提供近三年上级主管部门汛前检查通知和汛前检查报告，报告内容包括：工程概况，汛前检查行政和技术负责人，自查、互查、复查时间，检查记录表，检查发现的主要问题和处理意见。穿堤建筑物也是堤防的一部分，有些穿堤建筑物属地方管理，但在汛前检查报告中应有反映。对于大中型的穿堤水工建筑物（水闸、排涝站、船闸等），不能包含在河道堤防中一起考核，应单独考核。

（2）编制或修订防洪预案，在汛前检查中发现的险工隐患在预案中应体现出来，特别是采取的度汛应急措施，防洪预案应有针对性和可操作性，不切实际和不可能短时间内实施的方案及措施不要出现在防洪预案中。防洪预案应报上级防汛主管部门批准和备案。

（3）对于重要的险工险段要编制专门的防洪抢险预案，预案要尽可能的详细，涉及人员撤退和转移的应有预报预警信号、转移的路线图和安置的具体地点，防汛抢险物资品种、数量、堆放地点要明确。

（4）做好通信线路、设备检查维护，确保通信畅通。

规程、规范和技术标准及相关要求：

（1）《江苏省水利工程管理条例》

（2）《江苏省堤防工程技术管理办法》

（3）《河道堤防工程管理通则》（SLJ 703）

备查资料：

（1）河道工程汛前检查记录、汛前检查报告；

（2）关于同意《×××河道工程××年度防洪应急预案》的批复；

（3）河道工程××年度防洪应急预案；

（4）河道工程险工险段抢险预案；

（5）工程基础资料、防汛指挥图、调度运用计划图表及险工险段、物资调度等图表；

（6）线路、设备检修记录，通信系统运行记录。

参考示例：

河道防汛防旱应急预案编制要点

防汛防旱应急预案编制主要内容包括：总则、风险分析、组织指挥体系及职责、预防和预警机制、防汛防旱工程调度、防汛防旱应急响应、防汛防旱应急保障、预案管理及附件。

总则包括：编制目的、编制依据、适用范围、工作原则、风险分析（工程基本情况及历史特征值分析）。

预防和预警机制包括：预警信息、预防预警行动。

防汛防旱应急响应包括：应急响应总体要求、应急响应、信息报送与处理、指挥和调度、应急结束。

防汛防旱应急保障包括：预案的制订与更新、应急预案备案、奖励与责任追究、预案实施时间。

八、防汛物料

考核内容：各种防汛器材、料物齐全，抢险工具、设备配备合理；仓库分布合理，有专人管理，管理规范；经常检查、定期维护保养，及时报废、更新超储备年限物资，防汛料物质量符合要求，器材性能可靠；完好率符合有关规定且账物相符，无霉变、无丢失；有防汛料物储量分布图，调运及时、方便。

赋分原则：防汛器材、设施不全，抢险工具、设备配备不合理，扣5分；仓库分布不合理、无专人管理、管理不规范，扣5分；防汛器材、料物保养维护不到位、更新不及时，扣5分；有损坏、锈蚀、霉烂变质的，扣5分；料物、器材、设备账物不符、完好率低于规定，扣5分；无料物储量分布图、调运困难，扣5分。

条文解读：

（1）根据堤防的级别，按照水利部《防汛物资储备定额编制规程》测算防汛物资和抢险设备数量，配备的防汛器材、料物品种、抢险工具、设备品种、数量、入库时间、保质期登记翔实。协议储备的防汛物资要提供双方签订的协议书和调运方案（分布图、调运线路图）。河道管理单位在现场应储备一定数量的抢险物资、工器具，现场有管理卡。

（2）提供防汛仓库分布位置图，仓库布局合理，标志明显，车辆进出仓库道路通畅，仓库具有通风、防潮、防霉、防蛀等功能，按规定配备消防器材和防盗设施；油料存放应有专门的油库，油库应按规定配备防爆灯、消防砂箱、消防桶和铁锹等。

防汛仓库需配备防雷设施和应急照明。有仓库专职管理人员；管理制度齐全，并上墙明示。

（3）防汛物资储备管理参照《中央级防汛物资储备管理细则》执行，管理规范。防汛物资的完好率符合规定，且账物相符，无霉变、无丢失，对霉变、损坏和超过保质期的防汛物资有更新计划，并按规定及时更新；有防汛料物储量分布图，搬运应方便快捷。防汛物资名称、数量、责任人在现场要有标示牌，堆放整齐，编号醒目；防汛物资账目清楚，入库、领用手续齐全。

（4）防汛器材、料物保养维护到位、更新及时；对储备的机电设备和防汛车辆应定期检测和试车，并有记录。对蓄电池和应急照明灯应定期充放电。

规程、规范和技术标准及相关要求：

（1）《防汛物资储备定额编制规程》（SL298）

（2）《江苏省防汛抗旱物资储备管理办法》

备查资料：

（1）防汛物资储备测算清单；

（2）防汛物资管理台账；

（3）自储防汛物资清单；

（4）防汛物资代储协议；

（5）防汛物资管理制度；

（6）防汛仓库分布图；

（7）仓库管理人员岗位职责；

（8）仓库日常管理制度；

（9）防汛物资管理制度；

（10）防汛物资检查记录；

（11）备用电源试车、维修保养记录；

（12）防汛料物储量分布图；

（13）防汛物资抢险调运线路图。

九、工程抢险

考核内容：险情发现及时，报告准确；抢险方案落实；险情抢护及时，措施得当。

赋分原则：险情发现不及时，报告不准确，此项不得分。抢险方案不落实，扣10分；险情抢护不及时、措施不得当，扣20分。

条文解读：

（1）有工程巡视检查、险情报告制度，并上墙明示。通信设施配备合理（有布置图、配置清单）。

（2）做好险情登记和报告记录。

（3）制订抢险方案，落实措施并执行。

规程、规范和技术标准及相关要求：

（1）《河道堤防工程管理通则》（SLJ 703）

（2）《江苏省堤防工程技术管理办法》

备查资料：

（1）工程巡视检查制度；

（2）工程险情报告制度；

（3）工程险情记录表和上报资料；

（4）工程基础资料和通信设备清单；

（5）堤防工程抢险方案；

（6）堤防工程××险情抢险总结；

（7）工程××年度抢险工作总结。

参考示例：

（1）工程险情记录表（见表3-19）

表 3-19　工程险情记录表

序号	隐患名称	桩号	位置	险情描述	有无采取工程措施

（2）堤防工程抢险预案编制要点

抢险预案应包括：总则（编制目的、编制依据、适用范围、工作原则）、组织体系及职责、预警预防机制（预警预防原则、预防预警行动、应急演练）、应急响应（响应基本要求、响应程序、Ⅰ级应急预警及响应、Ⅱ级应急预警及响应、Ⅲ级应急预警及响应、应急终止）、典型事故或突发事件应急预案（如渗漏事故、背水脱坡/滑坡事故、临水坡崩塌事故、漫溢事故、决口事故等）、事故调查和应急救援工作总结、奖励与责任追究。

十、工程隐患及除险加固

考核内容： 按规定有计划地进行堤防隐患探查和河道防护工程根石探测；工程险点隐患情况清楚；根据隐患探查、根石探测结果编写分析报告并及时报上级主管部门；有相应的除险加固规划或计划；对不能及时处理的险点隐患要有度汛措施和预案。重点堤段和隐患段应按《堤防工程安全评价导则》（SL/Z 679）要求开展堤防安全鉴定。

赋分原则： 没有对堤防进行隐患探查，扣10分；未按规定进行根石探测，扣10分；工程险点隐患情况不清楚，扣10分；无隐患探测、根石探测成果分析报告，扣10分；未及时上报，扣5分；没有除险加固规划（由有资质单位编制）或计划，扣10分；不能及时处理险点隐患又没有度汛措施和预案，扣10分；重点堤段和隐患段未按《堤防工程安全评价导则》要求开展堤防安全鉴定的，扣10分。

条文解读：

（1）对管理范围内堤防制订隐患探查计划，开展隐患探查和根石探测，编制探查和探测成果分析报告并上报，检测单位应有相应资质。工程险工隐患段情况清楚，并登记造册。

（2）工程险工隐患段有分布位置图，对每个险工隐患有分析报告、除险加固方案、加固计划及应急处理措施。

（3）工程的险工隐患在《防汛预案》中要有体现，没有除险加固的险工隐患段应有度汛应急措施。

（4）重点堤段和隐患段按《堤防工程安全评价导则》要求开展堤防安全鉴定。

规程、规范和技术标准及相关要求：

（1）《江苏省堤防工程技术管理办法》

（2）《堤防工程安全评价导则》（SL/Z 679）

备查资料：

（1）工程隐患探查计划；

（2）工程隐患探查记录；

（3）工程根石探测记录；

（4）工程险工隐患情况统计表；

（5）险工隐患分布位置图；

（6）隐患探查、根石探测成果分析报告；

（7）隐患探查、根石探测成果分析报告上报文件；

（8）工程除险加固规划；

（9）工程度汛措施或方案；

（10）堤防工程安全鉴定资料。

参考示例：

堤身隐患探查报告编制要点

堤身隐患探查报告编制要点主要包括：概况（工程概况、检查的目的及要求、探查依据、勘察工作量）、地质概况（自然地理、地形地貌、区域地质）、堤身状况（堤身概况、堤防现状、堤身结构）、堤基工程地质特征、场地与地基的地震效应、堤身隐患探查工作及堤身评价（钻孔注水试验、标准贯入试验、静力触探试验、天然干密度与控制干密度）、结论与建议。

十一、安全生产

考核内容： 开展安全生产标准化单位建设；安全生产组织体系健全；开展安全生产宣传培训；安全警示警告标志设置规范齐全；定期进行安全检查、巡查，及时处理安全隐患，检查、巡查及隐患处理记录资料规范；堤防安全保护区内无钻探、爆破、挖塘、采石、取土等危害堤防安全活动；在设计洪水（水位或流量）内，未发生堤防溃口或较大安全责任事故。

赋分原则： 在设计洪水（水位或流量）条件下发生堤防溃口或发生较大安全责任事故，此项不得分。

安全生产组织体系不健全，扣 5 分；未开展安全生产宣传培训，扣 5 分；安全警示警告标志设置不规范、数量不足，扣 5 分；未定期进行安全检查、巡查，扣 5 分；未及时处理安全隐患，扣 10 分；检查、巡查及隐患处理记录资料不规范，扣 5 分；堤防安全保护区内有危害堤防安全活动，扣 10 分。

获得水利工程管理单位安全生产标准化一级、二级、三级单位的分别加 3 分、2 分、1 分。

条文解读：

（1）在设计洪水条件下发生堤防坍塌、溃口等重大安全责任事故（上级主管部门认定的），此项不得分。

（2）管理单位应根据《中华人民共和国安全生产法》相关要求，推进安全生产标准化建设，并持续改进。

（3）安全生产组织健全，要有安全领导小组（安全生产组织网络），人员变化应及时调整。安全生产组织网络要延伸至每个工程，每个生产班组，每个运行班。

（4）安全生产的规章制度操作规程齐全，安全生产组织网络及关键部位安全生产管理制度必须在相关位置上墙明示；各类安全警示警告标志设置应醒目规范，满足管理需求。

（5）定期开展安全检查、巡查，对发现的一般隐患及时处理。重大隐患排查治理按照《水利工程生产安全重大事故隐患判定标准（试行）》（水安监〔2017〕344 号）开展，做到"五落实"。

（6）管理单位应开展安全生产宣传，并针对安全管理人员、在岗人员、特种作业人员、新员工等制订全年安全生产培训计划，培训计划要明确培训的时间、内容、地点、培训对象和主讲人等，培训资料、图片、考核试卷、评估记录等作为备查材料。参加省、市、县及兄弟单位组织的安全生产知识培训、消防演习等。

（7）安全生产活动记录齐全，活动记录包括安全生产会议、安全学习、安全检查、安全培训、消防演习等，要写明时间、地点、参加人员和记录人。按时向主管部门上报安全生产报表，安全生产工作每年要有总结。

（8）根据《江苏省河道管理条例》管理，在堤防安全保护区内无危害堤防安全的活动。

（9）要提供县级及以上安全生产委员会出具的近三年管理单位无安全生产事故证明，主管部门出具的证明无效。

规程、规范和技术标准及相关要求：

（1）《中华人民共和国安全生产法》

（2）《江苏省水利安全生产标准化建设管理办法（试行）》

（3）《水利工程生产安全重大事故隐患判定标准（试行）》（水安监〔2017〕344 号）（附件见表 3-20）

表 3-20   水利工程运行管理生产安全重大事故隐患综合判定清单（指南）

五、堤防工程		
	基础条件	重大事故隐患判据
1	规章制度不健全，档案管理工作不满足有关标准要求	满足任意 3 项基础条件 + 任意 2 项物的不安全状态
2	未落实管养经费或未按要求进行养护修理，堤防工程不完整，管理设施设备不完备，运行状态不正常	
3	管理范围不明确，未按要求进行安全检查，未能及时发现并有效处置安全隐患	
4	安全教育和培训不到位或相关岗位人员未持证上岗	
隐患编号	物的不安全状态	
SY – FZ001	堤防未按规定进行安全评价或安全综合评价为二类	
SY – FZ002	堤防防渗安全性复核结果定为 B 级	
SY – FZ003	堤防或防护结构安全性复核结果定为 B 级	
SY – FZ004	交叉建筑物（构筑物）连接段安全评价评定为 C 级	
SY – FZ005	堤防观测设施缺失严重	

备查资料：

（1）安全生产组织机构及人员设置文件；

（2）安全生产规章制度汇编；

（3）××年度职工教育培训资料（计划、考核、评估等）；

（4）安全生产宣传活动台账；

（5）安全警示标识检查维护记录；

（6）隐患排查治理制度；

（7）隐患排查治理记录；

（8）安全检查整改通知书；

（9）安全隐患整改回执单；

（10）堤防巡查记录；

（11）近三年无安全生产事故证明；

（12）安全生产标准化单位等级证书。

第四节   泵站工程

泵站工程的安全管理共 7 条 240 分，包括安全鉴定、除险加固或更新改造、等级评定、划界确权、水行政管理、防汛抢险、安全生产等。

一、安全鉴定

考核内容：按照《泵站安全鉴定规程》（SL316）开展安全鉴定工作；鉴定成果

用于指导泵站的安全运行和除险加固或更新改造。

赋分原则：未进行安全鉴定，或鉴定结果为三类及以下未完成除险加固的，此项不得分。未将鉴定成果用于指导泵站安全运行和除险加固或更新改造、大修，扣15分。

条文解读：

（1）泵站安全鉴定应按照《江苏省泵站安全鉴定管理办法》规定的程序进行，并符合《泵站安全鉴定规程》（SL316）的要求。

（2）泵站建成投入运行达到20～25年、全面更新改造投入运行达到15～20年，此后运行达到5～10年，应进行全面安全鉴定；如出现主要机电设备状态恶化，建筑物发生较大病情、险情，泵站遭遇超标准设计洪水、强烈地震，运行中发生建筑物和机电设备重大事故，需要进行全面安全鉴定或专项安全鉴定。

（3）新建泵站或刚完成除险加固的泵站不需要进行安全鉴定；完成除险加固的泵站可以把加固前的安全鉴定报告和结论作为备查资料。

（4）泵站现场安全检测应委托具有相应资质的检测单位或省水行政主管部门认可具备相应检测条件的检测单位进行。工程复核计算分析工作应根据建筑物的等级选择具有相应资质的规划、设计单位进行。承担上述任务的单位应按时提交现场安全检测报告和工程复核计算分析报告，并对出具的现场安全检测结论和工程复核计算分析结果负责。

（5）泵站建筑物安全类别评定应符合下列规定：

一类建筑物：达到设计标准，结构完整，技术状态完好，无影响安全运行的缺陷，满足安全运用的要求。

二类建筑物：基本达到设计标准，结构基本完整，技术状态基本完好，建筑物虽存在一定损坏，但不影响安全运用。

三类建筑物：达不到设计标准，技术状态较差，建筑物虽存在较大损坏，但经大修或加固维修后能保证安全运用。

四类建筑物：达不到设计标准，技术状态差，建筑物存在严重损坏，经加固也不能保证安全运用及需要报废的建筑物。

（6）泵站机电设备安全类别评定应符合下列规定：

一类设备：技术状态良好，能按设计要求投入运行，零部件完好齐全，无影响安全运行的缺陷。

二类设备：技术状态基本完好，零部件齐全，设备虽存在一定缺陷，但不影响安全运行。

三类设备：技术状态较差，设备的主要部件有损坏，存在影响运行的缺陷或事故隐患，但经对设备进行大修后能保证安全运行。

四类设备：技术状态差，设备严重损坏，存在影响安全运行的重大缺陷或事故隐患，零部件不全，经大修或更换元器件也不能保证安全运行及需要报废或淘汰的设备。

（7）根据泵站建筑物和机电设备的安全类别，应对泵站的安全类别做出最后评价，并据以制定维修、加固、更新改造的措施。泵站安全类别评定应符合下列规定：

一类泵站：满足一类建筑物和一类设备的要求。运用指标能达到设计标准，无影响安全运行的缺陷。

二类泵站：满足二类建筑物或二类设备的要求。运用指标基本达到设计标准，建筑物和设备存在一定损坏，按常规维修养护即可保证安全运行。

三类泵站：满足三类建筑物或三类、四类设备的要求。运用指标达不到设计标准，建筑物或设备存在一定损坏，经对建筑物大修、加固或对主要设备进行大修、更新改造后，能保证安全运行。

四类泵站：满足四类建筑物的要求。运用指标无法达到设计标准，建筑物存在严重安全问题，可降低标准运用或报废重建。

（8）泵站安全鉴定应提交安全鉴定材料汇编，包括现状调查、安全检测、复核计算分析，安全类别评定和安全鉴定报告书，并组织专家评审和经水行政主管部门审定。

（9）未将鉴定成果用于指导泵站安全运行和除险加固的扣 15 分。对三、四类泵站，泵站管理单位应根据泵站安全鉴定结论，逐级上报。根据泵站实际技术状态，申请大修、加固、更新改造、降低标准运用或报废重建。在此之前，泵站管理单位应采取相应措施，保证建筑物和机电设备的安全。

规程、规范和技术标准及相关要求：

（1）《泵站安全鉴定规程》（SL316）

（2）《江苏省泵站安全鉴定管理办法》

备查资料：

（1）泵站安全评价资料汇编；

（2）水行政主管部门印发的安全鉴定报告书；

（3）泵站除险加固前安全度汛措施；

（4）泵站除险加固期间安全度汛措施；

（5）泵站除险加固工程资料。

参考示例：

泵站防汛防旱应急预案编制要点

泵站防汛防旱应急预案应包括：总则、工程基本情况、组织体系及职责、预防和预警机制、防汛防旱控制运用、防汛防旱应急响应、防汛防旱保障措施、附则、附录等。

总则包括：编制目的、编制依据、适用范围、工作原则等。

工程基本情况包括：工程概况、历史防汛防旱特性分析等。

组织体系及职责包括：组织体系、主要职责等。

预防和预警机制包括：预防预警信息、预防预警准备等。

防汛防旱控制运用包括：调度指令执行要求、控制运用要求、工程控制运用注意事项等。

防汛防旱应急响应包括：排泄洪水及引水、防御台风措施、超标准洪水应对措

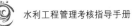

施等。

防汛防旱保障措施包括：防汛防旱责任制、工程监测、维修养护、防汛物资、通信设施等。

附则包括：预案制订与更新、预案报备、预案学习和演练、奖励与责任追究、实施时间等。

附录包括：防汛防旱抢险人员通讯录、防汛抢险组织网络图等。

二、除险加固或更新改造

考核内容：工程隐患情况清楚，并登记造册；有相应的除险加固、更新改造或大修规划及实施方案（由有资质单位编制）；工程隐患未处理前，有安全应对措施及安全度汛措施。

赋分原则：一类工程和已除险加固工程，此项满分。

工程隐患不清楚且未登记造册，扣15分；未编制除险加固、更新改造或大修规划（由资质单位编制）及实施计划，扣15分；工程隐患未处理前未制定安全应对措施，扣10分。

条文解读：

（1）正在进行或已进行但未竣工验收的除险加固、更新改造的工程不能参与水利管理单位考核。

（2）经过工程检查和安全鉴定，工程存在问题和隐患清楚，并登记造册；及时委托有资质的单位编制除险加固或更新改造计划、方案，工程除险加固前制定切实可行的安全度汛措施。安全鉴定发现的问题应包含在除险加固项目中。

（3）新建工程、一类工程和已除险加固的工程此项满分。

（4）工程除险加固或更新改造的规划、设计、实施计划、批复文件、加固期间工程的度汛应急措施、可研、初设、竣工验收报告等是检查考核材料，在备查资料中提供目录或资料封面的复印件。

规程、规范和技术标准及相关要求：

《江苏省泵站技术管理办法》

备查资料：

（1）泵站隐患情况统计表；

（2）泵站除险加固工程实施计划；

（3）泵站除险加固前安全度汛措施；

（4）泵站除险加固期间安全度汛措施；

（5）泵站除险加固工程资料（安全鉴定报告、可研、初步设计、施工、验收等资料）。

三、等级评定

考核内容：按《泵站技术管理规程》（GB/T 30948）的规定开展泵站建筑物和设备等级评定工作。

赋分原则：未按 GB/T 30948 的规定开展建筑物和设备等级评定，此项不得分。开展了建筑物和设备等级评定，但事前无方案、过程无记录、事后无总结，扣 5 ~

20分。

评定结果未报经上级主管部门认定，扣5分；等级评定为二类的，扣5分，评定为三类的，扣10分。

泵站主要建筑物和设备，有评定为三类或四类，但未制定应急措施和除险加固或更新改造计划的，此项不得分。

条文解读：

（1）泵站的等级评定包括机电设备评级和水土建筑物评级两个部分。根据《泵站技术管理规程》和《江苏省泵站技术管理办法》中7.4工程评级的规定进行等级评定，泵站的等级评定每年一次。

（2）泵站等级评定根据每年汛前和汛后检查情况、电气设备预防性试验、特种设备（起重设备、电梯等）检测报告、防雷检测报告、工程运行情况、维修养护记录、观测资料、缺陷记载等情况进行。

（3）《江苏省泵站技术管理办法》附录K机电设备评级标准和附录L水工建筑物的评级标准并不是很全面，仅是针对某一个泵站而言，有些设备在其中无法找到需要的评级标准；出现这种情况，一是参照有关行业标准，二是参照生产厂家的标准，三是根据多年的运行管理经验制定相应的设备评级标准，单位标准不能低于省或部颁标准。

（4）机电设备评级单元要尽可能细化，对主要机电设备应逐台进行评级。

（5）机电设备评级不能只有汇总的评级表，每台设备应有评定标准及检查、试验、维修等资料，评级的支撑材料要齐全。

（6）工程和设备等级自评后要报上级主管部门审查核定，并且有正式的批复文件。没有上级主管部门的认证，工程和设备评级不能算完成。设备等级评定后要给设备挂牌。

（7）设备评级应有总结，内容包括：评定组织、时间、过程、结果、更新改造计划和应急措施等。

规程、规范和技术标准及相关要求：

（1）《泵站技术管理规程》（GB/T 30948）

（2）《江苏省泵站技术管理办法》

备查资料：

（1）关于×××泵站管理所设备等级结果认定的请示；

（2）××年设备评级总结；

（3）工程设备等级评定情况表；

（4）工程设备等级评定汇总表；

（5）设备等级评定表；

（6）关于泵站机电设备和建筑物等级评定结果的批复。

参考示例:

水泵设备等级评定表（见表3-21）

表 3-21　水泵设备等级评定表

机组号：　　　　　　　　　　　　　　　　　　　　　　　　评定日期：

设备单元	评定项目及标准	检查结果		单元等级			备注
		合格	不合格	一	二	三	

设备等级评定	等级类别	数量	百分比	评定等级
	一类单元			
	二类单元			
	三类单元			

检查人：　　　　　　　　　记录人：　　　　　　　　　责任人：

四、划界确权

考核内容： 按规定划定工程管理范围和保护范围；划界图纸资料齐全；工程管理范围边界桩齐全、明显；工程管理范围内土地使用证领取率达95%以上。

赋分原则： 工程管理范围未完成划界的，此项不得分。工程管理范围边界桩不齐全、不明显，扣2~10分；土地使用证领取率低于95%的，每低10%扣3分；工程保护范围不明确，扣15分。

条文解读：

（1）根据《江苏省水利工程管理条例》划定工程的管理范围。管理范围需要划界确权，产权证领取95%以上。管理范围未完成划界，此项不得分。

（2）泵站的保护范围没有明确规定，保护范围的划分以不影响泵站安全、运行和管理为前提，保护范围是工程规划范围，是管理范围的延伸，对水利工程有安全保护作用，保护范围不需要划界确权，也不要求领取土地证。保护范围与管理范围管理的要求相同。

（3）提供泵站设计、规划、征地、划界文件及图纸，图纸上明确标明泵站的管理范围和保护范围。

（4）泵站的主体及附属工程和管理范围内水面应包含在划界确权范围内。

（5）管理范围界桩应按土地证附图上标注的界桩设置，界桩位置、编号要与图纸上一致，界桩埋设规范，使用统一的标准界桩。

（6）划界应通过验收，划界成果实现与国土、规划部门共享，信息化水平高。

规程、规范和技术标准及相关要求：

《江苏省水利工程管理条例》

备查资料：

（1）工程管理范围划界图纸（明确管理范围和保护范围、电子地图）；

（2）土地证统计情况表；

（3）管理范围内产权证；

（4）工程管理范围界桩统计表；

（5）工程管理范围界桩分布图。

五、水行政管理

考核内容： 坚持依法管理，配备水政监察专职人员，执法装备配备齐全，加强水法规宣传、培训、教育；按规定进行水行政安全巡查，发现侵占、破坏、损坏水利工程、损害水环境的行为，采取有效措施予以制止并做好调查取证、及时上报、配合查处等工作；水法规宣传标语、危险区警示等标志标牌醒目；依法对管理范围内批准的涉河建设项目进行监督管理。

赋分原则： 未配备水政监察专职人员，扣5～10分；执法装备不齐全，扣3～5分；水法规宣传、培训、教育不到位，扣2～5分；执法巡查制度不健全、落实执法巡查责任不到位，扣2～5分；水行政安全巡查内容不全、频次不足、记录不规范，扣2～5分；发现水事违法行为，未及时采取有效措施制止，每起扣5～10分；未及时上报的，每起扣5分；水法规宣传标语、危险区警示等标志标牌不规范、不醒目，扣2～5分；对涉河建设项目监督管理不力的，每起扣5～10分。

条文解读：

（1）依法管理就是按照《中华人民共和国水法》《中华人民共和国防洪法》《江苏省水利工程管理条例》和《江苏省河道管理条例》等法律法规对水利工程依法进行管理。管理制度齐全；有主管部门批复的水行政管理职能、组织机构和人员编制文件；有水行政管理执法职能的具有执法许可证。

（2）在泵站管理范围内，危害泵站安全和影响防洪抢险的生产、生活设施及其他各类建筑物，在险工险段或严重影响防洪安全的地段，应限期拆除，在泵站管理范围和保护范围内无违章建筑和设施。严格执行《江苏省水利工程管理条例》第八条和《江苏省河道管理条例》第二十七条的有关规定。

（3）主要部位设置警告警示标志和宣传标语。警告警示标志内容要与工程的性质、设置部位相符。对于距离远、四周均与外界接壤的水利工程，在上下游、左右岸均应设置警告警示牌。宣传标语以依法管理水利工程、维护水利工程完整、节约保护利用水资源为主。

（4）做好管理范围内建设项目的管理，管理范围内建设项目清楚，并登记在册；每个建设项目均应明确监管责任人和相关管理制度；全程参与建设项目的规划、审查、审批和竣工验收；建设项目的开工报告、施工图纸、施工方案、度汛应急措施等应在泵站管理单位备案。

（5）适时开展水法规宣传，水法规学习培训有制度、有计划、有考核、有图片。

（6）水行政管理工作年初要有计划，年终要有总结。

（7）水行政管理台账应齐全。

规程、规范和技术标准及相关要求：

（1）《江苏省水利工程管理条例》

（2）《江苏省河道管理条例》

备查资料：

（1）水政监察队机构成立及人员设置文件；

（2）行政执法证；

（3）水政监察证；

（4）水行政管理制度汇编；

（5）执法装备统计表；

（6）水法规宣传教育资料；

（7）水行政执法人员学习培训制度、计划和学习考核资料；

（8）水行政执法巡查制度；

（9）水行政执法管理工作计划和总结；

（10）水行政执法巡查记录；

（11）水行政执法巡查月报表；

（12）行政处罚案件卷宗（处罚决定书、立案审批表、执法监督检查意见书、整改意见回执单等）；

（13）案件查处结案率统计表；

（14）水法规宣传标语、警示标志标牌统计表及检查记录；

（15）泵站管理范围内建设项目监管记录。

六、防汛抢险

考核内容： 防汛组织体系健全；防汛责任制落实；防汛抢险队伍的组织、人员、培训、任务落实；防汛抢险预案、措施落实；汛前准备充分，预警、报汛、调度系统完善，配备必要的抢险工具、器材设备，明确大宗防汛物资存放方式和调运线路，物资管理资料完备。

赋分原则： 防汛组织体系不健全，扣2～5分；岗位责任制落实不到位，扣5～10分；防汛抢险队伍的组织、人员、培训、演练、任务未落实到位，扣2～5分；防汛预案未制订或针对性不强，扣2～5分，措施落实不到位，扣2～5分；预警、报汛、调度系统不完善，扣2～5分；抢险工具、器材配备不完备，大宗防汛物资存放方式或调运线路不明确，扣2～5分；物资管理资料不完备，扣2～5分。

条文解读：

（1）每年汛前，管理单位要与上级主管部门签订《防汛责任状》，明确防汛责任、目标和考核要求，组建防汛办事机构和组织网络，确定各工程的防汛责任人及其职责，修订《防汛预案》《反事故预案》和汛期各项工作制度，组建防汛抢险队等，以上工作均需报上级主管部门备案。预案内容要齐全，计划要周密，措施要得力，针对性和可操作性要强。《防汛预案》要报上级防汛主管部门审批。

（2）制订全年防汛培训计划，培训计划要明确培训的时间、内容、地点、培训对象和主讲人等，培训资料、图片、考试卷、考核成绩统计和培训总结等作为备查材料。参加省、市、县及兄弟单位组织的防汛知识培训、防汛抢险演习。

（3）根据泵站工程规模，按照水利部《防汛物资储备定额编制规程》测算储备防汛物资和抢险设备数量，配备的防汛器材、料物品种、抢险工具、设备品种、数量、入库时间、保质期登记翔实，现场摆放管理卡。协议储备的防汛物资要提供双方签订的协议书和调运方案（防汛物资分布图、调运图）。防汛物资即使有代储协议，在泵站工程现场也应储备应急抢险物资、工器具。提供防汛仓库分布位置图，仓库布局合理，标志明显，车辆进出仓库道路通畅，仓库具有通风、防潮、防霉、防蛀等功能，按规定配备消防器材和防盗设施；油料存放应有专门油库，油库需配备防爆灯、消防砂箱、消防桶和铁锹等。防汛仓库需配备防雷设施和应急照明。有专人管理的仓库在人员定编定岗中要反映出来；仓库管理制度齐全，并上墙明示。

（4）防汛物资储备管理参照《中央级防汛物资储备管理细则》执行。防汛物资的完好率符合规定，且账物相符，无霉变、无丢失，对霉变、损坏和超过保质期的防汛物资有更新计划，并按规定及时更新；有防汛料物储量分布图，搬运要方便快捷。防汛物资名称、数量、责任人在现场要有标示牌，堆放整齐，编号醒目；防汛物资账目清楚，入库、领用手续齐全。备用电源可靠，定期保养和试运行，并且有记录。对储备的动力系统、预警系统、通信设施、抢险工具、机电设备和防汛车辆应定期检测和试车，蓄电池和应急照明灯应定期充放电，并有检测、试车和充放电记录。

（5）管理单位汛后应及时向上级防汛主管部门上报汛期工作总结。

规程、规范和技术标准及相关要求：

（1）《防汛物资储备定额编制规程》（SL298）

（2）《江苏省防汛抗旱物资储备管理办法》

备查资料：

（1）××年度工程管理责任状；

（2）防汛防旱组织机构设置文件；

（3）防汛防旱管理办法；

（4）防汛抢险人员学习培训资料（计划、学习、演练、考核评估）；

（5）关于同意《××年度防汛防旱应急预案》的批复；

（6）防汛防旱应急预案；

（7）防汛物资代储协议；

（8）防汛物资储备测算清单；

（9）自储防汛物资清单、备品备件清单；

（10）防汛物资管理制度；

（11）仓库管理人员岗位职责；

（12）防汛物资调运方案；

（13）防汛物资仓库物资分布图；

（14）防汛物资调运线路图；

（15）防汛物资台账；

（16）备用电源试车、维修保养记录；

（17）防汛物资检查保养记录；

（18）防汛工作总结。

七、安全生产

考核内容：安全生产组织体系健全；开展安全生产宣传培训；按规定参加安全技术考核，特殊工种做到持证上岗；按规定定期巡查安全设施和装置，安全设施和装置齐备、完好；安全警示警告标志设置规范齐全；定期进行安全检查、巡查，及时处理安全隐患，检查、巡查及隐患处理记录资料规范；按规定进行专项检查，落实防火、防爆、防暑、防冰凌等措施；按规定对机、电、起重、运输、潜水、压力容器、保安、消防、计量仪表、安全用具等进行周期性检修和安全性试验，修试结果合格，技术档案齐全；按规定对劳保用品、工具进行定期、不定期检查，保证其符合有关要求；严格遵守安全生产操作规定，严格执行二票三制，设备运行安全；无较大安全生产责任事故；积极推进水利工程管理单位安全生产标准化建设。

赋分原则：出现较大安全生产责任事故，此项不得分。

安全生产组织体系不健全，扣2~5分；安全生产宣传培训不到位，扣2~5分；不按规定参加安全技术考核，特殊工种无证上岗，扣1~5分；未按规定定期巡查安全设施和装置，扣1~5分；安全警示警告标志设置不规范、数量不足，扣2~5分；未定期进行安全检查、巡查，扣2~5分；安全隐患处理不到位或不及时，扣5~10分；检查、巡查及隐患处理记录资料不规范，扣2~5分；未按规定进行专项检查，没有落实防火、防爆、防暑、防冰凌等措施，扣1~5分；不按规定对安全器具进行周期性检修和安全性试验，修试结果不合格，技术档案不齐全，扣1~5分；不按规定对劳保用品、工具进行定期、不定期检查，扣1~5分；违反安全生产操作规定，每起扣5分；设备运行存在安全隐患，扣5~10分。

获得水利工程管理单位安全生产标准化一级、二级、三级单位的分别加3分、2分、1分。

条文解读：

（1）安全生产组织健全，要有安全领导小组（安全生产组织网络），人员变化应及时调整。安全生产组织网络要延伸至每个工程，每个生产班组，每个运行班。

（2）安全生产的规章制度齐全，并装订成册；安全生产组织网络及关键部位安全生产管理制度必须上墙明示；各类安全警示警告标志设置应醒目规范，满足管理需求。

（3）定期开展安全检查、巡查，对发现的一般隐患及时处理。重大隐患排查治理按照《水利工程生产安全重大事故隐患判定标准（试行）》（水安监〔2017〕344号）开展，做到"五落实"。

（4）按规定配置安全设施：

① 消防设施：灭火器（根据不同的灭火要求配备）、消防砂箱（含消防铲、消防桶）、消防栓等。

② 高空作业安全设施：升降机、脚手架、登高板、安全带等。

③ 水上作业安全设施：救生艇、救生衣、救生圈、白棕绳等。

④ 电气作业安全设施：绝缘鞋、绝缘手套、绝缘垫、绝缘棒、验电器、接地线、警告（示）牌、安全绳等，对移动电器设备配置隔离变压器或加装漏电开关，检修照明使用行灯。电气安全用具按规定周期定期检验，并且是有资质部门出具的报告。同一型号安全用具在一台（套）以上的要编号。电气安全用具试验合格证必须贴在工、器具上。

⑤ 防盗设施：防盗窗、隔离栅栏、报警装置、视频监视系统等。

⑥ 防雷设施：避雷针、避雷器、避雷线（带）、接地装置等。

⑦ 拦河设施：通航河道上建有不通航节制闸时，在闸上下游河道警戒区外侧必须设拦河索，闸工作桥正中上下游侧装二组并列阻航灯等。

（5）按规定对起重设备、电梯、压力容器等特种设备定期进行检验，并且是有资质部门出具的报告，检验周期符合规定。

（6）管理单位应开展安全生产宣传，并针对安全管理人员、在岗人员、特种作业人员、新员工等制订全年安全生产培训计划，培训计划要明确培训的时间、内容、地点、培训对象和主讲人等，培训资料、图片、考核试卷、评估记录等作为备查材料。参加省、市、县及兄弟单位组织的安全生产知识培训、消防演习等。

（7）安全生产活动记录齐全，活动记录包括安全生产会议、安全学习、安全检查、安全培训、消防演习等，要写明时间、地点、参加人员和记录人。按时向主管部门上报安全生产报表，安全生产工作每年要有总结。

（8）要提供县级及以上安全生产委员会出具的近五年管理单位无安全生产事故证明，主管部门出具的证明无效。

（9）水管单位应根据有关规定和要求，开展安全生产标准化建设，并持续改进。获得水利工程管理单位安全生产标准化等级证书的单位应提供证书及评价资料。

规程、规范和技术标准及相关要求：

（1）《中华人民共和国安全生产法》

（2）《江苏省水利安全生产标准化建设管理办法（试行）》

（3）《水利工程生产安全重大事故隐患判定标准（试行）》（水安监〔2017〕344号）（附件见表3-22）

表3-22　水利工程运行管理生产安全重大事故隐患综合判定清单（指南）

三、泵站工程		
	基础条件	重大事故隐患判据
1	工程管护范围不明确、不可控，技术人员未明确定岗定编或不满足管理要求，管理经费不足	满足任意3项基础条件＋任意2项物的不安全状态
2	规章制度不健全，泵站未按审批的控制运用计划合理运用	
3	工程设施破损或维护不及时，管理设施、安全监测等不满足运行要求	

	基础条件	重大事故隐患判据
4	安全教育和培训不到位或相关岗位人员未持证上岗	
隐患编号	物的不安全状态	
SY－BZ001	潜水泵机组轴承与电机定子绕组的温度超出限定值，机组油腔内的含水率超出正常范围	满足任意3项基础条件＋任意2项物的不安全状态
SY－BZ002	泵站未按规定进行安全鉴定或安全类别综合评定为三类	
SY－BZ003	泵站主水泵评级为三类设备	
SY－BZ004	泵站主电动机评级为三类设备	
SY－BZ005	消防设施布置不符合规范要求	
SY－BZ006	建筑物护底的反滤排水不畅通	

备查资料：

（1）安全生产组织机构及人员设置文件；

（2）安全生产规章制度汇编；

（3）××年度职工教育培训资料（计划、考核、评估等）；

（4）安全生产宣传活动台账；

（5）特种设备统计表；

（6）特种设备检验报告；

（7）特种作业人员持证上岗情况统计表；

（8）安全警示标识检查维护记录；

（9）隐患排查治理制度；

（10）隐患排查治理记录；

（11）安全检查整改通知书；

（12）安全隐患整改回执单；

（13）安全用具定期试验报告；

（14）安全生产操作规程汇编；

（15）工作票、操作票；

（16）特别检查表；

（17）安全生产工作总结；

（18）近三年无安全生产事故证明；

（19）安全生产标准化等级证书。

第四章　运行管理

考核分水库、水闸、河道和泵站四类工程，其中，水库共 12 条 430 分，水闸共 14 条 465 分，河道共 13 条 420 分，泵站共 16 条 500 分。

第一节　水库工程

水库工程的运行管理共 12 条 430 分，包括管理细则、工程检查、工程观测、工程养护、金属结构及机电设备维护、工程维修、报汛及洪水预报、调度规程、防洪调度、兴利调度、操作运行、管理现代化等。

一、管理细则

考核内容：结合工程具体情况，及时制定完善的水库技术管理实施细则（如工程巡视检查和安全监测制度、工程调度运用制度、闸门启闭机操作规程、工程维修养护制度等），并报经上级主管部门批准。

赋分原则：未制定技术管理实施细则，此项不得分。未及时修订技术管理实施则，扣 5 分；可操作性不强，扣 5 分；未经上级主管部门批准，扣 10 分。

条文解读：

（1）根据《江苏省水库技术管理办法》，水库管理单位应按本办法要求和结合工程实际以及其他相关的技术资料制定相应的技术管理实施细则。

（2）技术管理实施细则报上级主管部门批准后执行。大型水库报省水利厅批准，中小型水库报市水行政主管部门或其他相关部门审批，报省水利厅备案。

（3）技术管理实施细则应根据工程管理现代化、精细化的要求，结合工程的具体情况和多年运行管理的经验及时修订和完善，每 5～10 年进行修订。各项规章制度、规程可作为技术管理实施细则的附件。

（4）技术管理实施细则有针对性，可操作性强。

规程、规范和技术标准及相关要求：

《江苏省水库技术管理办法》

备查资料：

（1）水库技术管理实施细则；

（2）关于请求审批《×××水库技术管理实施细则》的请示；

（3）关于《×××水库技术管理实施细则》的批复。

参考示例：

水库技术管理实施细则编制要点

水库技术管理实施细则应包括：总则、名词解释、工程概况、工程巡视检查、工程监测、工程养护、工程修理、调度运用、白蚁及其他动物危害防治、安全管理、水土资源保护与开发利用、技术档案管理、科学技术研究与职工教育、考核管理、管理现代化、附件等。

总则应包括：编制目的、主要编制依据、管理单位及单位职责、技术管理实施细则报批程序、技术管理实施细则的主要内容、学习和培训、规章制度、规程等。

工程概况应包括：流域概况、水文气象、基本情况、主要技术指标、工程续建和加固改造情况等。

工程巡视检查应包括：一般规定、检查项目和内容、检查方法和要求、检查报告和记录等。

工程监测应包括：一般规定，变形观测，渗流监测，水文、气象监测，监测资料整编与分析等。

工程养护应包括：一般规定、工程养护内容和要求等。

工程修理应包括：一般规定，护坡修理，坝体裂缝修理，坝体渗漏修理，坝基渗漏和绕坝渗漏修理，坝体滑坡修理，排水设施修理，溢洪闸、输水涵洞建筑物修理，观测、监控设施修理，管理设施修理等。

调度运用应包括：一般规定、防汛工作、防洪调度、兴利调度、控制运用、冰冻期间运用、洪水调度考评、防汛抢险等。

白蚁及其他动物危害防治应包括：一般规定、白蚁普查和防治、其他动物防治等。

安全管理应包括：一般规定、注册登记、安全鉴定、水政管理、应急管理、安全生产、隐患排查与治理、事故处理等。

水土资源保护与开发利用应包括：水土资源保护与开发利用规划中的相关内容等。

技术档案管理应包括：一般规定、技术档案内容、档案保管要求等。

科学技术研究与职工教育应包括：科学技术研究、职工教育等。

考核管理应包括：日常考核、定期考核、年终考核等。

管理现代化应包括：水库的现代化规划，推进工程管理标准化、精细化、信息化和安全生产标准化，水文化和生态文明建设等。

附件应包括：相关制度、规程、各种图表等。

二、工程检查

考核内容：按规定开展日常巡视检查；主（副）坝、溢洪道、输水洞及闸门机电设备等，每月检查不少于2次（相邻两次检查时间间隔不大于20天）；汛前、汛后各检查一次（闸门机电设备按要求进行试车）；遇汛期、高水位、水位突变、地震等特殊情况，应增加次数，每天不少于1次；工程各部位检查内容齐全，检查记录规范，有初步分析及处理意见，并有负责人签字。

赋分原则：未按规定的路线、频次和内容等要求正常开展日常巡视检查，扣15分；无汛前、汛后检查总结报告，扣10分；特殊情况下未进行增加检查，扣10分；未对涵洞进洞检查，扣5分；检查内容不全，每缺1项扣5分；检查、试车记录不规范、无签字，扣5分；无初步分析及处理意见，扣5分。

条文解读：

（1）巡视检查分为日常巡视检查、年度巡视检查和特别巡视检查三类。

日常巡视检查：管理单位应根据水库工程的具体情况和特点，制定切实可行的巡视检查制度，具体规定检查的时间、路线、部位、内容和要求，并确定日常巡视检查路线和检查顺序，由有经验的技术人员负责进行。日常巡视检查的次数应符合下列要求：

① 施工期，宜每周2次，但每月不少于4次；

② 初蓄水期或水位上升期，宜每天或每两天1次，但每周不少于2次，具体次数视水位上升或下降速度而定；

③ 运行期，宜每周1次，但每月不少于2次，汛期、高水位及出现影响工程安全运行情况时，应增加次数，每天至少1次。

年度巡视检查：每年汛前、汛后、用水期前后、有蚁害地区的白蚁活动高峰期和冰冻较严重时，应按规定的检查项目和内容，由管理单位负责人组织对水库工程进行全面或专门的检查，按要求进行闸门机电设备试车，一般每年不少于2~3次。

特别巡视检查：当水库遇大洪水、大暴雨、有感地震、库水位骤变、高水位运行及其他影响大坝安全运用的特殊情况时进行，必要时要组织专人对可能出现险情的部位进行连续监视。当水库放空时应进行全面巡视检查。

（2）各级水库主管单位应组织对水库安全运行管理进行监督检查，一般每年不少于1~2次。

（3）记录、分析及处理：

每次巡视检查均应做出记录。对已发现的异常情况，除详细记述时间、部位、险情和绘出草图外，必要时应测图、摄影或录像，签字齐全。

现场记录应及时整理，并将每次巡视检查结果与以往巡视检查结果进行比较分析，如有问题或异常现象，应及时复查。

日常巡视检查中发现异常现象时，应立即采取应急措施，并上报主管单位。

年度巡视检查和特别巡视检查结束后，应提出检查总结报告，对发现的问题应立即采取应急措施，并根据设计、施工、运行资料进行综合分析，提出处理方案，上报上级部门。

各种巡视检查的记录、图件和报告等均应整理归档。

（4）巡视检查制度应上墙明示。

（5）涵洞进洞检查，每年至少1次，并需有相关检查记录和洞内照片。

规程、规范和技术标准及相关要求：

（1）《水库大坝安全管理条例》

（2）《土石坝安全监测技术规范》（SL551）

（3）《江苏省水库技术管理办法》

备查资料：

（1）巡视检查制度；

（2）水库日常巡查路线图；

（3）年度巡视检查报告；

（4）特别巡视检查报告；

（5）水下探摸检查记录报告；

（6）各级水库主管单位组织对水库安全运行管理进行监督检查的材料；

（7）涵洞进洞检查材料；

（8）检查记录表。

参考示例：

（1）大溪水库日常巡查路线图（见图4-1）

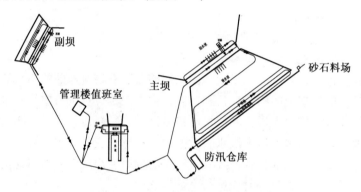

图4-1　大溪水库日常巡查路线图

（2）水库年度巡视检查报告编制要点

水库年度巡视检查报告应包括：工程概况，年度巡视检查开展情况，检查结果，与以往检查结果的对比、分析和判断，异常情况及原因初步分析，检查结论及建议，检查组成员签名，年度巡视检查表等。

工程概况应包括：工程的基本情况。

年度巡视检查开展情况应包括：如何组织、时间安排，采取的工作措施（工程措施、非工程措施）。

检查结果应包括：文字说明、表格、略图、照片等。

与以往检查结果的对比、分析和判断应包括：定性和定量分析等。

异常情况及原因初步分析应包括：异常情况、原因初步分析等。

（3）水库特别巡视检查报告编制要点

水库特别巡视检查报告应包括：工程概况、特别巡视检查情况、检查结果、存在问题及原因分析、检查结论及建议、检查组成员签名、特别巡视检查表等。

特别巡视检查情况应包括：特别巡视检查的原因、检查时间，检查组织情况，采取的工作措施等。

（4）溢洪闸水下检查记录表（见表4-1）

表4-1 溢洪闸水下检查记录表

工程名称		时间	年 月 日
检查部位	检查内容与要求	检查情况及存在问题	
闸室	闸门前后淤积情况，门槽有无树根、块石等杂物，杂物应予以清除		
伸缩缝	有无错缝，缝口有无破损，填料有无流失		
底板、护坦、消力池	混凝土有无剥落、露筋、裂缝，有无异常磨损，消力池内有无块石，块石应予以清除		
水下护坡	有无坍塌		
其他			
检查目的			
对今后工程管理的建议			
建筑物运行状态及水文、气候情况	上游水位： m 下游水位： m 风向： 风力： 天气： 气温： ℃		
作业时间	自 时 分起至 时 分止		
作业人员	信号员： 记录员： 潜水班负责人： 潜水员： 其他有关人员：		
管理单位负责人：		技术负责人：	

（5）日常巡视检查记录表（见表4-2）

表4-2 日常巡视检查记录表

时间：＿＿＿年＿＿月＿＿日　　　　　天气：＿＿＿＿　　　　库水位：＿＿＿＿米

部位名称		损坏或异常情况	处理措施
坝体	坝顶		
	防浪墙		
	迎水坡		
	背水坡		
	坝趾		
	排水系统		
	导渗降压设施		
	观测设施		

部位名称		损坏或异常情况	处理措施
坝基和坝区	坝基		
	两岸坝端		
	坝端岸坡		
	坝趾近区		
	上游铺盖		
	排水设施		
	观测设施		
输、泄水洞（管）	引水段		
	进水塔（竖井）		
	洞（管）身		
	出口段		
	消能工		
	闸门		
	启闭机		
	机电设备		
	工作（交通）桥		
	观测设施		
	进水段（引渠）		
	堰顶或闸室		
	溢流面		
	消能工		
	闸门		
	动力及启闭机		
	工作（交通）桥		
	下游河床及岸坡		
	观测设施		
库区	有无违法、违章行为		
其他	观测设施		
	照明设施		
	通信设施		
	安全防护设施		
	防雷设施		
	警示标志		
	备用电源		

负责人：_____　　　记录人：_____　　　检查人：_____

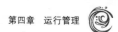

（6）水库年度巡视检查记录表（见表4-3）

表4-3　水库年度巡视检查记录表

巡视检查时间：_____年___月___日；　天气：_____；　库水位：_____米；

记录人：_____；　检查人：_____

巡查部位		损坏或异常情况	处理措施
主坝坝体	坝顶有无裂缝、异常变形、积水或植物滋生等；迎水坡护坡有无裂缝、剥（脱）落、滑动、隆起、塌坑或植物滋生等；近坝水面有无变浑或旋涡等异常现象；背水坡及坝趾有无裂缝、剥（脱）落、滑动、隆起、塌坑、雨淋沟、散浸、积雪不均匀融化、渗水、流土、管涌等；排水系统是否通畅；草皮护坡植被是否完好；反滤排水设施是否正常		
主坝坝基和坝区	坝基基础排水设施的渗水水量、颜色、气味及浑浊度、酸碱度、温度有无变化；坝端与岸坡连接处有无裂缝、错动、渗水等；坝端岸坡有无裂缝、滑动、崩塌、溶蚀、塌坑、异常渗水及兽洞、蚁迹等；护坡有无隆起、塌陷等；坝趾近区有无阴湿、渗水、管涌、流土或隆起等；护坝地绿化是否良好；排水设施是否完好		
副坝坝体	坝顶有无裂缝、异常变形、积水或植物滋生等；迎水坡护坡有无裂缝、剥（脱）落、滑动、隆起、塌坑或植物滋生等；近坝水面有无变浑或旋涡等异常现象；背水坡及坝趾有无裂缝、剥（脱）落、滑动、隆起、塌坑、雨淋沟、散浸、积雪不均匀融化、渗水、流土、管涌等；排水系统是否通畅；草皮护坡植被是否完好；反滤排水设施是否正常		
副坝坝基和坝区	坝基基础排水设施的渗水水量、颜色、气味及浑浊度、酸碱度、温度有无变化；坝端与岸坡连接处有无裂缝、错动、渗水等；坝端岸坡有无裂缝、滑动、崩塌、溶蚀、塌坑、异常渗水及兽洞、蚁迹等；护坡有无隆起、塌陷等；坝趾近区有无阴湿、渗水、管涌、流土或隆起等；护坝地绿化是否良好；排水设施是否完好		
涵洞	引水段有无堵塞、淤积、崩塌；竖井有无裂缝、渗水、空蚀、混凝土碳化等；洞身有无裂缝、空蚀、渗水、混凝土碳化等；伸缩缝、沉陷缝、排水孔是否正常；出口段放水期水流形态是否正常；停水期是否渗漏；消能设施有无冲刷损坏或砂石、杂物堆积等；工作桥是否有不均匀沉陷、裂缝、断裂等		
溢洪闸（道）	进水段有无坍塌、崩岸、淤堵或其他阻水障碍；闸室、闸墩、胸墙、边墙、溢流面、底板有无裂缝、渗水、剥落、碳化、露筋、磨损、空蚀等；伸缩缝、沉陷缝、排水孔是否完好；消能设施有无冲刷损坏或砂石、杂物堆积等；工作桥、交通桥是否有不均匀沉陷、裂缝、断裂等；溢洪河道河床有无冲刷、淤积、采砂、行洪障碍等		
弧形闸门	弧形闸门各类零部件无缺失，表面整洁，梁格内无积水，闸门梁系、附件及结构夹缝处无杂物、水草及附着水生物等；侧导轮、支铰灵活可靠，支铰经常加油润滑，无锈蚀卡阻现象；轨道平整，无锈蚀，预埋件无松动、变形和脱落现象；结构完好，无明显变形，防腐涂层完整，无起皮、鼓泡、剥落现象，无明显锈蚀；门体部件及隐蔽部位防腐状况良好；止水橡皮、止水座完好，闸门渗漏水符合规定要求；吊座等无裂纹、锈蚀等缺陷；启闭机房是否完好等		

续表

巡查部位		损坏或异常情况	处理措施
平面闸门	平面闸门各类零部件无缺失，表面整洁，梁格内无积水，闸门横梁、门槽、附件及结构夹缝处无杂物、水草及附着水生物等；滚轮、滑轮等灵活可靠，无锈蚀卡阻现象；润滑材料应定期检查；轨道平整，无锈蚀，预埋件无松动、变形和脱落现象；结构完好，无明显变形，防腐涂层完整，无起皮、鼓泡、剥落现象，无明显锈蚀；门体部件及隐蔽部位防腐状况良好，止水橡皮、止水座完好，闸门渗漏水符合规定要求；螺杆与闸门连接完好		
卷扬式启闭机	启闭机零部件无缺失，除转动部位的工作面外有防腐措施，着色符合标准；表面清洁，无锈迹，油漆无翘皮、剥落现象；机架底脚及机架与设备间连接牢固可靠，无明显变形，无损伤或裂纹；电机等有明显接地，接地电阻符合规定要求；启闭机的联接件紧固，无松动现象；机械传动装置的转动部位注油种类及油位油质符合规定，注油设施完好，油路畅通，油封密封良好，无漏油现象；滑动轴承的轴瓦、轴颈光洁平滑，无划痕或拉毛现象，轴与轴瓦配合间隙符合规定；卷筒及轴应定位准确、转动灵活，无裂纹或明显损伤；齿轮减速箱密封严密，齿根及轴无裂纹，齿轮无过度磨损及疲劳剥落现象；齿轮啮合良好，转动灵活，接触点应在齿面中部，分布均匀对称；开式齿轮应保持清洁，表面润滑良好，无损坏及锈蚀；制动装置应动作灵活、制动可靠，制动轮及闸瓦表面无油污、油漆和水分，间隙符合要求；制动轮无裂纹、砂眼等缺陷；弹簧无过度变形；钢丝绳保持清洁，防水油脂满足要求，断丝不超过标准范围；钢丝绳在卷筒上排列整齐、固定牢固，预绕圈数符合设计要求，压板、螺栓齐全；压板后钢丝绳头预留长度不超过10cm，绳头绑扎可靠，无松散现象；闭门状态钢丝绳松紧适度，滑轮组转动灵活，滑轮内钢丝绳无脱槽、卡槽现象；限位开关设定准确，动作可靠，闸门开度仪显示准确		
螺杆式启闭机	启闭机零部件无缺失，除转动部位的工作面外有防腐措施，着色符合标准；启闭机表面清洁，无锈迹，油漆无翘皮、剥落现象；机架底脚及机架与设备间连接牢固可靠，机架无明显变形，无损伤或裂纹；电机等有明显接地，接地电阻符合规定要求；联接件紧固，无松动现象；机械传动装置的转动部位保持润滑，减速箱油位油质符合规定；螺杆有齿部位清洁，表面涂油防锈蚀，螺杆无弯曲变形；承重螺母、齿轮、螺纹齿宽无过度磨损；启闭机构动作时无异常声响；手摇部分转动灵活平稳、无卡阻现象，手、电两用设备电气闭锁装置安全可靠；行程开关设定准确，动作可靠，闸门开度仪显示准确		
电气设备	开关柜及底座外观整洁、干净，无积尘，防腐保护层完好、无脱落、无锈迹；盘面仪表、指示灯、按钮及开关等完好，仪表显示准确、指示灯显示正常；整体完好，构架无变形，固定可靠；铭牌完整、清晰，柜前柜后均有统一的柜名，设有相应电压等级的绝缘垫；抽屉或柜内外开关上应准确标示出供电用途；清洁无杂物、无积尘，接线整齐，分色清楚；二次接线端子牢固，用途标示清楚，电缆及二次线应有清晰标记的电缆牌及号码管；柜内导体连接牢固，开关柜与电缆沟之间封堵良好，防止小动物进入柜内；金属骨架、柜门及其安装于柜内的电器组件的金属支架与接地导体连接牢固，有明显的接地标志；门体与开关柜用多股软铜线进行可靠连接；开关柜之间的专用接地导体均应相互连接，并与接地端子连接牢固；抽屉进出灵活，闭锁稳定、可靠，柜内设备完好；开关柜门锁齐全完好，运行时柜门应处于关闭状态，对于重要开关设备电源或存在容易被触及的开关柜应处于锁定状态；柜内熔断器的选用及热继电器与智能开关保护整定值符合设计要求，漏电断路器应定期检测，确保动作可靠；进出电缆应穿管或暗敷，外观美观整齐		

续表

巡查部位		损坏或异常情况	处理措施
自动监控系统	视频监视系统：视频主机、显示屏、摄像机等设备运行是否正常；检查视频软件运行是否正常；检查摄像头是否清洁。自动监控系统：计算机及其网络系统运行正常；各自动化设备工作正常；系统特性指标及安全监视和控制功能满足设计要求；无告警显示。网络通信系统：检查光纤、五类线等通信网络连接是否正常；检查交换机、路由器等通信设备运行是否正常；检查各通信接口运行状态及指示灯状态是否正常；检查视频监视系统与上级调度系统通信是否正常；检查登录、访问是否正常		
备用电源	柴油发电机组表面清洁，着色符合标准要求，无积尘，无油迹，防腐保护层完好，无脱落、无锈迹；机架固定可靠，机架及电气设备有可靠接地；各类燃油阀门开关动作可靠，有明显标志；调速制杆灵活、各联接点保持润滑；油路水路连接可靠通畅，无渗漏现象，冷却水水位、曲轴箱油位、燃油箱油位、散热器水位低于正常；滤清器清洁；冬季根据气温变化防冻措施到位；电池组的电量随时保证充足；电气接线桩头清洁，无变形，电缆与出口开关接线可靠，出口开关分断可靠，柴油发电机运转正常，无异常声响，电压、温度及转速等符合要求，各类仪表指示准确		
房屋建筑	办公用房、防汛仓库、启闭机房等：房屋结构完好，墙体完好、整洁，无开裂、缺损现象；装饰涂料或贴面材料完好，色彩协调，无脱落现象；门窗完好，开关灵活、密封，无渗水现象；屋面防水层、隔热层完好，无渗水现象		
库区	在水库大坝管理和保护范围内有无爆破、打井、采石（矿）、采砂、取土、修坟、埋设管道（线）等活动；有无兴建房屋、码头、毁坏林木等违章行为；有无排放有毒物质或污染物等行为；有无非法取水的行为		
观测、照明、通信、安全防护、防雷设施及警示标志、标牌标识有无损毁，防汛道路等是否完好			
其他工作记录			

注：

1. 记录内容应翔实、规范，字迹清楚、端正，严禁杜撰、随意涂改。

2. 被巡查的部位若无损坏和异常情况，应写"无"。

负责人：_____

（7）涵洞洞身检查记录表（见表4-4）

表4-4 涵洞洞身检查记录表

巡视检查时间：___年___月___日；天气：___；库水位：___米；

记录人：_____；检查人：_____

序号	检查项目		检查结果	备注
1	观感质量	块石大小与完整性		
		块石风化程度		
		砂浆质量		
		砂浆与块石连接		
		砼完整性		
		砼风化程度		
2	裂缝情况	数量		
		程度		
3	渗漏	数量		
		程度		
4	伸缩缝	不均匀沉降		
		水平错位		
		（止水）渗漏情况		
5	沉降变形			
6	冲蚀			
7	洞内冲蚀和淤积			
8	其他			

注：

1. 记录内容应翔实、规范，字迹清楚、端正，严禁杜撰、随意涂改。

2. 被巡查的部位若无损坏和异常情况，应写"无"。

负责人：_____

三、工程观测

考核内容： 按规定的内容（或项目）、测次和时间开展工程观测，内容齐全、记录规范；观测成果真实、准确，精度符合要求；遇高水位、水位突变、地震或其他异常情况时加测；观测设施先进、自动化程度高；观测设施、监测仪器和工具定期校验、维护，观测设施完好率达到规范要求；观测资料及时进行初步分析，并按时整编刊印。

赋分原则： 未开展工程观测，此项不得分。按规定观测项目，每缺1项扣10分；记录不规范，扣5分；观测不符合要求，每项扣5分；遇高水位、水位突变、地震或其他异常情况时未加测，扣5分；观测设施落后，自动化程度低，扣3~5分；监测仪器和工具未定期校验、维护，扣 5 分；观测设施维修不及时或有缺陷，每处扣 1 分；观测设施完好率达不到规范要求，扣 5 分；未进行资料分析或分析不及时，扣 5 分；未按时整编刊印，扣 5 分。

条文解读：

（1）水库工程的观测应符合《土石坝安全监测技术规范》（SL551）、《水利工程观测规程》和《江苏省水库技术管理办法》的要求。

（2）管理单位应按上级批准的观测任务书中的观测项目、测次、标准和要求进行观测。

（3）遇高水位、水位突变、地震或超标准运用等其他异常情况时应进行加测；观测设施先进。

（4）观测设施完好，观测仪器按规定定期校验；观测要求做到"四随"（随观测、随记录、随计算、随校核）、"四无"（无缺测、无漏测、无不符合精度、无违时），以提高观测精度和效率。观测记录、成果表签字齐全。

（5）资料整编包括平时资料整理和定期资料编印。

① 平时资料整理重点是查证原始观测数据的正确性，计算观测物理量，填写观测数据记录表格，点绘观测物理量过程线，考察观测物理量的变化，初步判断是否存在变化异常值。

② 在平时资料整理的基础上进行观测统计，填制统计表格，绘制各种观测变化的分布相关图表，并编写编印说明书。编印时段，在施工期和初蓄期，一般不超过一年。在运行期，每年应对观测资料进行整编与分析。

③ 整编成果应项目齐全、考证清楚、数据可靠、图表完整、规格统一、说明完备。

（6）观测成果应用于日常检查、运行和维修工作中。

规程、规范和技术标准及相关要求：

（1）《江苏省水库技术管理办法》

（2）《土石坝安全监测技术规范》（SL551）

（3）《水利工程观测规程》（DB32/T 1713）

备查资料：

（1）关于《×××水库工程观测任务书》的请示；

（2）关于《×××水库工程观测任务书》的批复；

（3）水库工程观测任务书；

（4）观测标点布置示意图；

（5）观测设施完好率统计表；

（6）测量仪器检定证书；

（7）垂直位移观测线路示意图；

（8）××年变形观测资料汇编；

（9）××年大坝渗流监测资料汇编；

（10）人工观测、自动观测数据对比分析；

（11）测量记录表。

参考示例：

（1）水库工程观测任务书（见表4-5）

表 4-5　水库工程观测任务书

工程概况				
序号	观测项目	观测时间与测次	观测方法与精度	观测成果要求
一	一般性观测			
1	垂直位移	工作基点考证：5年1次。垂直位移标点观测：汛前、汛后各1次	符合现行《土石坝安全监测技术规范》《水利工程观测规程》要求	观测标点布置示意图 垂直位移工作基点高程考证表 垂直位移观测标点考证表 垂直位移观测成果表 垂直位移量变化统计表 垂直位移过程线
2	水平位移	工作基点考证：5年1次。垂直位移标点观测：汛前、汛后各1次	符合现行《土石坝安全监测技术规范》《水利工程观测规程》要求	水平位移观测标点考证表 水平位移统计表 累计水平位移过程线
3	渗流观测	每月观测3次	符合现行《土石坝安全监测技术规范》《水利工程观测规程》要求	测压管、渗压计设备考证表 测点渗流压力水位统计表 测点的渗流压力水位过程线图 渗流量统计表 渗流量过程线图
二	上、下游水位 降水量 气温	每日1次		工程观测说明 工程运用情况统计表 水位统计表 流量、引（排）水量统计表 工程大事记 观测成果的初步分析
备注说明	工程观测资料成果经上级主管部门考核评审合格，并根据评审意见进行完善整理后，按整编要求装订成册存档			

（2）大溪水库水库观测标点布置示意图（见图 4-2）

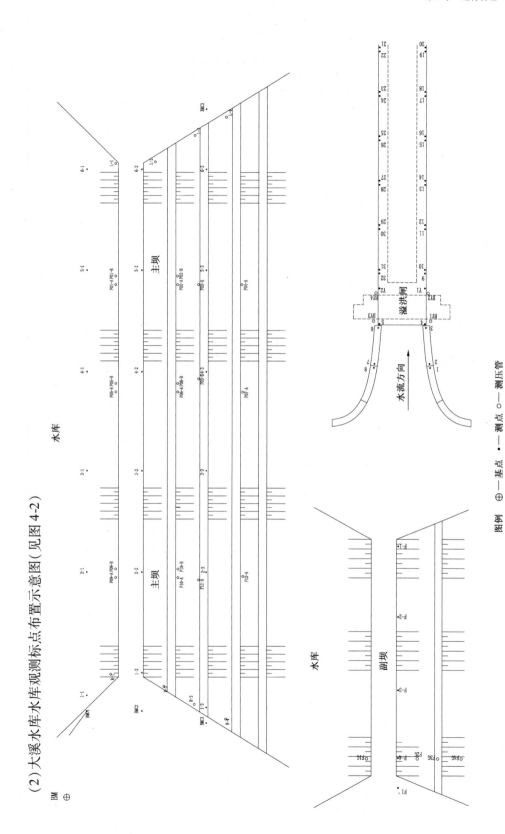

图例　⊕—基点　•—测点　○—测压管

图 4-2　大溪水库水库观测标点布置示意图

（3）水库测量设施完好率统计表（见表4-6）

表 4-6　水库测量设施完好率统计表

序号	观测项目	观测设施编号	观测设施位置	设施完好率（％）
一	一般性观测			
1	垂直位移			
2	水平位移			
3	渗流观测			
二	环境量观测			
1	上、下游水位			
2	降雨量			
3	气温			

注：设施完好率（％）＝（完好设施数量/设施总数量）×100％。

（4）大溪水库水库垂直位移观测线路示意图（见图 4-3）

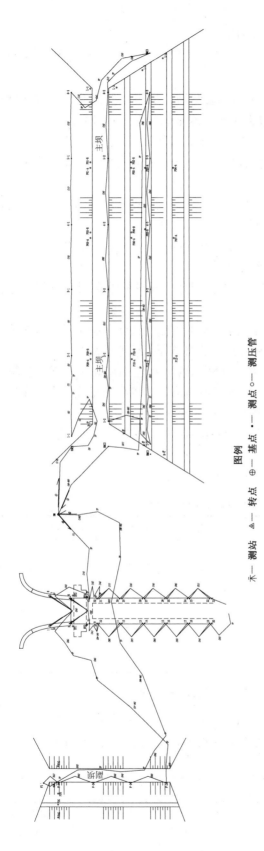

图例

不一 测站 △一 转点 ⊕一 基点 •一 测点 ○一 测压管

图 4-3 大溪水库水库垂直位移观测线路示意图

（5）水库变形观测资料汇编编制要点

水库变形观测资料汇编应包括：工程简介、执行标准、观测项目、观测成果、数据分析及结论、附件等。

观测项目应包括：垂直位移（控制网、监测网、观测要求、垂直位移观测线路图）、水平位移（控制网、监测网、观测要求、水平位移观测线路图）。

观测成果应包括：垂直位移观测成果表、垂直位移观测工作基点高程考证表、测压管管口高程考证表、垂直位移量变化过程线、垂直位移观测原始记录、水平位移观测成果表、水平位移观测原始记录等。

数据分析及结论应包括：观测情况综述、本次观测数据与以往测量数据的对比分析情况（如有异常，分析原因）、结论等。

附件应包括：水准仪检定证书、水准仪 i 角检验记录表、全站仪检定证书等。

（6）水库大坝渗流监测资料汇编编制要点

水库大坝渗流监测资料汇编应包括：工程简介、资料整编说明和分析、考证资料、监测成果及结论、附件等。

资料整编说明和分析应包括：整编说明、监测方法、监测数据及资料分析等。

考证资料应包括：测压管管口高程考证表、渗流压力计考证表等。

监测成果及结论应包括：渗流压力计（测压管）水位统计表，大坝渗流量统计表，上、下游水位统计表，大坝下游地下水位统计表，水库降雨量统计表，渗流压力计（测压管）过程线，大坝渗流量过程线，大坝浸润线图，结论等。

附件可包括：渗流压力计（测压管）平面布置图、渗流压力计（测压管）典型断面布置图等。

（7）测量记录表样式（见表 4-7 ~ 表 4-20）

表 4-7　垂直位移工作基点考证表

基点编号	标点材料	埋设日期	位置	地基情况	考证日期	高程（m）	备注
标点结构及位置图：							

表 4-8　垂直位移工作基点高程考证表

标点编号	原始观测		上次观测		本次观测		备注
	观测日期	高程（m）	观测日期	高程（m）	观测日期	高程（m）	

表 4-9 垂直位移观测成果表

始测日期		年 月 日	上次观测日期 年 月 日		本次观测日期 年 月 日		间隔 天
测点		始测高程 （m）	上次 观测高程 （m）	本次 观测高程 （m）	间隔 位移量 （mm）	累计 位移量 （mm）	备注
部位	编号						

表 4-10 水平位移观测成果表

始测日期： 年 月 日   上次观测： 年 月 日   本次观测： 年 月 日   历时： 日

部位	标点编号	始测值 （mm）	上次观测值 （mm）	本次观测值 （mm）	间隔位移量 （mm）	累计位移量 （mm）	备注

表 4-11 垂直位移量变化统计表

测点		累计位移量（mm）										
部位	编号											

表 4-12 测压管水位观测记录

观测时间：____年____月____日   观测时库水位：_____

天气情况：_____   （单位：米）

测压管编号	桩号	管口高程	管口至水面距离	管内水位	备注	测压管编号	桩号	管口高程	管口至水面距离	管内水位	备注
主坝坝体、坝基渗流压力						主坝绕渗					
						副 坝					

观测：   记录：   计算：   校核：

表 4-13 测压管管口高程考证表

编号	埋设日期	始测日期	始测高程（m）	考证日期	考证高程（m）	备注

表 4-14 水库量水堰法渗流量观测记录表

量水堰编号_____

观测时间		水位（m）		堰上水头（m）	实测流量 Q_t（L/s）	水温（℃）	标准流量 Q_T（L/s）	透明度（cm）	气温（℃）	降水量（mm）	备注
月	日	上游	下游								

观测：_____　记录：_____　一校：_____　二校：_____

表 4-15 混凝土裂缝观测标点考证表

裂缝编号	裂缝位置及方向	始测日期	缝长（m）	缝宽（mm）	气温（℃）	水位（m）		裂缝渗水情况
						上游	下游	

表 4-16 混凝土裂缝观测成果比较表

始测日期：　　　　上次观测日期：　　　　本次观测日期：　　　　　　间隔　　天

编号	位置及方向	始测		上次观测		本次观测		间隔变化量		累计变化量		测时气温（℃）	裂缝渗水情况	水位（m）	
		缝长（m）	缝宽（mm）	缝长（m）	缝宽（mm）	缝长（m）	缝宽（mm）	缝长（m）	缝宽（mm）	缝长（m）	缝宽（mm）			上游	下游

表 4-17 _____年度上（水库）、下游水位统计表

监测日期		月份及水位（m）											
		1	2	3	4	5	6	7	8	9	10	11	12
1													
2													
…													
31													
全月统计	最高												
	日期												
	最低												
	日期												
全年统计	最高		日期		最低		日期		均值				
备注	包括泄流情况												

统计者：　　　　　　　　　　　　　　　　　　　　　　校核者：

表 4-18 水库逐日水位、雨量表

日期：___年___月　　　　　　　单位负责人：　　　　　记录人：

日期	水位（米）	库容（万立方米）	雨量（毫米）	备注	日期	水位（米）	库容（万立方米）	雨量（毫米）	备注
1					17				
2					18				
3					19				
4					20				
5					21				
6					22				
7					23				
8					24				
9					25				
10					26				
11					27				
12					28				
13					29				
14					30				
15					31				
16									

最高水位：　　　　　最低水位：　　　　　日最大降雨量：　　　　全月降雨量：
日期：　　　　　　　日期：　　　　　　　日期：

表 4-19　水库年度特征水位、雨量统计表

年份：＿＿＿＿＿年

月份	最高水位（米）	日期	相应库容（万立方米）	最低水位（米）	日期	相应库容（万立方米）	最大雨量（毫米）	日期	月总雨量（毫米）
1									
2									
3									
4									
5									
6									
7									
8									
9									
10									
11									
12									

年最高水位：　　年最低水位：　　日最大雨量：　　5—9月降雨量：　　全年降雨量：　　月平均降雨量：

发生日期：　　发生日期：　　发生日期：

表 4-20　水库水文（　　）年度统计

1月1日水位(米)、库容(万立方米)		12月31日水位(米)、库容(万立方米)	
全年水库水位变化(米)		全年库容变化(万立方米)	
年降水量(毫米)		5—9月份降雨量(毫米)	
年最高水位(米)、发生日期		日最大降雨量(毫米)	
年最低水位(米)、发生日期		年入库总量(万立方米)	
年供水总量(万立方米)		年泄洪总量(万立方米)	
全年泄洪次数		年出库水量(万立方米)	
年平均水位(米)			
综述：			

统计：　　　　　　　　　　　　　　　　　　校核：

四、工程养护

考核内容： 主、副坝坝顶平整，坝坡整齐美观，无缺损，无树根、高草，防浪墙、反滤体完整，导渗沟、排水沟畅通，无动物洞穴、蚁害；输、泄水建筑物进出口岸坡完整、过水断面无淤积和障碍物；混凝土及圬工衬砌、消力池、工作桥、启闭房等完好无损；灌溉、发电、供水等生产设施完好、运行正常。

赋分原则： 坝顶、坝坡等建筑物不平整、不整齐、不美观，导渗沟、排水沟等有堵塞，坝坡有动物洞穴、蚁害等，每项扣 5 分。输、泄水建筑物进、出口岸坡不完整、过水断面有淤积和障碍物，每项扣 5 分；混凝土及圬工衬砌、消力池、工作桥、启闭房有碳化、裂缝、破损等，每项扣 5 分。生产设施有损坏、不能正常运用，每处扣 5 分。

条文解读：

（1）主、副坝坝顶养护应做到以下几点：① 坝顶、坝肩的养护做到平整、坚实、无杂草、无弃物。② 坝顶要保持设计宽度和高程，做到坝线顺直，饱满平坦、无车槽，无明显凹陷、起伏，平均 5m 长地段纵向高差不大于 0.1m。③ 坝肩养护要做到无明显坑洼，坍肩、坝肩线平顺规整。④ 坝顶路面应加强经常性、预防性小修保养，对局部、轻微的初始破坏必须及时进行修理，保持路面平整、横坡适度、线性顺直、排水良好、清扫整洁。⑤ 防浪墙、百米桩完整。

（2）坝坡养护应做到以下几点：① 坝坡应保持景观设计坡比，坡面平顺，无雨淋沟、陡坡、洞穴、蚁害、陷坑、杂物等。② 平台应保持设计宽度，台面平整。③ 背水侧坝坡堤脚线应保持顺直、平整，无沟坎、残缺，在养护工作中，不可削坝筑路。④ 坝坡出现局部残缺和雨淋沟等，应恢复原样，所用原料应为黄土，采用方法为夯实、刮平。⑤ 坝坡上的植被如缺损应及时修补。⑥ 导渗沟、排水沟无断裂、损坏、阻塞、失效现象，排水畅通。⑦ 护坝地无被占用现象，树木、植被长势良好，排水畅通。

（3）输、泄水建筑物养护应做到以下几点：① 进出口岸坡完整、过水断面无淤积和障碍物。② 表面应保持清洁完好，及时排除积水、积雪、苔藓、蚧贝、污垢、杂物等。③ 建筑物各部位的排水孔、进水孔、通气孔等均应保持畅通。④ 上、下游护坡、护底、陡坡、侧墙、消能设施、工作桥、启闭机房等完好无损。⑤ 混凝土表面无碳化、裂缝、破损等。

（4）灌溉、发电、供水等生产设施完好，运行正常。

（5）根据日常巡视检查、年度巡视检查、特别巡视检查等情况及时对工程进行养护，养护记录齐全，检查、维修图片也是养护资料的一部分。

（6）有养护工作制度，并上墙明示；每年养护有预决算和计划，项目、经费每年应进行汇总；省级养护项目应填写江苏省水利工程养护项目管理卡。

（7）水库通过堤坝白蚁防治达控验收和按照规定每 3 年进行复查验收的，视为无蚁害。

规程、规范和技术标准及相关要求：

（1）《江苏省水库技术管理办法》

（2）《土石坝养护修理规程》（SL210）

备查资料：

（1）水库维修养护规章制度；

（2）水库工程养护范围和标准；

（3）水库养护方案；

（4）水库维修养护记录表；

（5）白蚁防治记录表；

（6）水库养护项目资料（每年的计划，项目的预算、决算，项目经费汇总表）；

（7）养护项目管理卡，管理卡格式参照《江苏省省级水利工程维修养护项目管理卡（试行）》；

（8）水库堤坝蚁害"达控"验收材料；

（9）江苏省堤坝蚁害基本控制验收报告书。

参考示例：

（1）水库日常养护制度

① 管理处对水库工程及其附属设施等，必须进行经常性养护，定期检查，以保持工程完整，设施完好。

② 养护修理，应本着"经常养护、随时养护、养重于修、修重于抢"的原则进行，一般分为经常性养护维修、岁修、大修和抢修。

③ 养护维修，均以恢复或改善原有功能为原则，改建、扩建应按基本建设程序进行。

④ 养护维修内容包括：坝面不得种植树木、放牧、堆放物料、倾倒垃圾等；维护坝顶、坝坡、踏步、路牙等的完整；保护各种观测设施、自动化监控设施等的完好；草皮护坡长势良好；排水设施完好；输水设施保持畅通；无动物洞穴、蚁害；打捞水库漂浮物；闸门及启闭机定期养护；电器防潮防雷；及时修补裂缝；清除松散的滑坡体，重新回填夯实等。

（2）水库工程养护范围和标准

水库工程养护范围和标准主要包括：总则、养护范围（土工建筑物、石工建筑物、混凝土建筑物、闸门、启闭机、电气设备、备用电源、管理设施、检查观测设施和安全生产设施及水土保持等）、养护标准（主、副坝工程的养护标准，石工建筑物养护标准，混凝土建筑物养护标准，观测设施养护标准，安全消防设施养护标准，电气绝缘工具试验周期，机电设备养护标准，库区养护标准）。

（3）水库工程设施维修养护记录表（见表 4-21）

表 4-21 水库工程设施维修养护记录表

时间		工程设施	
记事：			

负责人：　　　　　　　　　　　　　　　　　　维护人：

（4）水库白蚁防治记录表（见表 4-22）

表 4-22 水库白蚁防治记录表

时间	天气	发现白蚁活动迹象(处)				投药数量(包)				采食情况(包)					地面指示物		蚁防人员
		主坝	副坝	主坝环境	副坝环境	主坝	副坝	主坝环境	副坝环境	日期	全食	食1/2	食1/4	微量	日期	丛数	

记录人：

（5）白蚁防治现场检查记录表（见表 4-23）

表 4-23 白蚁防治现场检查记录表

工程名称：　　　　时间：　　　　库水位：　　　　天气：　　　　温度：

部位 ＼ 内容	泥线、泥被		分群孔（片）	真菌指示物（丛）	桩号	高程（m）	蚁种	异常情况	备注
	面积（m²）	处							
迎水坡									
背水坡									
坝顶									
蚁源区									

注：1. 活动指示物：指鸡㙡菌、鸡㙡花；死巢指示物：指炭棒菌（地炭棒、鹿角菌）、红垂蘑菇（红垂幕）。

　　2. 背水坡：指大坝背水坡及护坝地。

　　3. 坝顶：指坝顶及向坝两端延伸 30m。

记录人：

（6）水库堤坝蚁害"达控"验收材料编制要点

水库堤坝蚁害"达控"验收材料编制要点应包括：工程概况、水文气象、历年来加固改造情况、白蚁防治情况（发现蚁害的时间、地点，治理蚁害的过程、效果，现状）、白蚁防治计划及制度、白蚁防治总结、大坝蚁害"达控"自我鉴定、今后堤坝白蚁防治计划和治理目标。

（7）养护项目管理卡

养护项目管理卡主要包括：养护项目计划审批表、年（季）度工程养护计划、年（季）度工程养护预算、单项养护工程实施计划及预算、单项养护工程开工申请审批表、单项养护工程情况表、单项养护工程费用明细表、单项养护工程验收卡、年度工程养护验收卡、年（季）度工程养护总结、工程养护大事记。

五、金属结构及机电设备维护

考核内容： 有金属结构、机电设备维护制度，并明示；闸门及其他金属结构表面无损伤及锈蚀；闸门止水密封可靠，行走支承无变形、无缺陷等；启闭设施维修养护到位，无漏油、断股、锈蚀等现象，运用灵活；电气设备维修养护到位，安全可靠；备用发电机组按规定进行试运行，维修养护到位，能随时启动，正常运行；机房内整洁美观；维修养护记录规范。

赋分原则： 无维护制度或未明示，扣5分；闸门等金属结构有损伤、有锈蚀，扣5分；闸门漏水，启闭不灵活，不安全，扣10分；闸门行走支承有变形、有缺陷等，扣5分；启闭设施维修养护不到位，出现漏油、断股、锈蚀等现象，扣5分；电气设备维修养护不到位，扣5分；备用发电机组未按规定进行试运行，扣5分；备用发电机组养护不到位，不能随时启动或不能正常运行，扣5分；机房内不整洁、不美观，扣5分；维修养护记录不规范，扣5分。

条文解读：

（1）有机电设备、金属结构维修养护制度，并上墙明示。

（2）闸门、启闭机、电气设备、备用发电机组维修养护要符合下列标准：① 闸门外观应保持整洁，梁格、臂杆内无积水，及时清除闸门吊耳、门槽、弧形门支铰及结构夹缝处等部位的杂物。钢闸门出现局部锈蚀、涂层脱落时应及时修补；闸门滚轮、弧形门支铰等运转部位的加油设施应保持完好、畅通，并定期加油。② 启闭机的养护应符合下列要求：防护罩、机体表面应保持清洁、完整；机架不得有明显变形、损伤或裂缝，底脚连接应牢固可靠；启闭机联接件应保持紧固；注油设施、油泵、油管系统保持完好，油路畅通、无漏油现象，减速箱、液压油缸内油位保持在上、下限之间，定期过滤或更换，保持油质合格；制动装置应经常维护，适时调整，确保灵活可靠；钢丝绳、螺杆有齿部位应经常清洗、抹油，有条件的可设置防尘设施；启闭螺杆如有弯曲，应及时校正；闸门开度指示器应定期校验，确保运转灵活、指示准确。③ 机电设备的养护应符合下列要求：电动机的外壳应保持无尘、无污、无锈；接线盒应防潮，压线螺栓紧固；轴承内润滑脂油质合格，并保持填满空腔内$1/3 \sim 1/2$；电动机绕组的绝缘电阻应定期检测，小于 $0.5M\Omega$ 时，应进行干燥处理；操作系统的动力柜、照明柜、操作箱、各种开关、继电保护装置、检修电源箱等应定期清洁、保持干净；所有电气设备外壳均应可靠接地，并定期检测接地电阻值；电气仪表应按规定定期检验，保证指示正确、灵敏；输电线路、备用发电机组等输变电设施应按有关规定定期养护。④ 防雷设施的养护应符合下列规定：避雷针（线、带）及引下线锈蚀量超过截面30%以上时，应予更换；导电部件的焊接点或螺栓接头如脱焊、松动应予补焊或旋紧；接地装置的接地电阻值应不大于10Ω，超过规定值时应增设接地极；电器设备的防雷设施应按有关规定定期检验。

（3）机电设备运行正常，外观整洁，标识规范，开关柜前后均应有编号和名称。

（4）闸门漏水量小于0.15L／（s·m），闸门部件无锈蚀、变形，外观清洁，编号醒目。

（5）有主要机电设备明细表和设备维修揭示图。

（6）机电设备操作规程、变配电系统主接线图、启闭机控制原理图、机电设备维护管理制度、机电设备维修管理卡等齐全，并明示。

（7）机电设备运行、维修、养护台账齐全；备用发电机组维修养护及试运行记录齐全；防雷设施正常，并有检测报告。

（8）闸门及启闭机设备评级。

规程、规范和技术标准及相关要求：

（1）《江苏省水库技术管理办法》

（2）《土石坝养护修理规程》（SL210）

备查资料：

（1）机电设备维护制度；

（2）水库设备维修揭示图（表）、变配电系统主接线图、启闭机控制原理图、机电设备维修管理卡；

（3）机电设备运行、维修、养护台账；

（4）水库柴油发电机试车统计表；

（5）水库柴油发电机运转记录；

（6）水库柴油发电机组维修保养记录；

（7）防雷防静电设施检测报告；

（8）闸门及启闭机设备评级资料；

（9）防雷设施检测报告、电气设备预防性试验报告、压力油试验报告、仪表检验报告及合格证。

参考示例：

（1）水库设备维修揭示图（表）（见表4-24）

表4-24 水库设备维修揭示表

项目 \ 设备	启闭机	闸门	低压进线柜	柴油发电机组	……
规格型号					
数量					

项目\设备	启闭机	闸门	低压进线柜	柴油发电机组	……
投运日期					
大修周期					
小修周期					
小修日期					
设备评级					
责任人					

（2）水库机电设备维修养护记录表（见表 4-25）

表 4-25　水库机电设备维修养护记录表

时间		设备名称	
记事：			

负责人：　　　　　　　　　　　　　　维护人：

（3）水库柴油发电机试车统计表（见表 4-26）

表 4-26　水库柴油发电机试车统计表

序号	日期	开机时间	关机时间	开机时长（分钟）	存在问题及处理方法

统计：　　　　　　　　　　　　　　校核：

（4）水库柴油发电机组维修保养记录（见表4-27）

表4-27 水库柴油发电机组维修保养记录

维修保养内容		备注
更换零件记录		
保养检查结果		

维修保养人：_____　　　　日期：_____

六、工程维修

考核内容：做好工程维修、抢修工作，发现问题及时上报、处理；维修质量符合要求；大修工程有设计、批复；修复及时，按计划完成任务；加强项目实施过程管理和验收；项目管理资料齐全。

赋分原则：发现问题不及时上报、处理，扣10分；维修质量不合格，扣10分；大修工程无设计、批复，扣20分；未按计划完成修复任务，扣5分；项目管理不规范或未及时验收，扣5分；项目管理资料不齐全，扣5分。

条文解读：

（1）工程维修制度齐全，并上墙明示。

（2）发现问题及时上报、处理的材料应齐全。

（3）工程维修有计划、设计、批复等文件，维修工程预决算、开工报告、施工方案、施工记录、施工总结、质检资料、审计报告等齐全；有隐蔽工程验收单和竣工验收报告。

（4）对工程存在问题不能及时维修的，应有应急处理措施。

（5）维修工程计划、项目、经费应每年进行汇总。

（6）省级维修养护项目按照要求编制维修项目管理卡，管理卡格式参照《江苏省省级水利工程维修养护项目管理卡（试行）》。

规程、规范和技术标准及相关要求：

（1）《江苏省水库技术管理办法》

（2）《土石坝养护修理规程》（SL210）

（3）《江苏省省级水利工程维修养护项目管理办法》

（4）《江苏省省级水利工程维修养护经费使用管理办法》

（5）《江苏省水利工程维修养护及防汛专项资金财务管理办法》

备查资料：

（1）水库工程维修养护项目管理办法；

（2）发现问题及时上报、处理的材料；

（3）水库工程维修项目统计表；

（4）水库×××工程竣工验收资料汇编；

（5）江苏省水利工程维修项目管理卡。

参考示例：

（1）水库针对×××问题采取的应急处理措施编制要点

水库针对×××问题采取的应急处理措施应包括：工程基本情况、发现的问题及其不能处理的原因、采取的应急措施（组织措施、建立健全规章制度和技术措施）、上报处理材料（上报文件：发现问题的时间、地点、严重程度、采取的措施、修复所需资金；主管部门的批复、处理的意见等）等。

（2）工程维修项目统计表（见表4-28）

表4-28　工程维修项目统计表

序号	项目名称	预算（万元）	批文	文号	备注
一	年度				
1					
2					
3					
4					
5					

注：备注列填写项目完成情况。

（3）维修项目管理卡

维修项目管理卡主要包括：项目实施计划审批表、项目实施方案、项目预算、开工报告审批表、项目实施情况记录、项目质量检查及验收、项目竣工总结、项目竣工决算、项目竣工验收卡、附件。

七、报汛及洪水预报

考核内容：建立库区水文报汛系统，并实现自动测报，系统运转正常；建立洪水预报模型，进行洪水预报调度，并实施自动预报；测报、预报合格率符合规范要求。

赋分原则：无库区水文报汛系统，扣5分；未实现自动测报，扣10分；测报系统运行不正常，扣5分；无洪水预报模型，扣5分；未实施自动预报调度，扣10分；洪水预报合格率达不到60%，或水文报汛系统有缺、漏报，扣5分。

条文解读：

（1）制定了库区水文报汛制度、报汛设施维护制度和测报机房管理制度等，并上墙明示。

（2）水文遥测设施完好，控制室自动测报系统数据精确、运行正常。

（3）建立了洪水预报模型，编制了水文预报方案，并投入使用，现场运行正常；洪水预报合格率有考核材料。

（4）报汛资料整编规范，归档及时。

（5）有洪水预报的评价报告。

（6）实施自动预报调度。

规程、规范和技术标准及相关要求：

（1）《江苏省水库技术管理办法》

（2）《水文自动测报系统技术规范》（SL61）

备查资料：

（1）自动测报系统运转正常的资料；

（2）洪水预报模型建立的资料、操作说明书等；

（3）洪水预报合格率材料；

（4）按规范整理、归档的报汛资料；

（5）洪水预报评价报告；

（6）水文报汛无错、漏、缺、迟报现象的证明材料。

参考示例：

洪水预报合格率材料编制要点

洪水预报合格率材料编制要点应包括：×××场次洪水、水、雨情分析，后期检验与合格率评定，结论。

八、调度规程

考核内容： 按照《水库调度规程编制导则》（SL706）编制水库调度规程，并经主管部门审批。

赋分原则： 未编制水库调度规程，此项不得分。调度规程未经主管部门批准，扣5分；调度原则、调度权限不清晰，扣5分。

条文解读：

（1）水库调度规程内容按照《水库调度规程编制导则》（SL706）的要求编制。

（2）水库调度规程按管辖权限由县级以上水行政主管部门审批。

（3）规程内容全面，调度原则、调度权限清晰。

规程、规范和技术标准及相关要求：

（1）省水利厅关于开展大中型水库调度规程编制工作的通知

（2）《水库调度规程编制导则》（SL706）

备查资料：

（1）水库调度规程；

（2）水库调度规程审批文件。

参考示例：

水库调度规程编制要点

水库调度规程应包括：前言、总则、调度条件与依据、防洪调度、供水调度、应急调度、水库调度管理、附则等。

总则应包括：编制目的和依据、适用范围、水库概况、水库设计功能、水库调度目标和任务、水库调度原则、水库调度责任部门及职责权限、其他说明。

调度条件与依据应包括：水库安全运用条件、水库特征指标及调度参数、水文气

象情报与预报。

防洪调度应包括：防洪调度任务、防洪调度原则、防洪调度时段、防洪调度方案。

供水调度应包括：供水调度任务、供水调度原则、供水调度方案。

应急调度应包括：工程险情调度、超标准洪水调度、水污染应急调度。

水库调度管理应包括：调度计划的编制要求、水库调度工作制度、水库调度信息沟通机制、年度调度总结、调度资料整理与归档。

附则应包括：附表、附图。

九、防洪调度

考核内容：制定完善的调度制度；有汛期调度运行计划；严格执行调度规程、计划和上级指令，防洪调度信息及时通知有关部门，并记录；及时进行洪水调度考评，有年度总结。

赋分原则：无汛期调度运行计划，此项不得分。汛期调度运行计划未经批准，扣5分；未严格执行调度规程、计划和上级（指有调度权）指令，扣10分；防洪调度信息未及时通知有关部门，扣10分；洪水调度考评结论不合格，或未进行洪水调度考评的，扣10分；无年度总结，扣5分。

条文解读：

（1）制定调度方案、调度制度、调度原则及调度权限。

（2）编制水库防洪运用计划并经主管部门批准。

（3）调度指令的上传、下达有详细记录，内容明确，记录工整。

（4）调度指令的执行有详细记录，内容完整，数据准确。

（5）按有关规定由上级主管部门和防汛指挥部门对洪水调度进行考核，考评结果由防汛指挥部门审批后公布；在不发生洪水的情况下，洪水调度考评不扣分。

（6）有年度防洪调度工作总结。

规程、规范和技术标准及相关要求：

（1）《水库大坝安全管理条例》

（2）《江苏省水库技术管理办法》

（3）《水库洪水调度考评规定》（SL224）

备查资料：

（1）控制运用计划报批材料；

（2）水库控制运用计划；

（3）调度运用制度、调度原则等；

（4）水库工程防洪调度记录；

（5）水库防汛值班记录表；

（6）水库洪水调度考评表；

（7）年度防洪工作总结。

参考示例：

（1）水库控制运用计划编制要点

水库控制运用计划编制应包括：总则、基本情况、防洪调度运用计划、兴利控制运用计划、附则等。

总则应包括：编制目的和依据、适用范围。

基本情况：水库概况、流域概况、工程概况、水库设计功能、水库调度的目的和任务、防洪调度、供水调度、水库调度原则、水库调度责任部门及职责权限、调度单位、主管单位、运行管理单位、调度运行概况、其他说明。

防洪调度运用计划应包括：防洪调度任务、防洪调度原则、防洪调度方案、防洪调度时段。

兴利控制运用计划应包括：供水调度任务、供水调度原则、基本资料、入库径流、兴利库容计算、××年用水量计算、设计枯水年及典型年各月折算来水量计算、××年兴利调节计算、典型年调节计算、供水调度方案、城镇供水农业、灌溉供水、补库方案。

附则应包括：附表、附图。

（2）水库调度运用制度

① 水库水情。值班人员要密切注意天气和水情变化，按规定观测水库水位。

② 调度指令执行，并按×××水库调度原则进行调度。超大洪水时，省市防指可直接调度。

③ 兴利调度。非汛期保持水库水位××米，根据来水量变化情况，按照防指的指令做好水库调度工作，力争降低水耗，提高水能利用率。

④ 防洪调度。汛期水库控制水位××米，在汛期应结合各测站降水情况，加强与防办、水文局联系，按照防指指令做好洪水调度工作。

⑤ 调度工作总结。在汛期结束后，应及时编写调度工作总结并上报防汛防旱指挥部，各种数据应准确可靠。每年年终应对洪水调度工作进行考评，并分析全年调度工作的合理性，总结经验教训，不断提高调度水平。

⑥ 配合防汛防旱指挥部制订兴利调度计划，并根据实际情况及时加以修正。

⑦ 利用水雨情自动化测报系统，实时监测水情雨情；必要时通过水库防洪预报调度方式，临时调整防洪调度方案，合理控制水库下泄流量，确保水库大坝安全，并兼顾下游防洪安全。

（3）水库工程防洪调度记录（见表4-29）

表4-29 水库工程防洪调度记录

时间	发令人	接受人	指令内容	执行情况	备注

（4）洪水调度考评表（见表4-30）

表4-30 洪水调度考评表

被考核单位：

分类	考评项目名称	直观评	评分标准	评价	得分
基础工作	1. 技术人员配备	好	4.0		
		一般	2.7		
		差	1.4		
	2. 水情网站布设	好	2.0		
		一般	1.4		
		差	0.7		
	3. 通信设施	好	4.0		
		一般	2.7		
		差	1.4		
	4. 洪水预报方案	好	4.0		
		一般	2.7		
		差	1.4		
	5. 洪水调度规程及方案	好	4.0		
		一般	2.7		
		差	1.4		
	6. 技术资料汇编	好	2.0		
		一般	1.4		
		差	0.7		
经常性工作	1. 洪水调度计划编制	好	2.5		
		一般	1.7		
		差	0.9		
	2. 日常工作	好	2.5		
		一般	1.7		
		差	0.9		
	3. 值班联系制度	好	2.0		
		一般	1.4		
		差	0.7		
	4. 资料校核、审核、保管	好	1.5		
		一般	1.0		
		差	0.5		
	5. 总结	好	1.5		
		一般	1.0		
		差	0.5		

续表

分类	考评项目名称	直观评	评分标准	评价	得分
洪水预报	1. 洪水预报完成率 A1	好	2.5		
		一般	1.7		
		差	0.9		
	2. 洪峰流量预报误差 A2	好	7.0		
		一般	4.7		
		差	2.3		
	3. 洪水总量预报误差 A3	好	8.0		
		一般	5.5		
		差	2.7		
	4. 峰现时间预报误差 A4	好	3.8		
		一般	2.5		
		差	1.3		
	5. 洪水过程预报误差 A5	好	3.8		
		一般	2.5		
		差	1.3		
洪水调度	1. 次洪水起涨水位指数 B1	好	11.3		
		一般	7.5		
		差	3.8		
	2. 次洪水最高水位指数 B2	好	13.5		
		一般	9.0		
		差	4.5		
	3. 次洪水最大下泄流量指数 B3	好	13.5		
		一般	9.0		
		差	4.5		
	4. 预泄调度指数 B4	好	6.8		
		一般	4.5		
		差	2.3		
综合得分					
评定人员		评定等级			

年　　月　　日

（5）水库防汛值班记录表（见表4-31）

表4-31　水库防汛值班记录表

年　　月　　日

值班时间			接班时间		
天气			降雨量（毫米）		
水位（米）			库容（万立方米）		
值班记录					
交接班情况					
交班人员	交班人		接班人员	接班人	
	带班领导			带班领导	

（6）水库防洪调度联系单位通讯录（见表4-32）

表4-32　水库防洪调度联系单位通讯录

序号	单位名称	联系人	职务	联系电话	备注

十、兴利调度

考核内容：有经批准的年度兴利调度运用计划并及时修正；认真执行计划，有年度总结。

赋分原则：无年度兴利调度运用计划，此项不得分。年度兴利调度运用计划未经批准，扣10分；未进行季、月计划修正，扣10分；不认真执行计划，扣5分；无年度总结，扣5分。

条文解读：

（1）有经批准的年度兴利调度运用计划（含灌溉供水、发电、生态用水调度等），以及有季、月计划修正报告。

（2）兴利调度运用计划执行记录齐全，没有违反计划的行为。

（3）有年度总结和上级主管部门的考核评价。

规程、规范和技术标准及相关要求：

《江苏省水库技术管理办法》

备查资料：

（1）经批准的年度兴利调度运用计划（参见"防洪调度［参考示例1、2］"）；

（2）水库工程兴利调度记录；

（3）关于同意×××水库修正××年××月兴利调度运用计划的批复；

（4）关于修正××年××月兴利调度运用计划的请示；

（5）执行年度调度计划的证明；

（6）年度兴利总结及上级主管部门的考核评价。

参考示例：

涵洞闸门启闭操作票（见表4-33）

表4-33　涵洞闸门启闭操作票

水位：　　　米

操作事由		
预警方式		
闸门开高	运行前（米）	
	运行后（米）	
发令、受令	发令人（签字）：　　　　时间：　　年　月　日　　时　　分	
	受令人（签字）：　　　　时间：　　年　月　日　　时　　分	
闸门升／降前检查情况	1. 上游有无漂浮物和船只停泊等行水障碍，观察水位和水流形态，并核对泄流量。 （是□，否□） 2. 闸门的开度是否在原定位置，门体有无歪斜、变形，以及有无障碍物影响闸门启闭。 （是□，否□） 3. 启闭闸门的电源、配电设备无故障。 （是□，否□） 4. 电机是否正常，相序是否正确。 （是□，否□） 5. 机械转动部位的润滑油是否充足。 （是□，否□） 6. 机械设备安全保护装置，数字显示仪表等是否完好。 （是□，否□） 7. 现场监护人员是否到位。 （是□，否□）	
操作时间	年　月　日　　时　　分　至　　时　　分	
操作形式	远程控制□　　　　　　　　现地控制□	
执行情况	操作人（签字）：　　　　监护人（签字）：	
其他情况		

十一、操作运行

考核内容：操作运行符合《水工钢闸门和启闭机安全运行规程》（SL722），有闸门及启闭设备操作规程，并明示；操作人员固定，定期培训，持证上岗；按操作规程和调度指令运行，无人为事故；记录规范。

赋分原则：无闸门、启闭设备操作规程，扣 10 分；规程未明示，扣 5 分；操作人员不固定，不能定期培训，未做到持证上岗，扣 5 分；未按操作规程和调度指令运行，扣 10 分；有人为事故，扣 5 分；记录不规范，无负责人签字，扣 5 分。

条文解读：

（1）制定闸门及启闭机操作规程，控制室或启闭现场应明示。

（2）操作人员持证上岗，人员培训要有支撑材料。

（3）闸门启闭记录规范，数据真实，字迹工整，签名齐全；调度指令与闸门启闭记录相对应；闸门启闭运行中发现的问题及处理情况可以记录在运行记录中。

（4）每年应对工程运行时间、水量等进行统计汇总。

规程、规范和技术标准及相关要求：

（1）《江苏省水库技术管理办法》

（2）《水工钢闸门和启闭机安全运行规程》（SL722）

备查资料：

（1）闸门及启闭机操作规程；

（2）闸门运行工、电工证；

（3）××年职工培训计划；

（4）水库职工教育培训记录；

（5）水库溢洪闸闸门操作记录；

（6）水库涵洞闸门启闭操作记录；

（7）水库溢洪闸运用、泄洪量计算统计表；

（8）水库×××涵洞运用、灌溉水方量计算统计表；

（9）上级主管部门证明无人为操作事故的证明。

参考示例：

（1）水库溢洪闸闸门启闭操作规程

① 接到防办闸门启闭通知后，应立即做好闸门启闭前的准备工作，并做好记录。

② 电话及其他通讯方式通知库内巡查艇及下游船只，直到所有船只退出警戒区。

③ 观测上下游水位，根据"闸门开度－水位－流量关系曲线"（表）确定闸门开高和开启孔数，并做好闸门调整前相关数据的记录。

④ 合闸送电，开闸时应由中间向两边依次开启，对称运行，关闸时次序相反。

⑤ 闸门远程启闭操作时，在现场要有一人监护，并将现场控制柜转换开关转到远程，若遇紧急情况通过急停按钮停止闸门运行，另一人在中控室通过自动化监控系统进行闸门操作。

⑥ 启闭过程中应注意观察启闭机运行是否正常，有无异常响声，注意观察电压、电流读数及上下游河道水流情况。

⑦ 在闸门启闭过程中，应注意闸门高度的变化，如果高度显示值出现异常变化，应立即停止运行，现场复核实际开高，并通过手动方式启闭闸门至预定位置。

⑧ 密切监视过负荷报警，发现异常及时停车检查，查找原因并进行处理。

⑨ 闸门启闭结束后，应核对启闭高度、孔数，观察上下游流态及警戒区有无船

只，切断电源；填写启闭记录，内容包括启闭依据、操作人员、操作时间、启闭顺序及历时、水位、流量、流态、闸门开高、启闭设备运行情况等，详细填写在启闭记录上，妥善保存，并按规定向防办汇报调度指令执行情况。

（2）水库溢洪闸运用、泄洪量计算统计表（见表4-34）

表4-34　水库溢洪闸运用、泄洪量计算统计表

年

序号	日期	开关时间				开启高度			累计时间（分钟）	水位（米）	流量（立方米每秒）	泄洪量（万立方米）	备注
		起		止		增	减	高度					
		时	分	时	分	米	米	米					
	小　　计												
	合　　计												

计算：　　　　　　　　　　　　　　　　　　　　　　校核：

十二、管理现代化

考核内容： 有管理现代化发展规划和实施计划；积极引进、推广使用管理新技术；引进、研究开发先进管理设施，改善管理手段，增加管理科技含量；工程监测、监控自动化程度高；积极应用管理自动化、信息化技术；设备设施检查维护到位；系统运行可靠，利用率高。

赋分原则： 无管理现代化发展规划和实施计划，扣10分；办公设施现代化水平低，扣10分；未建立信息管理系统，扣5分；未建立办公局域网，扣5分；未加入水信息网络，扣5分；工程未安装使用监视、监控、监测系统等，每缺1项扣5分；设备设施检查维护不到位，扣5分，运行不可靠，扣10分，使用率低，扣5分。

条文解读：

（1）规划和实施计划应报上级部门审批，并应有专家审查意见。

（2）新材料、新技术运用有应用推广证明。

（3）水库大坝、溢洪闸、取水涵洞、库区水情测报点、机房及办公区应安装视频监视系统，溢洪闸应安装计算机监控系统，水情自动测报设施、工程观测设施、监测设备运行正常，使用率高；数据采集、计算、分析准确及时。

（4）计算机监控设备操作权限明确，监控设备维护及集控室应有管理制度，并上墙明示。

（5）建立信息管理系统和内部办公局域网，办公自动化程度高，通过内网能上省、市、县水利信息网。

（6）历史数据应定期转录并存档，软件修改前后必须分别进行备份，并做好修改记录。

规程、规范和技术标准及相关要求：

（1）《水电厂计算机监控系统运行及维护规程》（DLT 1009）

（2）《视频安防监控系统工程设计规范》（GB 50395）

备查资料：

（1）水库现代化发展规划和实施计划；

（2）积极引进、推广使用管理技术，引进、研究开发先进管理设施，改善管理手段，增加管理科技含量的证明材料；

（3）水库信息化建设规划和方案；

（4）水库视频监控设备统计表；

（5）工程维修项目管理卡（自动化系统运行维护、升级改造）；

（6）水库信息管理系统简介；

（7）监测系统定期检查表；

（8）自动化系统监测维护运行记录。

参考示例：

（1）水库现代化发展规划和实施计划编制要点

水库现代化发展规划和实施计划编制要点应包括：发展现状与形势分析、现代化内涵与指标体系、指导思想与总体目标、工程设施建设、防汛防旱及应急能力、工程管理、库区管理及生态保护、信息化建设、发展支撑体系建设、实施安排、实施保障等。

发展现状与形势分析应包括：基本情况、工程概况、管理情况、发展现状、取得的成绩、存在问题分析、形势分析。

现代化内涵与指标体系应包括：基本特征及目标内涵、指标体系、水平评估。

指导思想与总体目标应包括：指导思想、基本原则、总体目标、总体布局。

工程设施建设应包括：规划目标、主要任务、工程加固建设、管理设施完善、区域治理工程。

防汛防旱及应急能力应包括：规划目标、主要任务、提高防汛防旱管理水平、提高防汛防旱执行能力、提高防汛防旱应急能力。

工程管理应包括：规划目标、主要任务、技术管理、运行管理、工程管理考核达标、安全管理、水文工作。

库区管理及生态保护应包括：规划目标、主要任务、建立长效管理机制、落实库区管理责任制、开展巡查执法、开展库区管理与保护宣传、加强水土资源管理。

信息化建设应包括：规划目标、主要任务、完善信息化基础设施、建立信息采集与工程监控系统、建立信息处理与资源共享系统、建立业务应用系统。

发展支撑体系建设应包括：完善体制机制、科技创新、人才队伍、文化建设。

实施安排应包括：实施原则、实施重点、投资估算。

实施保障应包括：加强领导、强化考核、推进创新、注重宣传、注重协调。

（2）水库视频监控设备统计表（见表 4-35）

表 4-35　水库视频监控设备统计表

编号	安装位置	监控范围	备注

（3）监控系统定期检查记录表（见表 4-36）

表 4-36　监控系统定期检查记录表

检查内容：_____　　　　　　　　　　检查时间：　年　月　日

检查部位	检查项目及要求	检查结论
硬件	1. 外观检查； 2. 机壳内、外部件及散热风扇清理； 3. 接插件、板卡及连接件固定； 4. 电源电压、接地检查等； 5. 显示器、鼠标、键盘等配套设备清理和检查； 6. 计算机启动、自检、运行状态检查； 7. 散热风扇、指示灯及配套设备运行状态检查； 8. 网络接口配置、运行状态、连通性检查； 9. 主、从设备的检查与定期轮换运行。	
操作系统	1. 操作系统启动画面、自检过程、运行过程检查； 2. 计算机 CPU 负荷率、内存使用率检查； 3. 应用程序进程或服务状态检查； 4. 计算机的磁盘空间检查、优化、临时文件清理； 5. 文件、文件夹的共享或存取权限检查； 6. 检查并校正系统日期和时间。	
应用软件	1. 应用软件完整检查、核对； 2. 应用软件启动、运行过程检查； 3. 应用软件查错、自诊断； 4. 应用软件运行信息检查； 5. 应用软件修改后进行备份。	
数据库	1. 数据库访问权限检查； 2. 数据库表查询； 3. 历史数据存储状态检查； 4. 历史数据定期转存。	
系统功能	1. 实时数据采集与校核； 2. 控制功能、操作过程检查与测试； 3. 画面报警、声光报警检查与测试； 4. 画面调用、报表生成与打印等功能检查与测试； 5. 系统时钟同步检查； 6. 系统限（定）值检查、核对； 7. 软件修改后功能测试。	
检查人		技术负责人	

第二节 水闸工程

水闸工程的运行管理共 14 条 465 分,包括管理细则,技术图表,工程检查,工程观测,维修项目管理,混凝土工程的维修养护,砌石工程的维修养护,防渗、排水设施及永久缝的维修养护,土工建筑物的维修养护,闸门维修养护,启闭机维修养护,机电设备及防雷设施的维护,控制运用,管理现代化等。

一、管理细则

考核内容:根据江苏省《水闸工程管理规程》,结合工程具体情况,及时制定完善的技术管理实施细则,并报经上级主管部门批准。

赋分原则:未制定技术管理实施细则,此项不得分。未及时修订技术管理实施细则,扣 5 分;可操作性不强,扣 5 分;未经上级主管部门批准,扣 10 分。

条文解读:

(1)管理单位应根据《水闸技术管理规程》(SL75)、《水闸工程管理规程》(DB32/T 3259),结合工程实际情况及其他相关技术资料编制技术管理实施细则。

(2)根据工程管理标准化、精细化、现代化的要求,管理单位应结合工程变化情况,如工程更新改造或除险加固,及时修订和完善技术管理实施细则。

(3)技术管理实施细则应结合工程实体情况编制。内容应齐全,针对性及可操作性要强。

(4)技术管理实施细则应按单体工程编制。大中型水闸工程的管理细则需报设区市以上水行政主管部门批准后实施。

规程、规范和技术标准及相关要求:

(1)《水闸技术管理规程》(SL75)

(2)《水闸工程管理规程》(DB32/T 3259)

备查资料:

(1)水闸工程技术管理实施细则;

(2)关于××水闸工程技术管理实施细则审核的请示;

(3)关于××水闸工程技术管理实施细则的批复。

参考示例:

水闸工程技术管理实施细则编制要点

水闸工程技术管理实施细则应包括:总则、工程概况、控制运用、工程检查与设备评级、工程观测、养护维修、安全管理、技术资料与档案管理等。

总则包括:目的、适用范围、管理单位情况、管理范围、管理工作主要内容及制度、引用标准等。

工程概况包括:工程一般情况、更新改造和主要技术指标等。

控制运用包括:一般要求、调度方案、控制运用要求、闸门操作运行、防汛工作、冰冻期间运用和应急处理。

工程检查与设备评级包括：一般要求、日常检查、定期检查、专项检查、设备评级。

工程观测包括：一般要求、观测项目、观测要求、观测资料整编与成果分析。

养护维修包括：一般规定、养护维修项目管理、混凝土及砌石工程养护维修、堤岸及引河工程养护维修、闸门养护维修、启闭机养护维修、电气设备养护维修、通信及监控设施养护维修、管理设备养护维修。

安全管理包括：一般规定、工程保护、安全生产、应急措施、安全鉴定。

技术资料与档案管理包括：技术资料收集整理与整编、技术档案管理等。

二、技术图表

考核内容： 水闸平、立、剖面图，电气主接线图，启闭机控制图，主要设备检修情况表及主要工程技术指标表齐全，并在合适位置明示。

赋分原则： 技术图表，每缺 1 项扣 5 分；图表未明示，每项扣 5 分；图表明示位置不恰当，每项扣 2 分。

条文解读：

（1）管理单位技术图表应齐全，水闸工程主要技术图表有：平、立、剖面图，电气主接线图，启闭机控制原理图，主要设备检修情况表及主要工程技术指标表。水闸工程水位－流量关系曲线、闸下安全始流曲线等技术图表应编制并设置在工程显著位置。

（2）管理单位应编制技术图表统计表。统计表应包括技术图表的名称、数量、位置、修订日期和责任人等。水闸工程主要设备包括闸门、启闭机、开关柜、监控设备、备用电源等，应在设备检修情况揭示表中反映，并应有设备等级及评定时间。

（3）水闸工程电气主接线图上设备名称、编号应与现场实物一致。

（4）技术图表应制作规范、张贴位置醒目且固定牢靠。

（5）图表中的格式应统一，内容应准确，图表表面应整洁美观。

规程、规范和技术标准及相关要求：

《水闸工程管理规程》（DB32/T 3259）

备查资料：

（1）水闸工程技术图表的统计汇总表（包括安装位置）；

（2）水闸工程平、立、剖面图；

（3）水闸工程电气主接线图；

（4）水闸工程启闭机控制原理图；

（5）水闸工程流量－水位－开度关系曲线；

（6）水闸工程闸下安全始流曲线等技术图；

（7）水闸工程主要设备检修情况揭示表及主要工程技术指标表；

（8）工程日常巡视检查路线图。

参考示例：

（1）水闸工程主要技术图表统计表（见表4-37）

表4-37　水闸工程主要技术图表统计表

年　　　月　　　日

序号	图表名称	图表位置	数量	编制时间	责任人	备注

（2）水闸工程主要设备揭示表（见表4-38）

表4-38　水闸工程主要设备揭示表

项目设备	高压进线柜	变压器	计量柜	动力柜	低压进线柜	电容器柜	备用电源	闸门	启闭机
规格型号									
制造日期									
投运日期									
试验周期									
设备评级									
评级时间									
责任人									

（3）万福闸流量－水位－开度关系曲线（见图4-4）

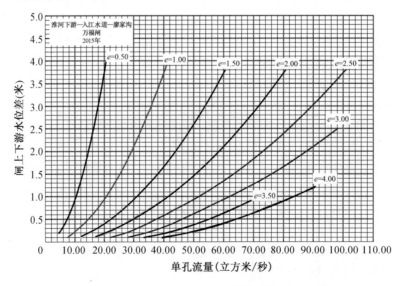

图4-4　万福闸2015年水位－流量关系曲线（孔流）

（4）万福闸闸下安全始流曲线（见图4-5）

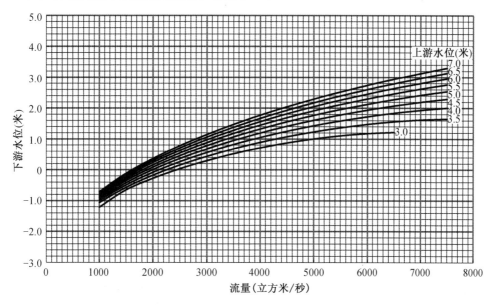

图4-5 万福闸始流时间下安全水位–流量关系曲线（正向）

三、工程检查

考核内容：按规定周期对工程及设施进行日常检查；每年汛前、汛后或引水前后、严寒地区的冰冻期起始和结束时，对水闸各部位进行全面检查；当水闸经受地震、风暴潮、台风等自然灾害，超过设计水位运行或发生重大工程事故后，进行专项检查，发现隐患、异常及时处理、上报；检查内容全面，记录详细规范，编写检查报告，并将定期检查、专项检查报告报上级主管部门备案。

赋分原则：未按规定周期进行日常检查、全面检查、专项检查，每缺1项扣10分；检查内容不全面，扣3~5分；检查记录不规范，扣3~5分；未编写检查报告，扣5~10分；未将定期检查、专项检查报告报上级主管部门备案，扣5分。

条文解读：

（1）水闸工程检查分为日常检查、定期检查和专项检查。

（2）日常检查包括日常巡视和经常检查。日常巡视主要对水闸管理范围内的建筑物、设备、设施、工程环境进行巡视、查看；经常检查主要对建筑物各部位、闸门、启闭机、机电设备、观测设施、通信设施、管理设施及管理范围内的河道、堤防、拦河坝和水流形态等进行检查。

（3）定期检查包括汛前检查、汛后检查和水下检查。汛前检查着重检查建筑物、设备和设施的最新状况，养护维修工程和度汛应急工程完成情况，安全度汛存在的问题及措施，防汛工作准备情况，汛前检查应结合保养同时进行；汛后检查着重检查建筑物、设备和设施度汛后的变化和损坏情况，冰冻地区还应检查防冻措施落实及其效果等；水下检查着重检查水下工程的损坏情况，超过设计指标运用后，应及时进行水下检查。

（4）专项检查主要为发生地震、风暴潮、台风或其他自然灾害，水闸超过设计标准运行，或发生重大工程事故后进行的特别检查，着重检查建筑物、设备和设施的变化和损坏情况。

（5）水闸管理单位应制定工程检查制度和检查路线图，明确各项检查的具体要求。内容应包括检查组织、人员、周期、范围、内容等。检查制度应上墙明示。每次检查至少应有2人。

（6）日常检查记录应内容齐全、记录规范、数据准确、巡查频次符合要求，发现问题详细记载并及时上报，记录签字完整。

（7）水闸管理单位应在每年汛前、汛后或用水期前后对水闸各部位（主要包括闸门、启闭机、电气设备、土工建筑物、石工建筑物工程等）及各项设施进行全面检查。隐蔽部位和水下工程等检查在定期检查中反映。

（8）应定期（一般两年一次）对水下工程进行检查，检查报告要随文上报。水下检查着重检查水下工程的损坏情况，超过设计指标运用后，应及时进行水下检查。

（9）定期检查和专项检查应形成检查报告，查出问题要有处理意见及处理结果，并随文上报。

（10）水闸工程各类检查记录表格参见《水闸工程管理规程》（DB32/T 3259）附录 B。

规程、规范和技术标准及相关要求：

《水闸工程管理规程》（DB32/T 3259）

备查资料：

（1）水闸工程技术管理实施细则有关工程检查的内容；

（2）水闸工程检查制度的相关内容；

（3）水闸工程日常巡视检查路线图；

（4）水闸工程日常巡视记录表；

（5）水闸工程经常检查记录表；

（6）水闸工程开展定期检查的发文；

（7）水闸工程定期检查报告、检查表及上报文件；

（8）水闸工程开展专项检查的发文；

（9）水闸工程专项检查报告、检查记录及上报文件等；

（10）水闸工程水下检查报告及相关图片、声像资料；

（11）电气设备预防性试验报告。

参考示例:

(1) 检查记录表样式（见表4-39～表4-41）

表 4-39　日常巡视记录表

工程名称		巡视时间	年　月　日	天气	
巡视检查内容		巡视情况			
管理范围内有无违章建筑					
管理范围内有无危害工程安全的活动					
有无影响水闸安全运行的障碍物					
建筑物、设备、设施是否受损					
工程运行状态是否正常					
工程环境是否整洁					
水体是否受到污染					
其他					
巡视人：			技术负责人：		

表 4-40　定期检查记录表（闸门）

工程名称			时间	年　月　日	
闸孔编号：	闸门结构：		闸门型式：		
分部名称	工程现状及存在问题		检查结论	备注	
承重部分					
面板					
梁系					
吊耳座					
支臂杆					
支承行走系统					
主侧滚轮					
滑道滑块					
门槽					
其他					
门叶止水					
止水座					
止水					
其他					
油漆保护					
其他					
检查人：			技术负责人：		

表 4-41　经常检查记录表

工程名称		时间	年　月　日	天气	
检查项目	检查内容			检查情况	
上游左岸堤防	堤岸顶面有无塌陷、裂缝；背水坡及堤脚有无渗漏、破坏等				
上游左岸护坡	块石护坡完好，排水畅通，无雨淋沟、塌陷等损坏现象				
上游左翼墙	砼无损坏和裂缝，伸缩缝完好				
闸室结构	砼无损坏和裂缝，伸缩缝完好，栏杆柱头完好，桥面排水孔正常				
上游河面	拦河设施完好，无威胁工程的漂浮物				
上游右岸堤防	堤岸顶面有无塌陷、裂缝；背水坡及堤脚有无渗漏、破坏等				
上游右岸护坡	块石护坡完好，排水畅通，无雨淋沟、塌陷等损坏现象				
上游右翼墙	砼无损坏和裂缝，伸缩缝完好				
下游右翼墙	砼无损坏和裂缝，伸缩缝完好				
下游右岸护坡	块石护坡完好，排水畅通，无雨淋沟、塌陷等损坏现象				
下游右岸堤防	堤岸顶面有无塌陷、裂缝；背水坡及堤脚有无渗漏、破坏等				
下游河面	拦河设施完好，无威胁工程的漂浮物				
下游左翼墙	砼无损坏和裂缝，伸缩缝完好				
下游左岸护坡	块石护坡完好，排水畅通，无雨淋沟、塌陷等损坏现象				
下游左岸堤防	堤岸顶面有无塌陷、裂缝；背水坡及堤脚有无渗漏、破坏等				
拦河坝	坝坡完好，无雨淋沟、塌陷等损坏现象				
闸门状态	开/关				
闸门	闸门无振动、无漏水，闸下流态、水跃形式正常				
启闭机	启闭机无漏油，罩壳盖好，钢丝绳排列正常，无明显的变形等不正常情况				
电气设备	电气设备运行状况正常，电线、电缆无破损，开关、按钮、仪表、安全保护装置等动作灵活、准确可靠；照明设施及警报系统完好，运行状况正常				
观测设施及管理设施	设施完好、使用正常，无损坏、缺失等现象；桥头堡、启闭机房等房屋建筑无破损、渗漏现象				
通信设施	通信设施运行状况正常				
其他	管理范围内有无违章建筑和危害工程安全的活动，是否有影响水闸安全运行的障碍物，工程环境是否整洁等				
检查人：			技术负责人：		
注：闸门状态按实际情况填写闸门开启或是关闭，其余检查情况正常时打√。					

（2）水闸工程定期检查报告编制要点

① 工程概要

② 控制运用

③ 检查情况

包括检查内容（包括检查目的、任务、日期）。

④ 问题及建议

包括检查结果（包括文字说明、表格、略图、照片等；与以往检查结果的对比、分析和判断，异常情况及原因分析）、检查结论及建议。

⑤ 附件

包括检查记录表、试验检测报告、检查组成员签名表。

四、工程观测

考核内容：按规定的内容（或项目）、测次和时间开展工程观测，内容齐全、记录规范；观测成果真实、准确，精度应符合要求；观测设施先进、自动化程度高；观测设施、监测仪器和工具定期校验、维护，观测设施完好率达到规范要求；观测资料及时进行初步分析，并按时整编刊印。

赋分原则：未开展工程观测，此项不得分。

按规定观测项目，每缺 1 项扣 10 分；记录不规范，扣 5 分；观测不符合要求，每项扣 5 分；观测设施落后，自动化程度低，扣 3 ~ 5 分；监测仪器和工具未定期校验、维护，扣 5 分；观测设施维修不及时或有缺陷，每处扣 1 分；观测设施完好率达不到规范要求，扣 5 分；未进行资料分析或分析不及时，扣 5 分；未按时整编刊印，扣 5 分。

条文解读：

（1）水闸管理单位应根据《水闸技术管理规程》（SL75）、《水闸工程管理规程》（DB32/T 3259）、《水利工程观测规程》（DB32/T 1713）开展工程观测工作。

（2）水闸管理单位应根据观测规程编制工程观测任务书并确定观测项目，一般工程有垂直位移、上下游河床变形、扬压力，部分工程还有水平位移、流态等。观测任务书应经上级主管部门批准后执行；观测任务书应明确观测项目、频次、标准和要求；水闸管理单位应严格按观测任务书要求进行观测；遇特殊工况或超设计水位运用后应及时组织工程观测。

（3）观测工作应由本单位专业技术部门或委托专业机构开展；观测人员应具备工程观测专业技术能力；观测设备、设施应定期检查确保完好，观测仪器按规定定期校核；自动化观测设施应有专人负责管理，定期校核，必要时委托专业队伍进行维修养护；观测记录、成果表签字齐全、复核规范。

（4）水闸工程管理单位应使用计算机整编观测成果；上级主管部门对观测成果应进行考核，考核等次明确；观测完成后应按时整编刊印观测资料，并及时归档。

（5）观测方法及记录表格详见《水利工程观测规程》（DB32/T 1713）有关规定。

规程、规范和技术标准及相关要求：

（1）《水闸工程管理规程》（DB32/T 3259）

（2）《水闸技术管理规程》（SL75）

（3）《水利工程观测规程》（DB32/T 1713）

备查资料：

（1）水闸工程观测任务书；

（2）水闸工程观测任务书编制批复文件；

（3）水闸工程观测手簿（三年）；

（4）水闸工程观测资料汇编及上级部门评定资料等（三年）；

（5）水闸工程观测设施分布图；

（6）水闸工程观测设施日常检查记录；

（7）水闸工程观测设施维修养护记录；

（8）水闸工程自动化观测设施维修养护记录等；

（9）水闸工程观测设施、设备、仪器定期检验，状况完好资料。

参考示例：

（1）水闸工程观测任务书（参考）（见表4-42）

表4-42　水闸工程观测任务书（参考）

工程概况				
序号	观测项目	观测时间与测次	观测方法与精度	观测成果要求
一	一般性观测			
1	垂直位移	工作基点考证： 垂直位移标点观测：	符合现行《水利工程观测规程》要求	观测标点布置示意图 垂直位移工作基点考证表（变动时） 垂直位移工作基点高程考证表（每5年1次） 垂直位移观测标点考证表（变动时） 垂直位移观测标点高程考证表（变动时） 垂直位移观测成果表 垂直位移量横断面分布图 垂直位移量变化统计表（每5年1次） 垂直位移过程线（每5年1次）
2	河床断面	引河过水断面观测： 水下地形观测： 断面桩顶高程考证：		河床断面桩顶高程考证表（每5年1次） 河床断面观测成果表 河床断面冲淤量比较表 河床断面比较图 水下地形图（每5年1次）
3	其他			工程观测说明 工程运用情况统计表 水位统计表 流量统计表 工程大事记 观测成果初步分析
	备注说明		每年将观测成果装订成册	

（2）河道断面测量记录表样式（见表4-43～表4-45）

表 4-43　河道断面观测记录表（断面索法、视距法）

断面桩号 C.S.　（上/下）（　+　）　观测日期＿＿＿＿＿年＿＿月＿＿日

观测方法＿＿　仪器＿＿　观测时间＿＿＿：＿＿＿～＿＿＿：＿＿＿　天气＿＿＿　风向风力＿＿＿

测点	后视	前视	视距	间距	起点距	水深	高程	地势、时间、水位

观测：　　　　记录：　　　　一校：　　　　二校：

表 4-44　河道断面桩顶高程考证表

断面编号	里程桩号	位置	埋设日期	观测日期	桩顶高程（m）		断面宽（m）	备注
					左岸	右岸		

表 4-45　河道断面观测成果表

断面编号		里程桩号		观测日期	
点号	起点距（m）	高程（m）	点号	起点距（m）	高程（m）	点号	起点距（m）	高程（m）

注：起点距从左岸断面桩起算，以向右为正，向左为负。

五、维修项目管理

考核内容：按要求编制维修计划和实施方案，并上报主管部门批准；加强项目实施过程管理和验收；项目管理资料齐全；日常养护资料齐全，管理规范。

赋分原则：未编制、上报维修计划和实施方案，扣5分；未按批复方案实施，扣5分；项目管理不规范或未及时验收，扣5分；项目管理资料不齐全，扣5分；日常养护资料不齐全，管理不规范，扣3～5分。

条文解读：

（1）工程养护修理的总体要求：达到工程的设计标准，保持工程的完整性；建立检查、维修、养护台账；按批准的维修计划进行，并应有工程施工和验收资料。

（2）水闸工程管理单位每年10月应根据工程汛期运用和汛后检查情况，按照《江苏省省级水利工程维修养护项目管理办法》确定工程维修申报项目，编制维修计划和预算。

（3）水闸工程管理单位的工程维修申报项目、维修计划和预算应在对工程现状进行现场踏勘、认真排查的基础上，结合日常运行管理情况，根据年度省级《水利工程维修及河湖管理经费项目申报指南》的要求，对照《江苏省省级水利工程维修养护名录》中闸站工程维修项目等申报范围进行申报。

（4）水闸工程管理单位编制的维修计划要求明确工程维修部位、缘由和内容。项目预算定额应采用《江苏省水利工程养护修理预算定额修理分册（试行）》《江苏省水利工程设计概（估）算编制规定》《江苏省水利工程预算定额》及其他相关定额。材料价格按实施方案编制前一季度或前一个月的《江苏省工程建设材料价格信息》或《各市工程建设材料价格信息》中的价格水平考虑。

（5）根据《江苏省省级水利工程维修养护项目管理办法》的规定，水闸工程管理单位负责项目的实施，执行开工审批制度。审批表附详细的实施方案，审查重点为项目实施内容与下达的项目经费计划是否一致、技术方案是否合理、质量控制措施是否完善、设计标准及主要工程量是否调整等。

（6）水闸工程管理单位宜建立项目管理机构，明确质量、安全、经费及档案管理责任制等，严格按批复方案实施，严肃招标比价程序，对1万元以上项目进行公开比价，对50万元以上项目实行政府公开招标，其他项目均严格按照政府采购相关要求实施。

（7）水闸工程管理单位应加强现场安全管理，项目进场前必须签订安全协议，施工外来人员进场必须进行安全告知和安全培训，做好施工区安全防护和隔离，执行用电、动火申报制度，履行施工过程安全监管职责。

（8）水闸工程管理单位应加强项目质量管理，按照《水利工程施工质量检验与评定规范》（DB32/T 2334.1）和其他行业相关质量检测评定标准进行质量管理，重点加强关键工序、关键部位和隐蔽工程的质量检测管理，必要时可委托第三方检测，保留质量分项检验记录。

（9）每季开展维修养护项目实施质量、安全、经费、进度和资料档案管理等互查考核；每月统计分析通报维养项目进度情况，并将项目管理纳入各单位季度目标管理考核中，做到工程管理责任层层落实、责任到人。

（10）工程完工后，水闸工程管理单位应组织工程量核定，15日内完成财务审计，确保经费专款专用。工程管理单位及时组织工管、财务、监察等相关部门进行竣工验收，对30万元以上项目应进行重点验收。项目管理规范，施工质量良好，经费专款专用，所有项目均开展竣工决算审计，并出具审计报告单。

（11）水闸工程管理单位应认真执行《江苏省水利工程维修养护项目管理卡》制度，日常项目管理资料全面、规范，做到招投标资料、合同协议、安全管理资料、结算审计过程资料、材料设备质保书、质量检验资料、验收报告等作为管理卡附件全部整理归档。按照《江苏省省级水利工程维修养护项目管理卡（试行）》的要求，从规范项目管理卡格式入手，严查招标采购、安全管理、质量验收、结算审计等过程记录资料，确保资料的真实性、完整性、规范性和准确性，做到所有维修养护项目管理卡资料均按档案管理要求整编入档。

（12）水闸工程维修项目管理卡参见《水闸工程管理规程》（DB32/T 3259）附录 D。

规程、规范和技术标准及相关要求：

（1）《水闸工程管理规程》（DB32/T 3259）

（2）《中央财政水利发展资金使用管理办法》

（3）《江苏省省级水利发展资金管理办法》

（4）《江苏省水利工程维修养护及防汛专项资金财务管理办法》

（5）《江苏省省级水利工程维修养护项目管理办法》

（6）《江苏省省属水利工程维修养护工程项目管理卡》

备查资料：

（1）水闸工程维修项目管理办法及批复文件；

（2）水闸工程维修项目管理卡（注：选取三年典型维修项目管理资料）；

（3）水闸工程××重大维修项目公开招投标资料（注：选取三项进行招投标的典型维修项目管理资料）；

（4）水闸工程检修试验记录表。

参考示例：

工程检修试验记录表（见表4-46）

表 4-46 工程检修试验记录表

修试时间	修试项目	结果或数据	修试者	备注

六、混凝土工程的维修养护

考核内容： 混凝土结构表面整洁；对破损、露筋、裂缝、剥蚀、严重碳化等现象采取保护措施及时修补；消能设施完好；闸室无漂浮物。

赋分原则： 混凝土结构表面不整洁，扣 5 分；破损、露筋、剥蚀等，每处扣 2 分；严重裂缝，每处扣 4 分；严重碳化，扣 5 分；消能设施有缺陷，扣 10 分；闸室有漂浮物，扣 5 分。

条文解读：

（1）混凝土结构是水闸工程的主要部分，易产生破损，尤其是公路桥的栏杆和通航功能的闸孔，应采取有效的保护措施确保完好。

（2）启闭机房、排架、闸墩、公路桥、工作便桥、工作桥等混凝土结构无裂缝、缺失、碳化、剥落和损坏等。

（3）工程排水设施应完好，混凝土结构表面无渗漏、无窨潮。

（4）处于污水及污染环境的混凝土表面应采取防护措施。

（5）混凝土建筑物出现裂缝后，应加强检查观测，查明裂缝性质、成因及其危害程度，据以确定修补措施。混凝土的微细表面裂缝、浅层缝及缝宽小于水上区 0.2mm、水位变化区（淡水 0.25mm、海水 0.2mm）、水下区 0.3mm 最大允许值时，可不予处理或采用涂料封闭。缝宽大于规定时，则应分别采用表面涂抹、表面粘补、凿槽嵌补、喷浆或灌浆等措施进行修补。

（6）水闸工程水下混凝土结构及消能设施完好；应定期进行水下检查，确保设施无裂缝、损坏等，消力池内无杂物。

（7）闸室包括上、下游引河和闸门门体上，不应有漂浮物和其他影响环境的杂物；护坡如采用砼结构，其表面应平整、无裂缝、无杂物，分缝内无杂草、杂树。

规程、规范和技术标准及相关要求：

《水闸工程管理规程》（DB32/T 3259）

备查资料：

（1）水闸工程维修项目管理卡；

（2）水闸工程检修试验记录表；

（3）水闸工程日常巡视记录表；

（4）水闸工程定期检查表；

（5）水闸工程专项检查表；

（6）水闸工程水下检查记录表；

（7）水闸工程混凝土结构表面完好图片资料。

七、砌石工程的维修养护

考核内容：砌石结构表面整洁；砌石护坡、护底无松动、塌陷、缺损等缺陷；浆砌块石墙身无渗漏、倾斜或错动，墙基无冒水冒沙现象；防冲设施（防冲槽、海漫等）无冲刷破坏。

赋分原则：砌石结构表面不整洁，扣 5 分；护坡、护底有缺陷，扣 5 分；浆砌石墙身有异常，扣 5 分；防冲设施冲刷破坏，扣 5 分。

条文解读：

（1）上下游引河护坡如采用干砌石结构，其表面应平整，无杂草、杂树及杂物，块石无松动和空洞；如采用浆砌石结构，其表面应平整，无杂草、杂树及杂物，勾缝无脱落。

（2）水闸工程管理单位应确保防冲设施状况完好，并定期进行水下检查。

（3）砌石挡墙排水设施应完好，表面无裂缝、缺失和损坏，如发现挡墙有错动，应加强检查和观测，及时组织鉴定以确保工程安全。

（4）浆砌石挡墙沉降缝填料应完好，如有流失应及时维修。

规程、规范和技术标准及相关要求：

《水闸工程管理规程》（DB32/T 3259）

备查资料：

（1）水闸工程维修项目管理卡；

（2）水闸工程检修试验记录表；

（3）水闸工程日常巡视记录表；

（4）水闸工程定期检查表；

（5）水闸工程专项检查表；

（6）水闸工程水下检查记录表；

（7）水闸工程砌石结构表面完好图片资料。

八、防渗、排水设施及永久缝的维修养护

考核内容： 水闸防渗设施有效；反滤设施、减压井、导渗沟、排水设施等完好并保持畅通；排水量、浑浊度正常；永久缝完好；止水效果良好。

赋分原则： 防渗设施有缺陷未及时采取有效措施，此项不得分。

反滤设施、减压井、导渗沟、排水设施等有缺陷、堵塞，扣5分；永久缝损坏，填料老化、脱落、流失，扣5分；止水失效，扣5分；未采取保护措施及时修补，扣5分。

条文解读：

（1）水闸工程管理单位应加强巡视检查，确保减压井、导渗沟、排水设施等完好，如有缺陷、堵塞应及时维修。

（2）水闸工程管理单位应加强检查，确保永久缝无损坏，填料无老化、脱落、流失；如发现工程设施异常应加强巡视检查，并及时维修。

（3）水闸工程管理单位应加强检查，确保止水完好；止水设施损坏，可用柔性化材料灌浆，或重新埋设止水予以修复。

（4）水闸工程管理单位对检查中发现的问题应加强监视、检测，在维修养护项目实施前应采取可靠的保护措施，并及时修补。

规程、规范和技术标准及相关要求：

《水闸工程管理规程》（DB32/T 3259）

备查资料：

（1）水闸工程维修项目管理卡；

（2）水闸工程检修试验记录表；

（3）水闸工程日常巡视记录表；

（4）水闸工程定期检查表；

（5）水闸工程专项检查表；

（6）水闸工程水下检查记录表；

（7）水闸工程防渗、排水设施及永久缝完好图片资料。

九、土工建筑物的维修养护

考核内容： 岸坡无坍滑、错动、开裂现象；堤岸顶面无塌陷、裂缝；背水坡及堤脚完好，无渗漏；堤坡无雨淋沟、裂缝、塌陷等缺陷；堤顶路面完好；岸、翼墙后填土区无跌落、塌陷；河床无严重冲刷和淤积。

赋分原则： 岸坡有缺陷，扣5分；堤岸顶（坡）面及堤顶路面有缺陷，扣5分；背水坡及堤脚有渗漏、破坏，扣5分；岸、翼墙后填土区有跌落、塌陷，扣5分；河床严重冲刷和淤积，扣10分；维修养护记录不规范，扣5分。

条文解读：

（1）水闸工程管理单位应加强土工结构的建筑物的巡视检查和维修养护，确保其状况完好；上下游护坡等表面应平整，无裂缝、无动物巢穴、无杂物，分缝内无杂草、杂树；堤顶道路应完好，无大面积坑塘，排水设施畅通。

（2）水闸工程的岸坡，应有相应的检查、观测资料说明对工程安全无影响。

（3）水闸工程的岸、翼墙后填土区应没有跌落、塌陷，无水土流失。如发现有渗漏，应加强对渗漏点水流特点的监视检查，组织专项安全会议，制订方案，及时处理。

（4）水闸工程管理单位应定期进行河道断面测量和水下检查，对河床冲淤情况进行分析，如有必要及时通过维修项目处理。相关工程检查、维修养护、观测分析资料应规范、完整、齐全。

规程、规范和技术标准及相关要求：

《水闸工程管理规程》（DB32/T 3259）

备查资料：

（1）水闸工程维修项目管理卡；

（2）水闸工程检修试验记录表；

（3）水闸工程日常巡视记录表；

（4）水闸工程定期检查表；

（5）水闸工程专项检查表；

（6）水闸工程水下检查记录表；

（7）水闸工程土工建筑物完好图片资料。

十、闸门维修养护

考核内容： 钢闸门表面整洁，无明显锈蚀；闸门止水装置密封可靠；闸门行走支承零部件无缺陷；钢门体的承载构件无变形；吊耳板、吊座没有裂纹或严重锈损；运转部位的加油设施完好、畅通；寒冷地区的水闸，在冰冻期间应因地制宜地对闸门采取有效的防冰冻措施。

赋分原则： 闸门表面不整洁，每扇扣 $10/n$ 分（n 为闸门总数）；出现严重锈蚀，每扇扣 $30/n$ 分；闸门漏水超规定，每扇扣 $30/n$ 分；闸门行走支承有缺陷，每扇扣 $10/n$ 分；承载构件变形，每扇扣 $10/n$ 分；连接件损坏，每扇扣 $10/n$ 分；加油设施损坏，每扇扣 $10/n$ 分；冰冻期间未对闸门采取防冰冻措施，扣 5 分。

条文解读：

（1）水闸工程管理单位应对闸门（孔）编号，编号原则：面对下游，从左至右按顺序编号；编号标识应醒目清晰，并能在夜间清晰辨识。

（2）水闸工程管理单位应加强对闸门的维修养护，闸门外表应无明显锈蚀、变形和损坏；闸室无垃圾等漂浮物。

（3）闸门止水密封良好，无严重漏水现象。闸门漏水规定：运行后漏水量不得超过 0.15L/（s·m）。

（4）闸门的行走支承：平面钢闸门行走支承部分是否灵活可靠，主、侧滚轮，各种轨道表面是否平整。闸门运行时有无异常响声等不良现象，预埋件是否出现松动、变形或脱落现象。弧形钢闸门行走支承部分是否灵活可靠，支铰轴、支臂杆有无脱焊、局部变形。横拉闸门行走支承部分包括底轨，主、侧滚轮，台车，碰头木，要定期进行潜水检查，发现淤泥及杂物要及时利用人工或水力进行清理，防止因淤积而导致卡阻。人字闸门行走支承部分是否灵活可靠，人字门顶枢、底枢、门体转轴、支臂杆、拉杆等部件润滑是否良好，支、枕垫接触是否良好，有无明显磨损。闸门运行时有无异常响声，预埋件是否出现松动、变形或脱落现象。

（5）闸门的承载构件及连接件：止水橡皮、止水座是否完好，发现闸门振动时，是否及时采取了调整开启高度或调整闸门止水密封等相应防振措施。吊座与门体应联结牢固，销轴的活动部位应定期清洗加油。吊耳、吊座、绳套出现变形、裂纹或锈损严重时应更换。

（6）加油设施：平面钢闸门的牛油杯及油嘴零件是否齐全、完好，油质是否合格，油路是否畅通，加油是否适当。弧形钢闸门支铰注油不便，润滑困难，尤因支臂转角小，承力面难以保留油膜，为防止日久生锈，需通过牛油杯或油嘴经常加油保养。人字闸门润滑检查要求参照平面闸门。

（7）沿海水闸和处于污水河道的钢闸门，应加强防腐措施或增加牺牲阳极保护，延长闸门使用寿命。

（8）冰冻期间应对闸门采取防冰冻措施，以化冰工程技术为主的，包括保温法、增温法、加热法、射流法、吹泡法等。

规程、规范和技术标准及相关要求：

《水闸工程管理规程》（DB32/T 3259）

备查资料：

（1）水闸工程维修项目管理卡；

（2）水闸工程检修试验记录表；

（3）水闸工程日常巡视记录表；

（4）水闸工程定期检查表；

（5）水闸工程专项检查表；

（6）水闸工程水下检查记录表；

（7）水闸工程闸门完好图片资料。

十一、启闭机维修养护

一般要求：防护罩、机体表面保持清洁；无漏油、渗油现象；油漆保护完好；标识规范、齐全。

赋分原则：防护罩、机体表面不清洁，扣3分；漏油、渗油严重，扣5分；设备锈蚀严重，扣5分；标识不规范、齐全，扣2分。

启闭机应在醒目位置标识升、降方向及指示箭头。

1. 卷扬式启闭机

考核内容：启闭机的联接件保持紧固；传动件的传动部位保持润滑；限位装置可靠；滑动轴承的轴瓦、轴颈无划痕或拉毛，轴与轴瓦配合间隙符合规定；滚动轴承的

滚子及其配件无损伤、变形或严重磨损；制动装置动作灵活、制动可靠；钢丝绳定期清洗保养，涂抹防水油脂。

赋分原则： 每台启闭机存在1项次缺陷扣10/n分（n为启闭机台数）；维修养护记录不规范，扣5分。

条文解读：

（1）启闭机钢丝绳在闸门放到底后滚筒上预留圈数不得少于4圈，且固定可靠，绳头捆绑美观、长度一致（10cm左右）。

（2）启闭机机架、电机及控制箱外壳等接地可靠，设备之间不允许跨接，接地电阻≤4Ω，接地线标色规范（10cm黄绿相间）。

（3）启闭机标色规范，转动部位红色（警告色），油杯、油标尺顶部黄色（警示色），启闭机及机架油漆颜色宜用蓝灰（PB08）色，不得选用警告或警示色。

（4）电机及抱闸线圈绝缘电阻≥0.5MΩ，测量记录规范（日期、天气、温度、仪表型号、测量人）；抱闸间隙在1mm左右，两侧间隙均匀；制动轮表面应光洁，没有凹陷、压痕和不均匀磨损，如有这类缺陷，当制动轮深度超过1mm时，制动轮表面应重新加工，并进行热处理以保证表面硬度。

（5）齿轮、滚筒、传动轴等受力部件无损伤、无锈蚀，齿轮啮合大于接触面2/3以上，无咬齿现象；联轴器联接可靠，转动方向标志齐全。

（6）启闭机上下限位可靠，开度指示准确。

（7）润滑系统油量适中（减速箱油位：大齿轮最低齿端以上2~3齿高，油杯加油需反复旋转添加，直到轴瓦端有新油挤出后，油杯加满油），润滑正常，油质合格（有检测报告）。

（8）减速箱无渗漏油现象；减速箱轴伸端、齿型联轴器密封完好，不渗油。

（9）日常检查、调整记录完整。

2. 液压式启闭机

考核内容： 供油管和排油管敷设牢固；活塞杆无锈蚀、划痕、毛刺；活塞环、油封无断裂、失去弹性、变形或严重磨损；阀组动作灵活可靠；指示仪表指示正确并定期检验；贮油箱无漏油现象；工作油液定期化验、过滤，油质和油箱内油量符合规定。

赋分原则： 供油管和排油管敷设不牢固，扣5分；油缸漏油，每个扣2分；阀组动作失灵，每个扣10分；仪表指示失灵，每表扣1分；贮油箱漏油，扣5分；油质不合格，扣10分；维修养护记录不规范，扣5分。

条文解读：

（1）油管敷设整齐美观，固定牢固，无渗漏；油管标识规范，压力油管红色，回油管黄色，示流箭头白色，闸阀黑色，关键闸阀应编号并标注开、关方向。

（2）水闸管理单位应绘制油压系统图，图上管线、闸阀标识规范，油泵、电机、闸阀、油缸、油压站（回油箱）等编号齐全，并在适当位置上墙明示，设备现场编号应与系统图编号一致。

（3）油泵及电机转动方向标志醒目，补油箱、回油箱应有油标尺，并要标示上、下限油位线。

（4）液压油应定期过滤，液压油和压力仪表应定期（两年一次）校验，并且由有资质的单位出具校验报告。

（5）油压系统溢流阀压力设置合理，换向阀和手动回油阀工作可靠。

（6）活塞杆表面光滑，无污垢，有防尘套保护。

（7）开度仪工作正常，开度指示准确。

（8）液压站机架、回油箱、补油箱、油泵及电机外壳、管道等应可靠接地，设备之间不允许跨接，接地电阻≤4Ω。

（9）日常检查、调整记录完整。

3. 螺杆式启闭机

考核内容： 螺杆无弯曲变形、锈蚀；螺杆螺纹无严重磨损，承重螺母螺纹无破碎、裂纹及螺纹无严重磨损，加油程度适当。

赋分原则： 螺杆存在弯曲变形、严重锈蚀现象，扣10分；螺杆螺纹严重磨损，扣10分；承重螺母螺纹存在破碎、裂纹及螺纹严重磨损，扣10分；加油不符合规定，扣5分；维修养护记录不规范，扣5分。

条文解读：

（1）螺杆启闭机固定牢固，上下限机械限位、电气限位准确可靠。

（2）开度指示清晰、准确、美观。

（3）电动启闭的螺杆启闭机，联轴器联接可靠，联轴器上需加防护罩，转动部件刷红漆，电机及启闭机外壳可靠接地，设备之间不允许跨接，接地电阻≤4Ω，减速箱油位适中，油质合格。

（4）有限载保护的螺杆启闭机，弹簧压力调整合理，限载可靠。

（5）传动齿加油适中，无磨损，螺杆无弯曲变形及锈蚀。

规程、规范和技术标准及相关要求：

《水闸工程管理规程》（DB32/T 3259）

备查资料：

（1）水闸工程维修项目管理卡；

（2）水闸工程检修试验记录表；

（3）水闸工程日常巡视记录表；

（4）水闸工程定期检查表；

（5）水闸工程专项检查表；

（6）水闸工程启闭机油质化验报告；

（7）水闸工程启闭机压力仪表、配套电机试验报告；

（8）水闸工程启闭机完好图片资料。

十二、机电设备及防雷设施的维护

考核内容： 对各类电气设备、指示仪表、避雷设施、接地等进行定期检验，并符合规定；各类机电设备整洁，及时发现并排除隐患；各类线路保持畅通，无安全隐患；备用发电机维护良好，能随时投入运行。

　　赋分原则：未按规定进行定期检验，每项扣5分；电气设备维护不到位，存在安全隐患等，扣5分；线路存在严重隐患，扣5分；自备电源未按有关规定维护，扣5分；维修养护记录不规范，扣5分。

　　条文解读：

　　（1）变配电室应在醒目位置悬挂电气一次系统图，图上设备名称、开关编号和出线名称标注清晰、规范，现场设备名称和开关编号应与图上一致。

　　（2）变压器、开关柜、控制箱、电机、发电机等外壳整洁，无尘、无污、无锈；电机接线盒防潮密封橡皮完好，压线螺栓无锈蚀、松动，轴承润滑良好，无松动、磨损和异常声响；变配电线路、开关柜、控制箱、电机及抱闸线圈、发电机等绝缘电阻值应定期检测，并且有测量记录。

　　（3）开关柜、控制箱、配电箱等名称、编号齐全，柜（箱）前后均应有名称和编号，且前后一致；开关柜门内侧应放置接线图；开关柜、控制箱、配电箱前后均应放置绝缘垫；开关柜、控制箱、配电箱内部整洁，接线可靠，接线端子应粘贴试温蜡片或示温纸；线头标号齐全、清楚，所有电缆均应挂牌，电缆挂牌上标明有电缆编号、型号、长度及走向；设置在露天的开关柜、控制箱、配电箱应有防雨、防潮措施。

　　（4）有SF_6断路器的应检查压力表（应对照温度－压力曲线），压水表（或带指示密度控制器）指示应在规定的范围内，并定期记录压力、温度值；气体值是否正常、是否有漏气现象；分、合闸指示灯是否正常，断路器的一、二次接线是否正常，分合操作机构是否有异样、是否正常储能；有无放电现象，箱体是否有螺栓松动现象；并按相关规定进行年度检验。

　　（5）高压开关柜防护等级应符合规范要求，并且具备"五防"功能；变配电室门窗应配备纱门纱窗，有条件的可设置制冷设备，以利设备通风散热；变配电室门窗、电缆沟、开关柜、控制箱、配电箱等密封完好，以防小动物进入发生事故；变配电室应配置灭火器材、防火砂箱，入口处应设置安全警示标志标牌；变配电室应配置阻燃型防火门，并向外开启。

　　（6）各种电力线路、电缆线路、照明线路均应防止漏电、短路、断路、虚连等现象，经常清除架空线路下的树障，保持线路畅通，定期测量导线绝缘电阻值。

　　（7）电气安全用具及避雷器应按供电部门的有关规定定期校验，校验后张贴校验合格标签，标明检定日期和有效期。变配电室应配备安全工具柜，并由专人负责管理，定期检查。安全工具柜应放置2双绝缘鞋、2副绝缘手套、验电器、万用表、兆欧表、接地线、安全标志标牌和应急检修工具等。

　　（8）电气测量仪表的检验和校验应符合有关技术要求，控制柜和配电柜上仪表的定期检验和校验应与该仪表所连接的主要设备的大修日期一致，其他表盘上的仪表每4年至少1次。等级指数等于和小于0.5的仪表检定周期一般为1年，其余仪表检定周期一般为2年。根据仪表使用条件和使用时间的不同，也可由用户的检定单位商定仪表的检定间隔。

　　（9）自备电源的柴油发电机按有关规定定期维护、检修；变压器应按规定定期进行预防性试验，油浸变压器还应进行油质化验，并出具试验报告和油质化验报告。

（10）防雷设施（避雷针、避雷器、避雷线、避雷带等）应在每年汛前请有资质的部门进行检测，并出具检测报告。

规程、规范和技术标准及相关要求：

（1）《电测量指示仪表检验规程》（SD110）

（2）《电流表电压表功率表及电阻表检定规程》（JJG124）

（3）《电力设备预防性试验规程》（DL/T 596）

（4）《六氟化硫电气设备、试验及检修人员安全防护导则》（DL/T 639）

备查资料：

（1）水闸工程维修项目管理卡；

（2）水闸工程检修试验记录表；

（3）水闸工程日常巡视记录表；

（4）水闸工程定期检查表；

（5）水闸工程专项检查表；

（6）水闸工程油浸变压器油质化验报告；

（7）水闸工程高低压配电设备、高压电缆、仪表、安全工具试验报告；

（8）水闸工程防雷检测报告；

（9）水闸工程备用电源定期试机记录；

（10）水闸工程配电房停、送电操作记录；

（11）水闸工程检修工作票；

（12）水闸工程电气设备、备用电源等完好图片资料。

参考示例：

电气设备预防性试验项目与周期（见表4-47）

表4-47 电气设备预防性试验项目与周期

序号	试验项目		试验周期	备注
	设备名称	试验内容		
1	电动机、发电机绝缘	定子绕组绝缘电阻测量	1年	
2	热继电器 电动机保护器	保护动作检测		
3	电气设备、电缆桥架、配电房等	接地电阻测量		
4	电气仪表	电气仪表检验		
5	变压器	绝缘电阻吸收比测量	1年	干式、油浸式
		绕组直流电阻测量	1年	干式、油浸式
		交流耐压试验	3年	干式、油浸式
		绝缘油试验	1年	油浸式
6	避雷器	绝缘电阻测量	1年	每年雷雨季节前
		电气特性试验	1年	每年雷雨季节前

续表

序号	试验项目		试验周期	备注
	设备名称	试验内容		
7	过电压保护器	绝缘电阻测量	1年	每年雷雨季节前
		工频放电电压测量	1年	每年雷雨季节前
8	10kV母线	绝缘电阻测量	1年	
		交流耐压试验	1年	
9	绝缘棒、绝缘挡板绝缘罩、绝缘夹钳	交流耐压试验	1年	
10	验电笔	交流耐压试验	半年	
11	绝缘手套、橡胶绝缘靴	交流耐压试验、泄漏电流	半年	

十三、控制运用

考核内容： 制订水闸控制运用计划或调度方案；按控制运用计划或上级主管部门的指令组织实施；操作运行规范。

赋分原则： 无控制运用计划或调度方案，此项不得分。

未按计划或指令实施水闸控制运用，每发生1次扣10分；违反操作运行规程，每次扣10分。

条文解读：

（1）水闸管理单位应有经上级行政主管部门批准的控制运用计划或调度方案。参见《洪水调度方案编制导则》（SL596）。

（2）水闸管理单位应制定运行值班制度及闸门、启闭机操作运行规程。

（3）水闸管理单位对调度指令的接受与下达、执行应有详细记录。

（4）水闸管理单位应有水闸运行记录和巡视检查记录。

（5）水闸管理单位应每年对工程运行时间、水量等进行统计汇总。

规程、规范和技术标准及相关要求：

（1）《水闸工程管理规程》（DB32/T 3259）

（2）《洪水调度方案编制导则》（SL596）

备查资料：

（1）水闸工程调度方案；

（2）水闸工程操作运行规程；

（3）水闸工程调度方案、操作规程的批复文件；

（4）水闸工程调度记录；

（5）水闸工程闸门启闭操作记录；

（6）水闸工程配电房操作记录；

（7）水闸工程调度运行规程制度；

（8）水闸工程调度运行规程的培训演练资料。

参考示例：

（1）水闸工程操作运行规程编制要点

水闸工程操作运行规程应包括：范围、规范性引用文件、水闸运行管理、闸门启闭运行、辅助设备运行、异常运行情况处理、附录等。

水闸运行管理应包括：一般规定、运行岗位职责、运行交接班、运行闸门操作、运行巡查。

闸门启闭运行应包括：一般规定、启闭前的准备、电源投入、监控系统运用、辅助设备投运、启门操作、闭门操作、电源投入切出。

异常运行情况处理应包括：运行故障处理流程、常见问题处理方法。

（2）水闸调度运行方案编制要点

① 水闸概况

介绍水闸工程概况及除险加固后的情况。

② 工程设计指标及防洪标准

××闸为××型××级水工建筑物，××闸设计引水位××m（黄海高程，下同），最高运用水位××m，设计防洪水位××m，校核防洪水位××m。按规定采用的防洪标准洪水重现期（年）为××年一遇。

③ 水闸调度原则

根据实际制定调度运行原则。

④ 水闸调度方案

例如：当发生流量洪水，对应设计防洪水位时，水闸全部关闭防洪；当闸前水位低于最高运用水位××m时，按照调度指令进行开闸引水，高于××m时应关闸停止引水，并采取必要的安全防护措施；闸前水位在设计引水位××m及以下时，在调度要求范围内有计划地进行引水。

（3）工程调度记录（见表4-48）

表4-48 工程调度记录

工程名称：

时间	发令人	接受人	执行内容	执行情况	备注

（4）闸门启闭记录（见表4-49）

表4-49 闸门启闭记录

工程名称：　　　　　第　号　　　　　　　　　　年　月　日　　　天气：

闸门启闭缘由				
闸门启闭准备	项目	执行内容		执行情况
	确定开闸孔数和开度	根据"始流时闸下安全水位－流量关系曲线""闸门开高－水位－流量关系曲线"确定下列数值： 开闸孔数：　　孔　　闸门开度：　　　m 相应流量：　　m³/s		
	开闸预警	预警方式（拉警报、电话联系、现场喊话）、预警时间		
	上下游有无漂浮物	是否有、是何物、到闸口距离等如何处理、结果如何		
	送配电			
闸门启闭情况	闸门启闭时间	时　　分起～　　时　　分止		
	闸孔编号			
	启闭顺序			
	闸门开高（m） 启闭前			
	闸门开高（m） 启闭后			
水位（m）	启闭前	上游		下游
	启闭后	上游		下游
	流态、闸门振动等情况			
	启闭后相应流量：＿＿＿＿＿＿ m³/s			
	发现问题及处理情况			

闸门启闭现场负责人：　　　　　　　　　　　操作/监护人：

（5）水闸值班记录（见表 4-50）

表 4-50　水闸值班记录

工程名称：　　　　　　　　　　　　　　　　　年　　月　　日　天气：

值班情况记录：
值班人：＿＿＿＿＿＿＿＿
交接班记录： 1. 工程运行情况： 2. 需交接的其他事项： 　交班人：＿＿＿＿＿＿　　接班人：＿＿＿＿＿＿　　交接时间：＿＿＿时＿＿＿分

（6）配电房操作记录（见表 4-51）

表 4-51　配电房操作记录

工程名称：　　　　　　　　　　　　　　　　　　　　年　　　月　　　日

停电操作		送电操作	
停电操作原因		送电操作原因	
分照明负荷开关		合高压跌落式熔断器	
分照明隔离刀闸		合低压隔离刀闸	
分动力负荷开关		合低压进线开关	
分动力隔离刀闸		合双掷开关	
分双掷开关		合动力隔离刀闸	
分低压进线开关		合动力负荷开关	
分低压隔离刀闸		合照明隔离刀闸	
分高压跌落式熔断器		合照明负荷开关	
停电操作时间： 月　　日　　时　　分		送电操作时间： 月　　日　　时　　分	
操作人		操作人	
监护人		监护人	
安全措施			
备注			

（7）操作票（见表4-52）

表4-52 操作票

工程名称：　　　　　　编号：　　　　　　　　　　　　　年　　月　　日

操作任务：		
操作记号（√）	顺序	操作项目
发令人：＿＿＿＿＿＿		
发令时间：＿＿＿＿年＿＿＿月＿＿＿日＿＿＿＿时＿＿＿＿分		
受令人：＿＿＿＿＿＿	操作人：＿＿＿＿＿＿	监护人：＿＿＿＿＿＿

操作开始时间	年　　月　　日　　时　　分
操作完成时间	年　　月　　日　　时　　分
备注	

十四、管理现代化

考核内容：有管理现代化发展规划和实施计划；积极引进、推广使用管理新技术；引进、研究开发先进管理设施，改善管理手段，增加管理科技含量；工程监视、监控、监测自动化程度高；积极应用管理自动化、信息化技术；设备检查维护到位；系统运行可靠，利用率高。

赋分原则：无管理现代化发展规划和实施计划，扣10分；办公设施现代化水平低，扣5～10分；未建立信息管理系统，扣5分；未建立办公局域网，扣5分；未加入水信息网络，扣5分；工程未安装使用监视、监控、监测系统，每缺1项扣5分；设备检查维护不到位，扣5分；运行不可靠扣10分，使用率低，扣5分。

条文解读：

（1）水闸管理单位应编制管理现代化发展规划和实施计划，并报上级部门审批后实施。

（2）新材料、新技术、新设备、新工艺开发运用有推广证明材料。

（3）采用计算机监控系统实现自动监视和控制的水闸应根据各自具体情况，制定计算机监控系统运行管理制度。

（4）水闸计算机监控系统各执行元件动作可靠，各项测量数据准确，各种统计报表完整，运行正常，利用率高；监控系统操作权限明确，监控设备维护及控制室有管理制度，并上墙明示。

（5）水闸上下游引河、闸孔、工作桥、公路桥、启闭机房、变配电室、机房及办公区等应安装视频监视系统。

（6）水情自动测报设施、工程观测设施、监测设备运行正常，使用率高；数据采集、计算、分析准确及时。

（7）开发本单位信息管理系统和内部办公局域网，办公自动化程度高，网络安全可靠并与工程监控网络物理隔离，能够有效防止外来人员对网络的侵入。

（8）历史数据应定期转录并存档，软件修改前后必须分别进行备份，并做好修改记录。

规程、规范和技术标准及相关要求：

（1）《水闸工程管理规程》（DB32/T 3259）

（2）《水电厂计算机监控系统运行及维护规程》（DLT 1009）

（3）《视频安防监控系统工程设计规范》（GB 50395）

备查资料：

（1）水闸工程现代化规划；

（2）水闸工程现代化实施计划；

（3）水闸工程信息化建设规划；

（4）水闸工程管理信息系统方案；

（5）水闸工程监控系统方案；

（6）水闸工程维修项目管理卡（自动化系统）；

（7）水闸工程检修试验记录表（自动化系统）；

（8）水闸工程日常巡视记录表；

（9）水闸工程定期检查表；

（10）水闸工程专项检查表；

（11）水闸工程新材料、新技术应用推广证明；

（12）水闸工程自动化监控系统图片资料。

参考示例：

（1）水闸工程现代化规划编制要点

水闸工程现代化规划应包括：工程现状与形势分析、现代化内涵与指标、指导思想与总体目标、工程管理、防汛防旱及应急能力建设、工程设施建设、信息化建设、实施计划、保障措施等。

（2）水闸工程信息化建设规划编制要点

水闸工程信息化建设规划应包括：工程概况、信息化现状和存在问题、信息化建设目标、工程监控系统、水文信息化系统、数据管理系统、防汛防旱决策系统、电子政务系统、移动应用系统、投资规模与实施计划等。

第三节　河道工程

河道工程运行管理共 13 条 420 分，包括管理细则、日常管理、堤身、堤防道路、河道防护工程、穿堤建筑物、害堤动物防治、生物防护工程、工程排水系统、工程观测、河道供排水、标志标牌、管理现代化等。

一、管理细则

考核内容：结合工程具体情况，及时制定完善的技术管理实施细则，并报经上级主管部门批准。

赋分原则：未制定技术管理实施细则，此项不得分。未及时修订技术管理实施细则，扣5分；可操作性不强，扣5分；未经上级主管部门批准，扣10分。

条文解读：

（1）工程管理单位要结合工程实际情况编制管理实施细则，内容齐全，针对性、可操作性强。

（2）管理实施细则主要包括以下内容：工程概况、工程主要设计指标、工程存在的险工隐患段、检查与监测、养护与维修、生物防护工程养护、附属设施养护维修、动物危害防治、穿堤建筑物管理、安全管理、技术档案管理等。

（3）管理单位要根据工程或管理工作的变化及时修订管理实施细则，并报上级主管部门批准。

（4）管理多条河道的水管单位，对不同的河道须制定不同的管理实施细则。

规程、规范和技术标准及相关要求：

《水利部河道堤防工程管理通则》（SLJ 703）

备查资料：

（1）堤防工程技术管理实施细则；

（2）堤防管理所关于请求审批《×××堤防工程技术管理实施细则》的请示；

（3）关于《×××堤防工程技术管理实施细则》的批复。

参考示例：

堤防工程技术管理实施细则编制要点

堤防工程技术管理实施细则应包括：总则、堤防基本情况、检查与监测、养护与修理、生物防护工程养护、附属设施养护修理、动物危害防治、穿堤建筑物管理、其他管理，以及相关附表、附图。

总则包括：目的、适用范围、管理单位情况、管理范围、管理工作主要内容及制度、引用标准等。

堤防基本情况包括：工程概况、工程主要设计指标、历史演变及历次加固情况、险工隐患情况。

检查与监测包括：堤防工程检查分类和次数、检查的项目和内容、检查方法和要求、堤防工程安全监测内容、工程观测设施布置、工程观测要求等。

养护与修理包括：养护维修项目管理规定；堤身工程养护、堤身工程修理、护岸控导工程养护、护岸控导工程修理、穿跨堤建筑物与堤防接合部养护修理等内容和要求。

生物防护工程养护包括：一般规定；草皮养护修理、林木防护工程养护、林木采伐内容和要求。

附属设施养护修理包括：里程桩、界碑、标志牌、观测设施养护，防汛物料管理，设备管理，养护、办公、生活区管理内容和要求。

动物危害防治包括：一般规定；獾及鼠类危害防治、白蚁危害防治。

穿跨堤建筑物根据穿跨堤建筑物种类分别编写。

其他管理包括：一般规定；管理考核、涉水项目及水政管理、安全管理、技术档案管理。

二、日常管理

考核内容：堤防、河道整治工程和穿堤建筑物有专人管理，按章操作；管理技术操作规程健全；定期进行检查、维修养护，记录规范；按规定及时上报有关报告、报表。

赋分原则：无专人管理，扣 10 分；操作规程不全，每缺 1 项扣 2 分；没有定期进行运行检查、维修养护，扣 10 分；各种记录不清楚、不规范，扣 5 分；技术报告、报表每缺 1 项扣 2 分。

条文解读：

（1）应有较完善的组织体系和制度体系，管理责任网络、操作规程应明示；每一段堤防和每一座穿堤建筑物在现场均应设立管理责任牌，责任牌需明确管理堤段长度（桩号）、管理责任人和检查考核责任人。

（2）管理制度、操作规程需上墙公示。

（3）管理制度及操作规程齐全、针对性强。

（4）检查、维修养护记录真实完整；提供近三年检查、维修养护台账。

（5）年度检查、维修养护工作总结、报告、报表。

规程、规范和技术标准及相关要求：

（1）《江苏省堤防工程技术管理办法》

（2）《水利部河道堤防工程管理通则》（SLJ 703）

备查资料：

（1）堤防管理组织体系；

（2）岗位责任制、操作规程、技术管理规程；

（3）日常检查记录，汛前、汛后检查记录表及年度检查报告；

（4）维修养护资料；

（5）有关资料证明；

（6）年度检查、维修养护工作总结、报告、报表。

参考示例：

（1）管理责任牌（见表 4-53）

表 4-53　管理责任牌

巡查人	考核责任人	巡查范围
×××	×××	××k + ×××× ~ ××k + ××××

（2）管理制度操作规程

管理制度操作规程主要包括：岗位责任制、维修养护项目管理制度、防汛工作制度、运行值班和交接班制度、巡视检查制度、监测工作制度、各类穿堤闸站设备检修规程和操作规程、物资和器材使用管理制度、安全生产和安全保卫制度、技术档案归档与管理制度、职工教育与培训制度、环境保护制度、目标考核与奖惩制度、其他有关制度。

（3）堤防巡视检查规程编制要点

堤防巡视检查规程应包括：工程基本情况、工程巡视检查分类和内容、工程巡视检查方法、工程巡查范围及责任人、工程巡查路线、工程巡查前准备、异常情况处理、技术资料管理、防汛应急响应下堤防巡查规定、水政巡查、危险源辨识与事故防控及堤防巡查路线示意图、附表等。

工程巡视检查分类和内容应包括：一般规定、日常检查内容、定期检查内容、特别检查内容。

工程巡视检查方法应包括：一般规定、眼看、耳听、脚踩、手摸、尺量。

工程巡查路线应包括：一般规定、各巡查路线及检查部位。

防汛应急响应下堤防巡查规定应包括：应急响应启动程序、各应急响应巡查要求。

（4）堤防生物防护工程技术管理规程编制要点

堤防生物防护工程技术管理规程应包括：工程基本情况、植被检查、植被养护管理及附表。

工程基本情况包括：堤防工程基本情况、植被基本情况。

植被检查包括：一般规定、日常检查、定期检查、专项检查。

植被养护管理包括：一般规定、日常养护、植被抚育、病虫害防治、防灾减灾。

（5）堤防工程经常检查表式（样式）（见表4-54）

表4-54　堤防工程经常检查表式（样式）

起止桩号：＿＿＿ k +＿＿＿ ～＿＿＿ k +＿＿＿　　巡查时间：＿＿＿年＿＿＿月＿＿＿日

天气：＿＿＿＿＿＿＿＿　　巡查人员：＿＿＿＿＿＿＿＿＿＿＿＿＿＿＿

巡查项目	巡查内容	损坏或异常情况	处理措施
堤防外观	（1）堤顶：有无凹陷、裂缝、残缺，相邻两堤段之间有无错动。挡浪墙有无裂缝、倾斜、错落、倒塌等情况		
	（2）堤坡：有无雨淋沟、滑坡、裂缝、塌坑、洞穴，有无杂物垃圾堆放，有无害堤动物洞穴和活动迹象，有无渗水		
	（3）坡脚：有无隆起、下沉、冲刷、残缺、洞穴等		
护堤地	护堤地（青坎地）和堤防工程保护范围：背水坡以外有无管涌、渗水等		

巡查项目	巡查内容	损坏或异常情况	处理措施
堤岸防护（一、二级坡）	（1）坡面是否平整、完好，砌体有无松动、塌陷、脱落、架空、垫层淘刷等情况。底坎掏空、断裂、损失情况		
	（2）护坡上有无杂草、杂树和杂物等		
	（3）浆砌石变形缝是否正常完好，坡面是否发生局部侵蚀、裂缝或破碎老化，排水孔是否顺畅		
	（4）护坡体表面有无凹陷、坍塌，护脚平台及坡面是否平顺，坡脚有无松动		
防渗及排水设施	（1）防渗设施保护层是否完整		
	（2）排水沟进口处有无空洞暗沟，沟身有无凹陷、断裂、接头漏水、堵塞，出口有无冲坑悬空		
	（3）排水导渗体有无堵塞现象		
管理设施	（1）各种观测设施是否完好，能否正常观测，是否受人为活动影响		
	（2）观测设施的标志、盖锁等是否丢失或损坏；观测设施及周围有无动物巢穴		
	（3）防汛道路是否平整、坚实、通畅		
	（4）堤防通信设施和通信设备、消防设备有无损坏		
	（5）堤防上的里程碑、百米桩、界碑、界标、警示牌、护路杆等是否有丢失或损坏		
	（6）护堤段房屋有无损坏、漏雨等情况		
防汛抢险设施	（1）防汛积石变化情况		
	（2）备用电源是否正常		
生物防护工作	防浪林带、护堤林带的树木有无老化和缺损现象，是否有人为破坏、病虫害及缺水等现象		
其他	（1）有无违章建筑		
	（2）有无放牧现象		
	（3）风浪情况		
	（4）其他需要说明的情况		

注：本表用于工程经常检查，主要由巡查护堤员及工程技术人员填写，无损坏或异常填写"无"。

（6）定期检查记录表（见表4-55）

表4-55　定期检查记录表

起止桩号：＿＿k＋＿＿～＿＿k＋＿＿　　巡查时间：＿＿年＿＿月＿＿日

天气：＿＿＿＿＿＿＿＿　　检查人员：＿＿＿＿＿＿＿＿＿＿＿＿＿

一、迎水坡			
防浪林覆盖率、长势、病虫害情况			
一级块石护坡有无裂缝、松动、架空、隆起、坍塌、垫层流失等情况			
防浪林有无高秆杂草			
二、堤顶			
挡浪墙顶高程是否满足要求			
挡浪墙是否有裂缝、松动、缺损等情况			
防汛道路路面是否平整，宽度、高差是否满足要求			
二级块石护坡有无裂缝、松动、架空、隆起、坍塌、垫层流失等情况			
堤顶宽度、高程是否满足设计要求			
三、背水坡			
防护林覆盖率、长势、病虫害情况			
草皮护坡长势是否良好，有无高秆杂草			
坡脚有无散浸、渗漏、管涌、流沙和不正常隆起情况			
四、导渗设施			
导渗沟是否通畅，有无杂物		导渗沟是否有断裂、破损现象	
渗水量观测			
五、里程碑、百米桩			
是否有缺损		标志是否清晰	
六、界桩			
是否有缺损		标志是否清晰	
七、防汛物料			
堆放是否整齐		有无偷盗现象	
八、检查结论			
存在问题			
处理意见			

（7）堤防工程定期检查报告编制要点

堤防工程定期检查报告应包括：工程概况，定期检查开展情况，检查结果（包括度汛准备情况），与以往检查结果的对比、分析和判断，异常情况及原因初步分析，检查结论及建议，检查组成员签名，定期检查表等。

工程概况应包括：工程的基本情况。

定期检查开展情况应包括：如何组织、时间安排，采取的工作措施（工程措施、非工程措施）。

检查结果应包括：文字说明、表格、略图、照片等。

与以往检查结果的对比、分析和判断应包括：定性和定量分析等。

异常情况及原因初步分析应包括：异常情况、原因初步分析等。

（8）堤防工程特别巡视检查报告编制要点

堤防工程特别巡视检查报告应包括：工程概况、特别巡视检查情况、检查结果、存在问题及原因分析、检查结论及建议、检查组成员签名、特别巡视检查表等。

特别巡视检查情况应包括：特别巡视检查的原因、检查时间，检查组织情况，采取的工作措施等。

三、堤身

考核内容：堤身断面、护堤地（面积）保持设计或竣工验收的尺度；堤肩线直、弧圆，堤坡平顺；堤身无裂缝、无冲沟、无洞穴、无杂物垃圾堆放。

赋分原则：堤身断面（高程、顶宽、堤坡）、护堤地（面积）不能保持设计或竣工验收尺度，扣 20～30 分；堤肩线不顺畅，堤坡不平顺，扣 5～10 分；发现堤身裂缝、冲沟、洞穴、堆放杂物垃圾等，每处扣 5 分。

条文解读：

（1）要有堤身设计图、现状图。

（2）现场查看堤顶、堤坡、护坡、防洪墙、防浪墙、防渗及排水设施。

（3）要有堤身检查记录，特别是在检查中发现的问题及处理意见。

（4）护堤地（长度、宽度、面积）应满足《江苏省水利工程管理条例》第六条的规定。

规程、规范和技术标准及相关要求：

《江苏省堤防工程技术管理办法》

备查资料：

（1）堤身情况说明；

（2）堤身设计图、现状图；

（3）堤身检查记录；

（4）裂缝检查记录；

（5）堤防养护维修资料。

参考示例：

堤防工程裂缝检查记录表（见表4-56）

表4-56　堤防工程裂缝检查记录表

日　　期：_____　　天气情况：_____　　起始桩号：_____

量测工具：_____　　量　测　人：_____　　记 录 人：_____

序号	裂缝编号	位置	走向				宽度	长度	深度	备注
			纵向	横向	倾斜	龟裂				

注：裂缝走向在对应栏内打"√"。

四、堤防道路

考核内容：堤顶（后戗、防汛路）路面满足防汛抢险通车要求；上堤辅道与堤坡交线顺直、规整；堤顶道路路面完整、平坦，无坑、无明显凹陷和波状起伏，雨后无积水。

赋分原则：堤顶路面不满足防汛抢险通车要求，扣10～20分；上堤辅道与堤坡交线不规整，扣5～10分；堤防道路路面不平，雨后有积水，扣10分。

条文解读：

（1）要有堤顶道路管理制度，包括管理人员、要求等。堤顶道路作为交通道路的应有经水行政主管部门批准的文件，交通标志、标牌规范、齐全。

（2）道路的管理与维护记录齐全。

（3）道路两侧应有完善的排水设施；里程碑、百米桩齐全，现场查看上堤辅道和堤防道路。

（4）不是交通道路的应在堤顶道路上和上堤路口设置限高限载关卡，禁止载重车辆上堤。

规程、规范和技术标准及相关要求：

《江苏省堤防工程技术管理办法》

备查资料：

（1）堤顶道路管理制度；

（2）堤顶道路标牌标志统计表；

（3）堤顶道路检查、维修养护资料。

参考示例：

堤顶道路管理制度

堤顶道路管理制度应包括：工程基本情况、堤顶道路检查管理人员及要求、堤顶道路检查、堤顶道路养护管理等。

五、河道防护工程

考核内容：河道防护工程（护坡、护岸、丁坝、护脚等）无缺损、无坍塌、无松动；坝面平整；护坡平顺；备料堆放整齐，位置合理；工程整洁美观。

赋分原则：工程有缺损、坍塌的，每处扣 5 分；坝面不平整，扣 5 分；护坡不平顺，扣 5 分；备料堆放不整齐、位置不合理，扣 10 分；工程上杂草丛生，脏、乱、差，扣 10 分。

条文解读：

（1）要有河道的设计图、现状图。

（2）要有河道的检查防护记录，特别是缺损、坍塌的维护记录。

（3）重点堤段备料品种、数量满足防汛抢险需要，管理制度齐全，现场有管理标牌，明确备料品种、数量和责任人。

（4）查看河道防护工程现场，检查护坡、护岸、丁坝、护脚等。

规程、规范和技术标准及相关要求：

《江苏省堤防工程技术管理办法》

备查资料：

（1）河道的设计图、现状图；

（2）备料堆放位置图及统计表；

（3）河道防护工程检查及维护资料。

六、穿堤建筑物

考核内容：穿堤建筑物（桥梁、涵闸、各类管线等）符合安全运行要求；金属结构及启闭设备养护良好、运转灵活；混凝土无老化、破损现象；堤身与建筑物联结可靠，结合部无隐患、无渗漏现象；加强对穿堤建筑物的监督管理。

赋分原则：穿堤建筑物不符合安全运行要求，扣 10 分；启闭机运转不灵活、金属构件锈蚀，扣 5 分；混凝土老化、破损，扣 5 分；发现隐患、渗漏现象，扣 10 分；对穿堤建筑物监督管理不力，扣 5～10 分。

条文解读：

（1）每一座穿堤建筑物均应有名称或编号，需明确管护责任人。

（2）要有穿堤建筑物的管理制度、操作规程等，并明示。

（3）要有检查养护记录，维修工程应有设计、验收等资料。

（4）穿堤建筑物运行记录齐全，有年度运行统计汇总表。

（5）桥梁、涵闸应按规定进行安全鉴定。

（6）查看穿堤建筑物现场，检查建筑物、堤防与建筑物联结处、机电设备。

规程、规范和技术标准及相关要求：

《江苏省堤防工程技术管理办法》

备查资料：

（1）穿堤建筑物统计表；

（2）穿堤建筑物管理制度及操作规程；

（3）穿堤建筑物运用记录；

（4）年度运行统计汇总表；

（5）穿堤建筑物检查及维修养护资料（参照水闸、泵站检查记录）；

（6）穿堤建筑物安全鉴定资料。

参考示例：

穿堤建筑物管理制度

穿堤建筑物管理制度应包括：一般规定、日常检查内容和要求（建筑物、机电设备、穿堤建筑物与堤防接合部）、启闭操作要求、养护维修等。

七、害堤动物防治

考核内容： 在害堤动物活动区有防治措施，防治效果好；无獾狐、白蚁等洞穴。

赋分原则： 对害堤动物无防治措施，或防治效果不好，扣 10 分；发现獾狐、白蚁等洞穴未及时处理，每处扣 5 分。

条文解读：

（1）害堤动物普查记录和防治制度齐全。

（2）检查、防治责任人明确，防治方法、措施应明示。

（3）检查、防治要有记录。

（4）每年有害堤动物防治总结和下一年度防治计划。

（5）现场查看。白蚁防治应有达控验收报告。

规程、规范和技术标准及相关要求：

《江苏省堤防工程技术管理办法》

备查资料：

（1）害堤动物检查、防治制度；

（2）害堤动物检查、防治记录；

（3）害堤动物防治总结和计划。

参考示例：

害堤动物防治制度

害堤动物防治制度应包括一般规定、獾及鼠类危害防治、白蚁危害防治等内容。

一般规定包括：基本要求、防治范围。

獾及鼠类危害防治包括：獾、狐危害防治要求，鼠类防治要求和方法。

白蚁危害防治包括：基本要求，检（普）查、预防、灭治内容和要求。

八、生物防护工程

考核内容： 工程管理范围内宜绿化面积中绿化覆盖率达95%以上；树、草种植合理，宜植防护林的地段要形成生物防护体系；堤（坝）坡草皮整齐，无高秆杂草；堤肩草皮（有堤肩边埂的除外）每侧宽0.5m以上；林木缺损率小于5%，无病虫害；有计划对林木进行间伐更新。

赋分原则： 绿化覆盖率达不到95%，扣5分；宜植地段未形成生物防护体系，扣5分；堤（坝）坡草皮不整齐、有高秆杂草等，扣5分；堤肩草皮不满足要求，扣5分；林木缺损率高于5%，每缺损5%扣2分；发现病虫害未及时处理或处理效果不好，扣5分；无计划采伐林木，扣5分。

条文解读：

（1）要有绿化规划设计和更新改造计划。

（2）绿化覆盖率数据要有支撑材料，即绿化面积与宜绿化面积比值。

（3）制定生物防护管理制度、责任网络和防护方法，并明示。

（4）检查、维护、防治记录齐全，有年度工作总结。

（5）现场查看管理范围内树木、草皮种植情况。

规程、规范和技术标准及相关要求：

《江苏省堤防工程技术管理办法》

备查资料：

（1）绿化规划和更新规划；

（2）生物防护工程管理制度；

（3）生物防护养护记录；

（4）日常检查记录表；

（5）生物防护年度总结。

参考示例：

（1）林木采伐制度

① 堤防林木防护工程过密时和发生病虫害时，应进行抚育采伐，采伐原则是间密均匀、伐病留优，促进树木生长。

② 林木成熟老化或影响堤防稳定时应进行更新采伐，堤防管理单位应根据林木生长和单位长期发展需要，制定逐年性损坏林木更新采伐规划。

③ 堤防管理范围林木采伐应当根据有关规定编制林木采伐更新作业设计书，经所在地县以上林业主管部门和省水行政主管部门审查后，再经省林业主管部门批准后方可实施采伐。

④ 林木更新采伐一般安排在每年的冬春季节进行，采伐作业时必须将树根清除干净。

（2）生物防护工程管理制度

1 一般规定

1.1 堤防生物防护工程应因地制宜选择植物品种，不宜在较长堤段采用同一植物品种。

1.2 堤防迎水面设计洪水位以下不得种植乔木（防浪林除外），可有选择地种植一些草皮，在不影响堤防检查的情况下也可选择一些低矮灌木品种。对于树木缺损较多的林带，应适时补植或改植其他适宜树种。

1.3 堤后植物防护应以乔木为主，乔木的株行距应根据不同的树种、冠幅大小来确定。

1.4 生物防护工程的管理，应因地制宜，坚持日常养护，引进、推广先进技术、机具。

1.5 根据林木病虫害发生、发展和传播蔓延的规律，及时进行检查。防治植物病虫害应以预防为主，开展生物、化学防治与营林措施相结合的综合防治方法，发现病虫害应及早防治，保持绿化地面卫生，消灭越冬虫卵、蛹，烧毁落叶虫婴、虫茧，及时清除衰弱、病害严重植物。

1.6 堤防工程管理范围的林木由堤防管理单位负责营造，应及时制止其他法人和自然人在堤防工程管理范围种植，在生物防护时应满足堤防检查要求。堤防工程范围内的林木均应分地段进行逐株编号，并建立档案实施管理。

1.7 养护人员应防止和及时制止危害生物防护工程的人、畜破坏行为。

2 草皮养护修理

2.1 草皮护坡应经常修整、清除杂草，保持完整美观；干旱时，宜适时洒水养护。

2.2 草皮遭雨水冲刷流失或干枯坏死，应及时还原坡面，采用补植或更新的方法进行修理。

2.3 补植或更新草皮时，应符合下列要求：

1）补植草皮宜选用适宜的品种。

2）更新草皮宜选择适合当地生长条件的品种，并宜选择低茎蔓延的草种。

3）补植草皮宜带土成块移植，移植时间应适宜。

4）移植时，宜扒松坡面土层，洒水铺植，贴紧拍实，定期洒水，确保成活。

2.4 草高一般不宜超过15厘米，以免叶茎过长，影响排水，诱发病虫害。

3 林木防护工程养护

3.1 林木成活后到郁闭（植物冠幅投影面积与绿化占地面积之比，达到0.6以上时为郁闭）前，应加强抚育管理，林木养护宜符合下列要求：

1）在干旱季节和干燥地区，应及时进行人工浇水，浇水量和次数根据实情确定。

2）对枯死和病害严重的树木，应进行挖除后补植。补植的苗木规格应大于原苗木，并加强抚育管理，使其光照通风良好。必要时对周边树木枝条进行修整，保证补植苗木成活和促进生长。

3）一旦发生病虫害，应采取相应防治措施。

3.2 林木成活郁闭后，林木养护宜符合下列要求：

1）秋季植物落叶后或春季萌芽前，应进行必要的修剪抚育，使树木透光适度，通风良好。

2）对防浪林应保持适当树冠高度和枝条密度，提高削浪摇晃。

3）树木越冬前，应在距地面 1~1.5 米树干上涂白剂（参照配料：生石灰 5 公斤 + 石硫合剂原液 0.5 公斤 + 盐 0.5 公斤 + 动物肥 0.1 公斤 + 水 20 公斤）。

（3）植被日常检查表式（样式）（见表 4-57）

表 4-57　植被日常检查表式（样式）

起止桩号：＿＿ k +＿＿ ~＿＿ k +＿＿　　巡查时间：＿＿年＿＿月＿＿日　　天气：＿＿

巡查人员：＿＿＿＿＿＿＿＿＿＿＿＿＿＿＿＿＿＿＿＿＿＿

检查项目	检查内容	异常情况	具体位置
防浪林 防护林	（1）生长势、病虫害情况，有无缺损现象		
	（2）有无攀爬及寄生植物；有无折断枝及异常枯黄枝		
	（3）是否缺水、缺肥，是否需要松土、除草等		
	（4）防浪林有无积水		
草皮	（1）生长势、病虫害情况		
	（2）有无高秆杂草或灌木		
	（3）表面平整度、秃斑情况，修剪是否及时		
林地管理	（1）植被有无人为破坏或偷盗现象		
	（2）林地内是否有放牧、开垦等情况		
	（3）有无违章建设、侵占林地或破坏林地等情况		
	（4）是否存在火灾隐患		
	（5）环境卫生情况，有无杂物垃圾等		
其他	其他需要说明的异常情况		
处理意见：			

注：本表用于堤防植被日常检查，主要由护堤员及水政巡查人员填写，无异常填写"无"。

（4）植被定期检查表式（样式）（见表 4-58）

表 4-58　植被定期检查表式（样式）

起止桩号：＿＿ k +＿＿ ~＿＿ k +＿＿　　巡查时间：＿＿年＿＿月＿＿日　　天气：＿＿

检查人员：＿＿＿＿＿＿＿＿＿＿＿＿＿＿＿＿＿＿＿

检查内容	迎水坡	堤顶	背水坡
防浪林及防护林损伤、缺失、林中空地等情况			
病虫害高发季节病虫害情况			
林草地白蚁、獾狐洞穴情况			
补植更新树种成活率、保存率情况			

续表

检查内容	迎水坡	堤顶	背水坡
树种、数量、规格等情况统计			
防浪林排水系统完整、畅通情况			
其他异常情况			
处理意见：			

九、工程排水系统

考核内容： 按规定各类工程排水沟、减压井、排渗沟齐全、畅通，沟内杂草、杂物清理及时，无堵塞、破损现象。

赋分原则： 工程排水系统不完整，扣15分；排水沟、排渗沟、减压井破损、堵塞，每处扣5分。

条文解读：

（1）排水沟、减压井、排渗沟设计合理。

（2）建立排水系统检查制度，排水系统检查、维护记录齐全。

（3）现场检查排水沟、减压井、排渗沟有无缺损、淤积、堵塞等。

规程、规范和技术标准及相关要求：

《江苏省堤防工程技术管理办法》

备查资料：

（1）排水系统检查制度；

（2）排水系统设计图；

（3）排水系统检查表；

（4）排水系统维护记录及照片。

参考示例：

排水系统检查制度

排水系统检查制度应包括排水系统的组成、检查内容及要求、检查范围及路线、异常情况处置等。

十、工程观测

考核内容： 按要求对工程及河势进行观测；观测资料及时分析，整编成册；观测设施完好率达90%以上。

赋分原则： 未进行观测此项不得分。观测资料未分析，扣10分；资料未整编或整编不规范，扣10分；观测设施完好率低于90%的，每低5%扣2分。

条文解读：

（1）工程观测项目及要求可参照《堤防工程设计规范》（GB 50286）、《水利工程观测规程》（DB32/T 1713）、《堤防工程管理设计规范》（SL 171）和《江苏省堤防工程技术管理办法》。

（2）有上级批准的观测任务书，观测任务书中观测项目、测次、标准和要求明确，管理单位应按任务书要求进行观测。

（3）观测设施完好，观测仪器按规定定期校核，观测记录、成果表签字齐全。

（4）观测成果应进行整编，上级主管部门对观测成果进行考核，明确考核等次；观测资料应整编刊印，并及时归档。

规程、规范和技术标准及相关要求：

（1）《江苏省堤防工程技术管理办法》

（2）《水利工程观测规程》（DB32/T 1713）

（3）《堤防隐患探测规程》（SL 436）

（4）《堤防工程管理设计规范》（SL 171）

备查资料：

（1）观测任务书及上级批文；

（2）堤防工程安全监测规程；

（3）观测设施布置示意图和情况说明；

（4）近三年工程观测资料及整编资料；

（5）堤防隐患探测资料；

（6）专门监测资料及成果；

（7）观测设施检查及维护记录。

参考示例：

堤防安全监测规程编制要点

堤防安全监测规程应包括：工程基本情况，变形监测（垂直位移观测、水平位移观测、表面变形观测等），渗流监测，水位、潮位观测，资料整理与整编等。

工程基本情况包括：工程基本概况、安全监测项目。

变形监测包括：垂直位移观测、水平位移观测、表面变形观测等观测时间、测次与要求，观测前准备，观测要求，观测方法，资料整理与初步分析，监测设施的保护。

渗流监测包括：测压管水位监测、渗流量监测、资料整理与初步分析，监测设施的保护。

资料整理与整编包括：资料整理、资料整编和资料归档。

十一、河道供排水

考核内容：河道（网、闸、站）供水计划落实，调度合理；供、排水能力达到设计要求；防洪、排涝实现联网调度。

赋分原则：河道供水计划不落实，扣 10 分；供、排水能力达不到设计要求，扣 5 分；防洪、排涝调度不合理，扣 5 分。

条文解读：

（1）制定河道供、排水技术指标，并明示。

（2）供、排水记录内容完整，数据准确。

（3）有年度供、排水调度分析与评价报告。

规程、规范和技术标准及相关要求：

《中华人民共和国防洪法》

备查资料：

（1）工程设施和河道供、排水技术指标；

（2）河道供水方案或计划；

（3）工程调度运用记录；

（4）年度供、排水调度分析与评价及相关证明。

参考示例：

年度供、排水调度分析与评价

年度供、排水调度分析与评价包括：工程概况、水雨情、工程调度原则及措施、年度供排水运用情况、调度分析与评价、存在不足及改进对策。

十二、标志标牌

考核内容：各类工程管理标志、标牌（里程桩、禁行杆、限速（重）牌、分界牌、险工险段及工程标牌、工程简介牌等）齐全、醒目、美观，布局合理、埋设牢固。

赋分原则：标志、标牌每缺1个扣2分；不醒目、不美观，扣3～5分；布局不合理、埋设不牢固，扣3～5分。

条文解读：

（1）按堤防管理工程管理办法设立标志、标牌，标志、标牌醒目、美观、牢固；内容、数量满足管理需要。

（2）标志、标牌内容正确、完整，管理责任明确。

规程、规范和技术标准及相关要求：

（1）《江苏省堤防工程技术管理办法》

（2）《江苏省河道管理条例》

备查资料：

（1）标志、标牌情况说明；

（2）标牌（包括堤防工程简介牌、疫区标志牌、警示牌、险工险段及工程标牌、安全标志、交通标志、水政标志、管理设施标志、设备标志、里程桩、界牌等）统计表；

（3）标牌现状照片及维护记录。

十三、管理现代化

考核内容：有管理现代化发展规划和实施计划；积极引进、推广使用管理新技术；引进、研究开发先进管理设施，改善管理手段，增加管理科技含量；工程监视、观测、监测自动化程度高；积极应用管理自动化、信息化技术；设备检查维护到位；系统运行可靠，利用率高。

赋分原则：无管理现代化发展规划和实施计划，扣10分；办公设施现代化水平低，扣 10 分；未建立信息管理系统，扣 5 分；未建立办公局域网，扣 5 分；未加入水信息网络，扣 5 分；工程未安装使用监视、观测、监测系统，每缺 1 项扣 5 分；设备检查维护不到位，扣 5 分；运行不可靠，扣 5 分；使用率低，扣 5 分。

条文解读：

（1）管理单位应编制《现代化发展规划及实施计划》，交上级主管部门审核并获得批复。

（2）管理单位可结合自身工程的实际特点，开发出有利于工程现代化运行的新设备和新技术。

（3）管理单位应建设调度控制系统，建立信息管理系统，包括 OA 系统、计算机控制系统等，与上级部门网络互联互通，实现信息共享，同时要确保网络安全。

（4）管理单位需及时学习新工艺、新技术，及时更新自动化设备（包括监视、监控、监测设备），保持设备的先进性，提高工程现代化水平。

（5）堤防沿线及穿堤建筑物应安装视频监视系统，工程观测、监测设备运行正常，使用率高；数据采集、计算、分析准确及时，监控设备和集控室应有管理制度，并上墙明示；管理单位应定期对设备进行检查维护，确保设备的正常运行。

（6）建立信息管理系统和内部办公局域网，办公自动化程度高，通过内网能上省、市、县水利信息网。定期对硬件设备和软件进行检查维护。

（7）工程监视、监测、水情信息系统等运行状况正常。

（8）新材料、新技术、新设备运用有应用推广证明。

规程、规范和技术标准及相关要求：

（1）《水电厂计算机监控系统运行及维护规程》（DL/T 1009）

（2）《视频安防监控系统工程设计规范》（GB 50395）

备查资料：

（1）现代化规划和实施计划；

（2）信息管理系统建设方案；

（3）监控系统、信息系统、监测系统设备运行日志；

（4）监控系统定期检查表；

（5）监控系统维护记录及照片；

（6）工程维修项目管理卡（自动化系统）；

（7）新材料、新技术应用推广证明；

（8）自动化系统图片资料。

第四节　泵站工程

泵站工程的运行管理共 16 条 500 分，包括管理细则，技术图表，工程检查，工程观测，维修项目管理，泵房及周边环境，主要技术经济指标，建筑物工程管理与维护，主机组设备管理及维护，高低压电气设备维修养护，辅助设备维修养护，金属结构维修养护，启闭机维修养护，微机监控、视频监视系统，控制运用，现代化管理等。

根据水利部《水利工程管理考核办法》（水运管〔2019〕53 号），结合江苏省实际情况，在原先江苏省工程管理考核办法的基础上，增加了"维修项目管理""泵房及周边环境""主要技术经济指标""微机监控、视频监视系统"等四个章节的内容，将原先的"土工建筑物养护修理""石工建筑物养护修理""混凝土建筑物养护修理"合并为"建筑物工程管理与维护"，将闸门养护修理内容并入"金属结构维修养护"中，同时"金属结构维修养护"中还增加了水泵出水管道、拦污栅、清污装置及起重设备等相关内容。

一、管理细则

考核内容： 根据《泵站技术管理规程》和《江苏省泵站技术管理办法》，结合工程具体情况，及时制定完善技术管理实施细则，并报经上级主管部门批准。

赋分原则： 未制定技术管理实施细则，此项不得分。未及时修定技术管理实施细则，扣 5 分；可操作性不强，扣 2~5 分；未经上级主管部门批准，扣 10 分。

条文解读：

（1）编制依据：《泵站技术管理规程》《江苏省泵站技术管理办法》《泵站运行规程》《大中型泵站机组检修技术规程》，以及其他相关的技术管理规程等。

（2）大型泵站管理实施细则（设计流量 50m³/s 或装机功率 10000kW 及以上）需报省水利主管部门审批，中、小型泵站管理实施细则需报管理主管单位审批。

（3）工程管理单位应根据工程变化情况和管理要求的提高，如改造或加固、功能变化、水位组合改变、精细化管理等，及时对技术管理实施细则进行修订。

（4）工程管理单位要结合工程实际情况编制管理实施细则，内容齐全，针对性、可操作性强；管理实施细则应按单个工程进行编制。

（5）技术管理实施细则主要包括以下内容：工程概况、控制运用、运行管理、养护修理、水工建筑物、工程观测检查、工程评级、安全管理、维修养护项目管理、技术档案管理等。

规程、规范和技术标准及相关要求：

（1）《泵站技术管理规程》（GB/T 30948）

（2）《江苏省泵站技术管理办法》

备查资料：

（1）泵站工程技术管理实施细则；

（2）关于请求审批《×××泵站工程技术管理实施细则》的请示；

（3）关于批复《×××泵站工程技术管理实施细则》的通知。

参考示例：

泵站工程管理细则编制要点

泵站工程管理细则应包括：总则、控制运用、运行管理、养护修理、水工建筑物、工程观测检查、工程评级、安全管理、维修养护项目管理、技术档案管理、其他工作等。

总则包括：编制目的、适用范围、工程概况、主要技术指标、管理范围、管理工作主要内容及制度、引用标准等。

控制运用包括：一般规定、调度方案、控制运用要求、闸门的操作运用、防汛工作、冰冻期的运用与管理和应急处理。

运行管理包括：一般规定、主水泵运行、主电机运行、110kV 系统运行、站用电系统运行、直流系统运行、保护装置运行、励磁装置运行、辅助设备与金属结构运行、自动控制系统运行等。

养护修理包括：一般规定、土工建筑物的养护修理、石工建筑物的养护修理、混凝土建筑物的养护修理、主机组的养护修理、辅机设备养护修理、金属结构养护修理、启闭机的养护修理、高低压电气设备养护修理、自动监控设施的维护、观测设施的养护修理。

水工建筑物包括：一般规定、泵站建筑物管理、泵站进出水引河。

工程观测检查包括：一般规定、经常检查、定期检查、特别检查和观测工作。

工程评级包括：一般规定、机电设备评级、水工建筑物评级、安全鉴定等。

安全管理包括：一般规定、工程安全管理、安全运行管理、安全检修管理、事故处理、安全设施管理。

维修养护项目管理包括：一般规定、维修项目管理、养护项目管理。

技术档案管理包括：一般规定、档案收集、档案整理归档、档案验收移交、档案保管等。

其他工作包括：科学技术研究与职工教育、工程环境保护等。

二、技术图表

考核内容：泵站平、立、剖面图，高低压电气主接线图，油、气、水系统图，主要设备检修情况表及主要工程技术指标表齐全，并在合适位置明示。

赋分原则：技术图表，每缺 1 项扣 2 分；图表未明示，每项扣 2 分；图表明示位置不恰当，每项扣 1 分。

条文解读：

（1）泵站工程技术图表主要包括工程概况，泵站平、立、剖面图，水泵性能曲线，油、气、水系统图，高低压电气主接线图，设备检修揭示图、巡视检查路线图和各部分巡查内容等。

（2）图表内容应准确，电气模拟图、电气主接线图、油气水系统图等图上设备名称和开关编号应与现场保持一致。

（3）工程概况应包含工程地理位置、泵站等别、主水泵和主电机型号，单机流量、单机功率和泵站扬程等主要技术指标。

（4）泵站三视图主要包括平面布置图、立面布置图、剖面图，三视图中应标明泵房主要尺寸和重点部位高程，混凝土结构部分尽量分色绘制。

（5）主要设备揭示图主要包括主电机、主水泵、主变压器、高低压开关设备、辅机设备、金属结构件等，揭示图中应注明主要设备的出厂时间、安装时间、等级评定时间、大修周期、小修周期和设备保养责任人等信息。

（6）电气主接线图包括高压电气主接线和低压电气主接线，主接线图中设备名称和编号应与现场一致，主接线中各电压等级的线路应按规范进行分色绘制。

（7）技术图表张贴于主、副厂房，主变室，高低压开关室，控制室等合适位置，固定牢靠，定期进行检查。

（8）图表中的内容应准确，图表格式应相对统一，表面应整洁美观。

规程、规范和技术标准及相关要求：

《泵站运行规程》（DB32/T 1360）

备查资料：

（1）泵站技术图表汇总表；

（2）泵站技术图表日常检查记录。

参考示例：

（1）泵站技术图表汇总表（见表 4-59）

表 4-59　泵站技术图表汇总表

场所图表名称	电机层	联轴层人孔层	水泵层	主变压器室	高压开关室（GIS室）	低压开关室	励磁变压器室	继电保护室	控制室	空压机室	真空破坏阀室
工程概况	√										
工程平面图、立面图、剖面图	√										
主要（电气）设备揭示表	√				√	√	√	√			
泵站主要技术参数表	√										
主水泵装置综合特性曲线	√										
电气主接线图	√				√	√					
压力油系统图	√										
低压气系统图	√										
供排水系统图	√										
供、排水泵工作示意图		√									
压缩空气系统工作示意图										√	
巡视线路图	√	√	√	√	√	√	√	√	√	√	√
巡视检查内容	√	√	√	√	√	√	√	√	√	√	√

（2）泵站站身剖面图图例（见图 4-6）

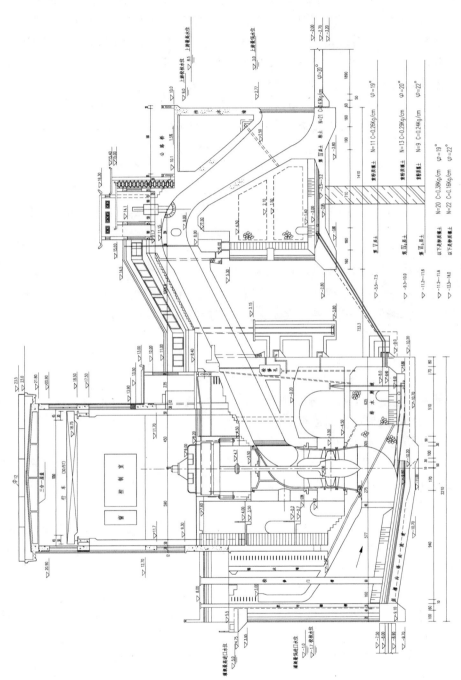

图 4-6　江都四站站身剖面图

三、工程检查

考核内容：按规定周期对工程及设施进行日常检查；每年汛前、汛后或引水前后、严寒地区的冰冻期起始和结束时，对泵站各部位进行全面检查；泵站经受地震、风暴潮、台风等自然灾害，超过设计水位运行或发生重大工程事故后，进行专项检查，发现隐患、异常及时处理、上报；检查内容全面，记录详细规范，编写检查报告，并将定期检查、专项检查报告报上级主管部门备案。

赋分原则：未按规定周期进行日常检查、定期检查、专项检查，每缺1项扣10分；检查内容不全面，扣3～5分；检查记录不规范，扣3～5分；未编写检查报告，扣5～10分；未将定期检查、专项检查报告报上级主管部门备案，扣5分。

条文解读：

（1）工程检查分为日常检查、定期检查和专项检查，管理单位应制定相应的检查制度、检查路线图和检查内容，明确检查的具体要求，内容包括检查组织、检查人员及检查周期、范围、内容等，并上墙明示；每次检查人员必须为2名及以上。工程检查要有记录，检查内容齐全、记录规范、数据准确，记录签字完整。

（2）日常检查：

① 日常检查分日常巡视和经常检查。

② 日常检查以目视检查为主，每日检查建筑物各部位、主机泵、电气设备、辅助设备、监测系统、观测设施、水文设施、管理设施等。

③ 经常检查周期：

a. 非汛期建筑物巡查：泵站运行每周1次，未运行每月1次。

b. 汛期建筑物巡查：泵站运行每天1次，未运行每周1次。

c. 设备巡查：非运行期每周巡查1次；运行期，一般为2h巡查一次，如遇特殊情况，应按照相关规定增加巡查次数。

d. 每天应对工程进行日常巡视检查。

e. 当工程处于超工况运行状态或遭受不利因素影响时，对容易发生问题的部位应加强检查观测。

④ 检查要求：

a. 检查线路根据工程及管理范围实际情况设计。起始位置一般应为值班室，按工程布置设计巡视检查线路；巡视路线应涵盖管理范围内的工程建筑物、机电设备，线路尽可能简捷，无重复或少重复。

b. 经常检查以目视检查为主，发现异常情况及时分析原因，采取应急措施，并向上级汇报。对一时不能处理的问题，要制订相应的预案和应急措施。有针对性地加强检查观测，酌情采取应对措施。

c. 日常巡视检查应有专用记载簿，对检查中发现的问题应做好详细记录。

（3）定期检查：

① 定期检查是每年汛前、汛后或用水期前后对泵站各部位（主要包括主机泵、高低压电气设备、油气水辅机设备、计算机监控系统、厂房、流道、闸门、上下游引河、土工建筑物、石工建筑物、混凝土建筑物工程等）及各项工程设施进行全面

检查。

② 管理单位定期检查时间为每年汛前（5月1日前）、汛后（10月1日后）各1次，对泵站各部位及各项设施进行全面检查，同时每2年对水下工程进行检查。

③ 汛前检查着重检查维修养护工程和度汛应急工程完成情况，安全度汛措施的落实情况。对工程各部位和设施进行详细检查，并对主、辅机，变压器，高、低压电气设备，监控系统等进行全面检查，对电气设备进行预防性试验，对防雷设施、起重设备和电气安全用具定期进行检测等。检查中发现的问题应及时处理，对影响工程安全度汛而一时又无法在汛前解决的问题，应制订好应急预案。汛前检查应结合汛前保养工作同时进行，每年在3月底前完成，并于4月初将检查报告上报上级主管部门。

④ 汛后检查着重检查工程和设备度汛后的变化和损坏情况。对检查中发现的问题应及时组织人员修复或作为下一年度的维修项目上报。汛后检查工作要求在每年10月底前完成，并将检查报告上报上级主管部门。

⑤ 南水北调工程引水期前后检查应针对引水期前后、具体项目做专门检查，主要包括：

a. 泵站运行前、后检查，泵站投运前，对工程进行全面检查，消除影响安全运行的隐患，确保机组正常投运；泵站经历送水期运行后，结合运行中所出现的问题，进行有针对性的检查，重点检查转动部件、易损部件磨损等情况。

b. 水下检查，泵站水下检查一般每2年汛前进行一次，主要检查进水池底板完好情况，拦污栅是否变形，拦污栅、检修门槽部位是否存在杂物卡阻。

c. 主水泵水导轴承、叶轮、叶轮外壳、叶片间隙、导水帽、流道检查等，一般运行2年或3000h进行一次检查。

⑥ 泵站水下检查一般每年汛前进行，主要检查进水池底板完好情况，拦污栅是否变形，拦污栅、检修门槽部位是否存在杂物卡阻。

（4）专项检查：

① 专项检查主要为特别检查。特别检查应根据工程遭受的特大洪水、风暴潮、台风、强烈地震等和发生重大工程事故的实际情况，分析对工程可能造成的损坏，进行有侧重性或全面性的检查。

② 检查内容要全面，数据要准确。若发现安全隐患或故障，应在检查后汇总地点、位置、危害程度等详细信息。

③ 对管理单位组织有困难的特殊检查项目，可申请委托专业检测机构进行。

④ 对检查发现的安全隐患或故障，管理单位应及时安排进行抢修；对影响工程安全运行、一时又无法解决的问题，应制订好应急抢险方案，并上报上级主管部门。

⑤ 检查后，技术人员参照定期检查格式填写特别检查表，对检查结果形成检查报告，并上报主管部门审核、汇总、归档。

规程、规范和技术标准及相关要求：

（1）《泵站技术管理规程》（GB/T 30948）

（2）《泵站运行规程》（DB32/T 1360）

（3）《江苏省泵站技术管理办法》

备查资料：

（1）泵站工程检查制度；

（2）泵站工程日常巡视检查路线图；

（3）泵站日常巡视检查记录；

（4）泵站工程运行巡查记录；

（5）泵站工程定期检查报告及检查表；

（6）泵站工程开展专项检查的发文；

（7）泵站工程特别检查报告及检查记录等；

（8）泵站工程水下检查报告及相关声像、图片资料；

（9）泵站电气设备预防性试验报告。

参考示例：

（1）泵站运行巡查记录（见表4-60）

表4-60　泵站运行巡查记录

巡查日期：　　年　月　日

巡查部位	巡查内容及要求	巡查情况（每班巡查4次）			
高压开关室	各种表计指示正常，开关分、合闸指示正常，指示灯正常，接线桩头无过热，示温片完好				
低压开关室、励磁室	各种表计指示正常，开关分、合闸指示正常，指示灯正常，接线桩头无过热，示温片完好，励磁各电磁部件无异常声响及过热现象				
继保室、PLC室	继电器工作正常，无报警信号，直流装置工作状态正常，蓄电池外观完好				
主变室、站变室、隔变室	变压器油位、温度指示正常，各部位无渗漏油，套管正常，无破损、裂纹，无油污、放电痕迹，变压器声响正常，无杂异音，接线桩头无发热，示温片完好				
主机层	主电机运行声响正常，气蚀、振动在允许范围内，上油缸油位、油色正常，各温度指示值在合格范围内，碳刷与滑环无火花，无异常声响及气味，叶片角度与设定值相符，压油系统压力正常，闸阀管道无渗漏				
联轴层	冷却水、润滑水压力正常，示流器回水正常，回水管无发热现象，水泵顶盖无渗漏现象，下油缸油色、油位正常，闸阀管道无滴漏现象				
水泵层	水泵运行声响正常，振动在合格范围内，水导油位、油色正常，供排水泵运行正常，出口压力在合格范围内，排水廊道水位正常				
副厂房	储气罐压力在合格范围内，空压机运行正常，真空破坏阀无漏气，吸气口无妨碍吸气的杂物				
进、出水池	进、出水池无妨碍运行的船只、漂浮物等，无钓鱼、游泳现象，拦污栅前无杂草、杂物				

续表

巡查部位	巡查内容及要求	巡查情况（每班巡查4次）			
发电机房	主电机运行声响正常，碳刷与滑环无火花，无异常声响及气味，可控硅运行正常，稀油站运行正常，瓦温、油位、油色正常				
主要问题上报及处理情况：					

巡查负责人：　　　　　　　　　　　　　　　　　巡查人：

（2）泵站日常巡视检查记录（见表4-61、表4-62）

表4-61　泵站日常巡视检查记录（机电）

年　　月　　日　天气：

编号	巡视检查部位	巡查内容及要求	巡视检查记录
1	主电机	主电机外观整洁完整，上、下油缸油位、油质正常，碳刷接触良好、滑环表面清洁、无锈迹划痕，测温系统完好、准确，励磁装置正常	
2	主水泵	主水泵外观整洁完整，叶轮外壳无渗漏，叶角调节机构完好，现场叶角指示与微机指示相符，填料密封良好，管道无滴漏现象	
3	6kV 系统	高压断路器部件完整，零件齐全，瓷件、绝缘子无损伤，无放电痕迹，操作机构灵活，无卡阻现象，指示正确，高压进线开关完好齐全，电流、电压互感器完好，避雷器、绝缘子表面清洁、无损伤、无放电痕迹，母线构架牢固，无弯曲变形，无明显锈蚀	
4	低压配电系统	变压器完整齐全，表计、信号正常，高低压接线桩头紧固可靠，示温片完好，冷却系统正常，动力系统盘面仪表齐全良好，分、合闸指示明显、正确，照明系统完好，事故照明装置正常，母线及电缆桩头无过热现象	
5	测量、保护、监控系统	盘柜清洁，端子及连接件紧固，仪表正常，数据显示准确，监控系统工作正常，调节稳定可靠	
6	供、排水系统	表计及零部件完好，指示准确，填料密封良好，叶片无碰擦、卡死现象，轴承润滑良好，电机工作正常，风叶完好，水泵出口压力在合格范围	
7	压力油系统	零部件完整齐全，表计完好，指示准确，冷却系统工作正常可靠，储能罐完好、无漏气，配套安全阀正常，管路无滴漏现象	
8	压缩空气系统	零部件完整齐全，表计指示准确，冷却系统正常，储气罐完好、无漏气，配套安全阀正常，管路无滴漏现象	
9	真空破坏阀系统	本体动作安全、灵活、可靠，电磁阀工作正常，相关管路无漏气现象	
10	通风系统	通风机运行正常，可靠	
巡视检查综述：			

检查人：

表 4-62 泵站日常巡视检查记录（土建）

年　　月　　日　　天气：

序号	巡查项目	巡查内容及要求	巡查情况
1	主厂房	墙面、门窗完好，无缺损、渗漏现象，伸缩缝完好	
2	副厂房	墙面、门窗完好，无缺损、渗漏现象，伸缩缝完好	
3	管理用房	墙面、门窗完好，无缺损、渗漏现象	
4	工作桥及交通桥	混凝土无损坏和裂缝，伸缩缝完好，栏杆柱头完好，桥面排水孔正常	
5	工作便桥	混凝土无损坏和裂缝，伸缩缝完好，栏杆柱头完好	
6	上游左岸翼墙	墙体完好，无倾斜、裂缝，伸缩缝完好，观测标志完好，水尺完好	
7	上游右岸翼墙	墙体完好，无倾斜、裂缝，伸缩缝完好，观测标志完好	
8	下游左岸翼墙	墙体完好，无倾斜、裂缝，伸缩缝完好，观测标志完好，水尺完好	
9	下游右岸翼墙	墙体完好，无倾斜、裂缝，伸缩缝完好，观测标志完好	
10	上游左岸护坡	块石护坡完好、排水畅通、无塌陷、混凝土无开裂破损	
11	上游右岸护坡	块石护坡完好、排水畅通、无塌陷、混凝土无开裂破损	
12	下游左岸护坡	块石护坡完好、排水畅通、无塌陷、混凝土无开裂破损	
13	下游右岸护坡	块石护坡完好、排水畅通、无塌陷、混凝土无开裂破损	
14	下游进水池	进水顺畅，无杂物、水草等	
15	上游出水池	出水顺畅，无杂物、水草等	
16	管理范围	无违章	

巡视检查综述：

检查人：

（3）泵站定期检查汇总表（根据泵站具体情况编制）（见表4-63～表4-72）

表4-63 泵站定期检查（主电动机）

部位名称	工作现状及存在问题	结论
定子绝缘		
定子外表		
上、下油缸		
冷却器		
转子绝缘		
转子外表		
空气间隙		
滑环、碳刷		
测温系统		
励磁装置		
励磁变压器		
其他		

表4-64 泵站定期检查（主水泵）

部位名称	工作现状及存在问题	结论
动叶轮外圈		
受油器或机械调节机构		
动叶头		
叶片与外壳间隙		
检修闸门		
拦污栅		
进、出水流道		
进人孔		
金属或橡胶轴承		
长手柄检修闸阀		
其他		

表 4-65　泵站定期检查（6kV 系统）

部位名称	工作现状及存在问题	结论
高压断路器		
高压进线开关		
电流、电压互感器		
电容器		
避雷器		
绝缘子		
高压电缆		
母线及绝缘		
其他		

表 4-66　泵站定期检查（低电压配电系统）

部位名称	工作现状及存在问题	结论
站用变压器		
动力系统		
照明系统		
干燥系统		
低压电缆		
行车及检修门起吊装置		
其他		

表 4-67　泵站定期检查（控制、保护、测量系统）

部位名称	工作现状及存在问题	结论
控制系统		
保护系统		
测量系统		
信号系统		
直流系统		
其他		

表 4-68　泵站定期检查（供水、排水、润滑系统）

部位名称	工作现状及存在问题	结论
供水泵及电机		
排水泵及电机		
润滑泵及电机		
莲蓬头及闸阀		
管路系统		
电机接地		
相应电气部分		
其他		

表 4-69　泵站定期检查（压缩空气、抽真空系统）

部位名称	工作现状及存在问题	结论
空压机及电机		
真空泵及电机		
冷却水系统		
真空破坏阀本体		
真空破坏阀电磁阀		
储气罐		
压缩空气管路系统		
抽真空管路系统		
相应电气部分		
其他		

表 4-70　泵站定期检查（压力油系统）

部位名称	工作现状及存在问题	结论
齿轮油泵及电机		
储能罐		
回油箱		
相应电气部分		
其他		

表 4-71　泵站定期检查（通风机系统）

部位名称	工作现状及存在问题	结论
风机		
电机		
其他		

表 4-72　泵站定期检查（土建部分）

部位名称	工作现状及存在问题	结论
主厂房		
副厂房		
进、出水流道		
上、下游引河		
上、下游翼墙		
上、下游护坡		
公路桥		
伸缩缝		
其他		

（4）泵站定期检查记录表（根据泵站具体情况编制）（见表 4-73 ~ 表 4-81）

表 4-73　泵站定期检查记录表（测量、控制、保护、监控系统）

部位名称	检查项目及标准	检查结果	检查人
测量系统	仪表正常，数据显示正确，表计准确度在规范规定范围内		
控制系统	盘柜清洁，端子及各连接件紧固、可靠		
信号系统	盘柜清洁，端子及各连接件紧固		
	信号准确可靠		
直流系统	盘柜清洁，端子及各连接件紧固、可靠		
测温系统	完好，温度显示正常		
监控系统	摄像头完好，图像显示清晰		
其他			

表 4-74 泵站定期检查记录表（主电动机）

部位名称	检查项目及标准	检查结果	检查人
定子绝缘	≥10MΩ		
	$R60/R15 \geq 1.3$		
定子外表	外观整洁，完整		
上、下油缸	无渗漏		
	油位指示器内油位、油质正常		
冷却器	无渗漏		
转子绝缘	≥0.5MΩ		
转子外表	外观整洁，完整		
空气间隙	间隙均匀、畅通，无杂物卡阻		
滑环、碳刷	电刷联接软线应完整		
	电刷与滑环接触应良好，弹簧压力应正常		
	电刷边缘无剥落现象，磨损较轻		
	刷握、刷架无积垢		
	滑环表面干燥、清洁，无锈迹、无划痕，光洁度高		
测温系统	接线正确、牢固可靠		
	测温数据准确，与现场表计相符		
励磁装置	接线正确、牢固可靠		
	调试正常、工作可靠		
励磁变压器	表面清洁无尘垢		
	运行正常		
其他			

表 4-75　泵站定期检查记录表（主水泵）

部位名称	检查项目及标准	检查结果	检查人
动叶轮外圈	无渗漏、无汽蚀或汽蚀轻微		
液压调节机构	调节灵活，可靠、无异常声响		
	现场叶角指示与微机叶角指示相符		
	受油器工作正常，无甩油现象		
动叶头	导水锥完好，无明显汽蚀、破损		
	无明显锈蚀、破损		
	叶轮头无损坏，无渗漏		
叶片与外壳间隙	叶片无汽蚀或汽蚀轻微		
	叶片无碰壳现象，间隙均匀		
检修闸门	止水橡皮完好		
	吊杆、吊耳、卸扣完好		
	钢闸门本体无明显破损、锈蚀或变形		
拦污栅	吊杆、吊耳、卸扣完好		
	拦污栅小门固定牢固		
	金属结构无明显锈蚀、变形、损坏		
进、出水流道	流道内无明显破损、露筋、裂缝		
进人孔	无渗漏		
水导轴承	表面无过度磨损现象		
	间隙符合要求		
长手柄检修闸阀	启闭灵活		
其他	水泵周围（联轴层、积水坑）清洁		
	联轴层防护罩完好		
	填料密封良好		
	其他		

表 4-76 泵站定期检查记录表（10kV/6kV 系统）

部位名称	检查项目及标准	检查结果	检查人
高压断路器	桩头无过热现象		
	部件完整、零件齐全，瓷件、支撑绝缘子无损伤、无放电痕迹		
	操作机构灵活无卡阻，调试后分合闸灵活，指示准确		
	按照规定，定期进行试验		
高压进线开关	桩头无过热现象		
	部件完整、零件齐全，瓷件无损伤、无放电痕迹		
	操作机构灵活无卡阻，调试后分合闸灵活，指示准确		
	按照规定，定期进行试验		
电流、电压互感器	部件完整，瓷件无损，无放电现象		
	二次侧接线正确，电流互感器二次侧不开路，外壳接地良好		
	按照规定，定期进行试验		
避雷器	按照规定，定期进行试验		
绝缘子	表面清洁，无损伤，无放电痕迹		
高压电缆	电缆头应无裂纹或受潮现象		
	无机械损伤		
	按照规定，定期进行试验		
母线及绝缘	桩头无过热现象		
	绝缘符合要求		
	支柱瓷瓶及穿墙套管绝缘良好，无污垢		
	构架牢固，无弯曲变形、明显锈蚀		
	母排按相序涂色，绝缘良好		
其他			

表 4-77　泵站定期检查记录表（低压配电系统）

部位名称	检查项目及标准	检查结果	检查人
站用变压器	零部件完整齐全，性能良好		
	冷却系统工作正常可靠		
	表计、信号、保护完备，符合规程要求		
	变压器本身及周围环境整洁，必要的标志、编号齐全		
	高低压接线桩头紧固可靠、示温片未熔化		
	设备基础、接地良好		
	按照规定，定期进行试验		
动力系统	盘面仪表齐全良好，开关分合闸指示明显、正确		
	操作机构灵活可靠，辅助接点接触良好		
照明系统	灯具、开关、插座完好，工作正常		
	线路绝缘良好		
	事故照明系统		
干燥系统	线路绝缘良好		
低压电缆	电缆头应无裂纹或受潮现象		
	无机械损伤		
行车装置	按照规定，定期进行检验		
其他			

表 4-78　泵站定期检查记录表（通风机）

部位名称	检查项目及标准	检查结果	检查人
电机	电机完好，转动灵活		
	绝缘合格		
	风叶完好		
轴承	润滑良好		
叶片	无碰擦、卡死现象		
电气部分	电气控制、信号正常，绝缘良好		
其他			

表 4-79 泵站定期检查记录表（供、排水系统）

部位名称	检查项目及标准	检查结果	检查人
供水泵及电机	表计及相关零部件完好，指示准确		
	填料密封良好		
	叶片无碰擦、卡死现象		
	轴承润滑良好		
	电机工作正常，风叶完好		
排水泵及电机	表计及相关零部件完好，指示准确		
	叶片无碰擦、卡死现象		
	轴承润滑良好		
	电机工作正常，风叶完好		
闸阀	供水系统闸阀（含逆止阀）		
	排水系统闸阀（含底阀）		
管路系统	供水管路及附件		
	排水管路及附件		
电机接地	1 号供水泵电机接地		
	2 号供水泵电机接地		
	1 号排水泵电机接地		
	2 号排水泵电机接地		
相应电气部分	绝缘良好，正常可靠		
其他			

表 4-80　泵站定期检查记录表〔压缩空气系统、抽真空系统及润滑油、压力油系统（一）〕

部位名称	检查项目及标准	检查结果	检查人
空压机及电机	零部件完整齐全		
	表计完好，指示准确		
	冷却系统工作正常可靠		
	空压机及电机运转正常可靠		
真空泵及电机	零部件完整齐全		
	表计完好，指示准确		
	气水分离器完好		
	真空泵及电机运转正常可靠		
润滑油泵及电机	零部件完整齐全		
	表计完好，指示准确		
	润滑油泵及电机运转正常可靠		

表 4-81　泵站定期检查记录表〔压缩空气系统、抽真空系统及润滑油、压力油系统（二）〕

部位名称		检查项目及标准	检查结果	检查人
压力油泵及电机		零部件完整齐全		
		表计完好，指示准确		
		压力油泵及电机运转正常可靠		
冷却水系统		管路及附件无跑、冒、滴、漏、锈、污现象		
真空破坏阀	本体	动作安全、灵活、可靠		
	电磁阀	电磁阀工作正常		
储气罐		完好，无漏气		
		配套安全阀定期检验		
压缩空气管路系统		表计完好，指示准确，闸阀等附件完好，性能可靠，符合要求		
润滑油及压力油管路及附件		无跑、冒、滴、漏、锈、污现象		
相应电气部分		绝缘良好，正常可靠		

四、工程观测

考核内容：按规定的内容（或项目）、测次和时间开展工程观测，内容齐全、记录规范；观测成果真实、准确，精度应符合要求；观测设施先进、自动化程度高；观测设施、监测仪器和工具定期校验、维护，观测设施完好率达到规范要求；观测资料应及时进行初步分析，并按时整编刊印；根据观测情况，及时提出有利于工程运行、管理、维修的合理化建议。

赋分原则：未开展工程观测，此项不得分。按规定观测项目，每缺1项扣10分；记录不规范，扣2~5分；观测不符合要求，每项扣5分；观测设施落后，自动化程度低，扣3~5分；监测仪器和工具未定期校验、维护，扣3~5分；观测设施维修不及时或有缺陷，每处扣1分；观测设施完好率达不到规范要求，扣3~5分；未进行资料分析或分析不及时，扣3~5分；未按时整编刊印，扣5分；不能根据观测情况，及时提出有利于工程运行、管理、维修的合理化建议，扣3分。

条文解读：

（1）泵站工程观测应依据《水利工程观测规程》（DB32/T 1713）；各个泵站工程应依据上级主管部门批准的观测任务书中的规定项目及频次开展观测工作。

（2）观测项目应在泵站技术管理实施细则中进行明确；观测任务书一般根据设计要求确定观测项目，上级批准的观测任务书中要明确观测项目、频次、标准和要求。一般泵站工程主要观测项目有垂直位移、上下游河床变形、扬压力、伸缩缝，部分工程还有水平位移、流态测量等。

（3）观测工作应由本单位专业技术部门或委托专业机构开展；观测人员应具备工程观测专业技术能力，保持观测工作的系统性和连续性，按照规定的项目、测次和时间，在现场进行观测。要求做到"四随"（随观测、随记录、随计算、随校核）、"四无"（无缺测、无漏测、无不符合精度、无违时），以提高观测精度和效率。

（4）每次观测结束后，必须对记录资料进行计算和整理，并对观测成果进行初步分析，如发现观测精度不符合要求，必须立即重测。如发现其他异常情况，应立即进行复测，查明原因并报上级主管部门，同时加强观测，并采取必要的措施。严禁将原始记录留到资料整编时再进行计算和检查。

（5）一切外业观测值和记事项目均必须在现场直接记录于规定手簿中（数字式自动观测仪器除外），需现场计算检验的项目，必须在现场计算填写，如有异常，应立即复测。外业原始记录应使用2H铅笔记载，内容必须真实、准确，记录应力求清晰端正，不得潦草模糊。手簿中任何原始记录严禁擦去或涂改。原始记录手簿每册页码应予连续编号，记录中间不得留下空页，严禁缺页、插页。如某一观测项目观测数据无法记于同一手簿中，在内业资料整理时可以整理在同一手簿中，但必须注明原始记录手簿编号。

（6）资料在初步整理、核实无误后，应将观测报表于规定时间报送上级主管部门。每年初应将上一年度各项观测资料整理汇总，归入技术档案永久保存。

（7）工程施工期间的观测工作由施工单位负责，在工程施工期间，必须采取妥善防护措施，如施工时需拆除或覆盖现有观测设施，必须在原观测设施附近重新埋设新观测设施，并加以考证。在交付管理单位管理后，由管理单位进行。管理人员应加强对观测设施的保护，防止人为损坏。观测工作完成后，负责观测资料的收集、整理、分析、整编工作，对发现的异常现象做专项分析，必要时会同科研、设计、施工人员做专题研究。

（8）观测设施应保证完好，观测仪器按规定定期请有资质的检测单位进行校核，观测标点、伸缩缝、断面桩等定期进行维护，检查、维护记录齐全完整。

（9）观测成果应进行计算机信息化整编，同时加强成果分析，运用观测成果指导工程运行、维修、养护。上级主管部门对观测成果要进行考核，考核等次明确；观测完成后应按时整编刊印观测资料，并及时归档。

规程、规范和技术标准及相关要求：

（1）《水利工程观测规程》（DB32/T 1713）

（2）《泵站技术管理规程》（GB/T 30948）

（3）《江苏省泵站技术管理办法》

备查资料：

（1）泵站工程观测任务书；

（2）泵站工程观测任务书编制批复文件；

（3）泵站工程观测单位及人员资质证书；

（4）泵站工程观测手簿（三年）；

（5）泵站工程观测资料汇编及上级部门评定资料等（三年）；

（6）泵站工程观测设施分布图；

（7）泵站工程观测设施日常检查记录；

（8）泵站工程观测设施维修养护记录；

（9）泵站工程自动化观测设施维修养护记录等；

（10）泵站工程观测设施、设备、仪器定期检验，状况完好资料；

（11）泵站工程观测标点分布图。

参考示例：

（1）泵站测压管水位统计表（见表4-82、表4-83）

表4-82　泵站测压管水位统计表

观测时间				水位（m）		测压管水位（m）					
月	日	时	分	上游	下游						

表 4-83 泵站测压管水位观测记录表（管中水位高于管口）

观测日期：_____年____月___日

部位	编号	时间		压力表底座高程（m）	压力表读数（MPa）	102P	测压管水位（m）	上游水位（m）	下游水位（m）
		时	分						

观测： 记录： 一校： 二校：

（2）泵站伸缩缝观测（见表 4-84～表 4-86）

表 4-84 建筑物伸缩缝观测标点考证表

编号	位置	埋设日期	观测日期	始测成果（mm）			气温（℃）	水位（mm）		备注
				x	y	z		上游	下游	

表 4-85　建筑物伸缩缝观测记录表

日期		伸缩缝编号	标点间水平距离（mm）			标点坐标（mm）			气温（℃）	水位（m）		备注
月	日		a	b	c	x	y	z		上游	下游	

观测：　　　　　记录：　　　　一校：　　　　二校：

表 4-86　建筑物伸缩缝观测成果表

单位：mm

		始测日期			上次观测日期			本次观测日期			间隔　　天						
编号	位置	始测			上次观测			本次观测			间隔变化量			累计变化量			气温（℃）	水位（m）		备注
		x	y	z	x	y	z	x	y	z	Δx	Δy	Δz	Δx	Δy	Δz		上游	下游	

（3）泵站观测资料汇编目录（见表 4-87）

表 4-87　泵站观测资料汇编目录

项目	资料名称	数量	备注
工程基本资料	工程概况		
	观测任务书		
	工程图纸		
	观测工作说明		
垂直位移	垂直位移观测原始数据记录本		
	垂直位移观测成果表		
	垂直位移量横断面分布图		
测压管	测压管观测原始记录本		
	测压管水位成果表		
	测压管水位过程线		
河道	河道观测原始记录本		
	河道断面观测成果表		
	河道断面冲淤量比较表		
	河道断面比较图		

续表

项目	资料名称	数量	备注
伸缩缝	伸缩缝原始记录本		
	伸缩缝观测成果表		
	伸缩缝宽度与温度过程线		
其他	工程运用情况统计表		
	水位统计表		
	流量统计表		
	工程大事记		
	观测成果分析		
	观测仪器检定证书		
	观测仪器校准测试证书		

五、维修项目管理

考核内容： 按要求编制维修计划和实施方案，并上报主管部门批准；加强项目实施过程管理和验收；项目管理资料齐全；日常养护资料齐全，管理规范。

赋分原则： 未编制、上报维修计划和实施方案，扣 5 分；未按批复方案实施或未履行变更手续，扣 5 分；维修项目管理不规范或未及时验收，扣 3~5 分；维修项目管理资料不齐全，扣 2~5 分；日常养护资料不齐全，管理不规范，扣 3~5 分。

条文解读：

（1）工程养护修理的总体要求：

① 达到工程的设计标准，保持工程的完整性。

② 建立检查、维修、养护台账。

③ 按批准的维修计划进行，并应有工程施工和验收资料。

（2）泵站管理单位应详细编制维修养护项目计划和实施方案，加强经费、进度、质量、采购和资料管理，保质保量按时完成工程维修养护项目。

（3）根据《江苏省省级水利工程维修项目实施方案管理办法》，一般每年 10 月份，泵站管理单位结合汛后检查，在对工程现状进行现场勘探、认真排查的基础上，根据日常运行管理情况，依据《2017 年省级水利工程维修及河湖管理经费项目申报指南》的要求，对照《江苏省省级水利工程维修养护名录》中闸站工程维修项目等申报范围，分轻重缓急、突出重点、科学合理地确定申报项目，编制维修计划和预算。

（4）维修计划要求明确工程维修部位、维修缘由及维修内容。项目预算定额采用《江苏省水利工程养护修理预算定额修理分册（试行)》、《江苏省水利工程设计概（估）算编制规定》（2017 年版）、《江苏省水利工程预算定额》（2010 版）、《江苏省水利工程预算定额 2014 年动态基价表》及其他相关定额。由业务主管部门审定、汇总后，及时上报上级主管部门批准。

（5）根据《江苏省省级水利工程维修养护项目管理办法》的规定，项目由各工程管理单位负责实施，执行开工审批制度。审批表附详细的实施方案，审查重点为项目实施内容与下达的项目经费计划是否一致、技术方案是否合理、质量控制措施是否完善、设计标准及主要工程量是否调整等。管理单位应建立项目管理机构，明确质量、安全、经费及档案管理责任制等，严格按批复方案实施，严肃招标比价程序，对1万元以上项目应公开挂网比价，对50万元以上项目实行政府公开招标，其他项目均应严格按照政府采购相关要求实施。

（6）加强现场安全管理，项目进场前必须签订安全协议，施工外来人员进场必须进行安全告知和安全培训，做好施工区安全防护和隔离，执行用电、动火申报制度，履行施工过程安全监管职责。

（7）加强项目质量管理，按照《水利工程施工质量检验与评定规范》（DB32/T 2334.1）和其他行业相关质量检测评定标准进行质量管理，重点加强关键工序、关键部位和隐蔽工程的质量检测管理，必要时可委托第三方检测，保留质量分项检验记录。

（8）每季开展维修养护项目实施质量、安全、经费、进度和资料档案管理等互查考核；每月统计分析通报维养项目进度情况，并将项目管理纳入各单位季度目标管理考核中，做到工程管理责任层层落实、责任到人。

（9）工程完工后，工程管理单位应组织工程量核定，15日内完成财务审计，确保经费专款专用。工程管理单位及时组织工管、财务、监察等相关部门进行竣工验收，对30万元以上项目进行重点集中验收。确保项目管理规范，施工质量良好，经费专款专用，所有项目均应开展竣工决算审计，并出具审计报告单。

（10）执行《江苏省水利工程维修养护项目管理卡》制度，日常项目管理资料全面、规范，招投标资料、合同协议、安全管理资料、结算审计过程资料、材料设备质保书、质量检验资料、验收报告等作为管理卡附件全部整理归档。每年应组织开展年度维修养护资料集中整编，按照《江苏省省级水利工程维修养护项目管理卡（试行）》的要求，对资料进行互查、整理，从规范项目管理卡格式入手，严查招标采购、安全管理、质量验收、结算审计等过程记录资料，确保资料的真实性、完整性、规范性和准确性，做到所有维修养护项目管理卡资料均按档案管理要求整编入档。

规程、规范和技术标准及相关要求：

（1）《泵站技术管理规程》（GB/T 30948）

（2）《江苏省泵站技术管理办法》

（3）《中央财政水利发展资金使用管理办法》

（4）《江苏省省级水利发展资金管理办法》

（5）《江苏省水利工程维修养护及防汛专项资金财务管理办法》

（6）《江苏省省级水利工程维修养护项目管理办法》

（7）《泵站设备安装及验收规范》（SL 317）

（8）《大中型泵站主机组检修技术规范》（DB32/T 1005）

备查资料：

（1）泵站工程维修项目管理办法；

（2）近三年工程维修养护项目上级批文；

（3）泵站工程维修项目管理卡；

（4）泵站工程重大维修项目公开招投标资料（选取三项进行招投标的典型维修项目管理资料）；

（5）泵站工程检修试验记录。

六、泵房及周边环境

考核内容： 泵房内卫生整洁，地面无积水、房顶及墙壁无漏雨，门窗完整、明亮，金属构件无锈蚀；工具、物件等摆放整齐；防火设施齐全；照明灯具齐全，完好率90%以上；泵房周边场地清洁、整齐，无杂草、杂物。

赋分原则： 泵房内卫生不整洁，地面积水、房顶及墙壁漏雨，门窗不完整，扣5~10分；工具、物件摆放混乱，扣2~5分；防火设施不齐全，扣5分；照明灯具不齐全，扣2~5分；泵房周围场地不清洁、整齐，有杂草、杂物，扣2~5分。

条文解读：

（1）定期对泵房及周边进行保洁卫生和环境整治工作，台账完整、维修养护项目资料齐全。

（2）泵站环境卫生、绿化养护、零星维修等由物业公司管护的，需提供合同、管理办法、考核标准、考核结果等资料。

（3）工具、物件等有管理办法和明细统计，分类合理，摆放整齐，标签内容齐全、清晰。

（4）防火设施定期检验，贴合格标签，统一编号，有摆放位置分布图、使用说明和日常巡查记录。

（5）照明灯具有统计记录和日常巡查记录，完好率90%以上，室外照明定时器应按夏季、冬季适时进行时间调节。

（6）提供泵房及周边环境图片资料。

规程、规范和技术标准及相关要求：

（1）《泵站技术管理规程》（GB/T 30948）

（2）《江苏省泵站技术管理办法》

备查资料：

（1）泵站环境卫生管理制度；

（2）泵站绿化养护合同及实施过程记录；

（3）泵站物业管理合同及日常检查记录；

（4）泵站消防器材检查记录；

（5）泵站泵房及周边环境检查记录；

（6）泵站周边环境绿化照片。

参考示例：

泵站泵房及周边环境检查表（见表4-88）

表4-88　泵站泵房及周边环境检查表

年　　月　　日　天气：

序号	巡查项目	巡查内容及要求	巡查情况
1	主厂房	墙面、门窗完好，无缺损、渗漏现象，伸缩缝完好，地面无积水	
2	副厂房	墙面、门窗完好，无缺损、渗漏现象，伸缩缝完好，地面无积水	
3	管理用房	墙面、门窗完好，无缺损、渗漏现象	
4	金属构件及防雷设施	金属构件无锈蚀现象，防雷接地设施完好，接地电阻符合规范要求	
5	物料间	物料间工器具摆放整齐，定期进行检查	
6	消防设施	消防设施完好，灭火器压力符合要求，消防栓定期进行检查，消防泵定期试车并出水	
7	照明灯具	照明灯具完好，照度符合要求，应急照明完好并定期试验	
8	泵房周边	泵房周边清洁，无杂草杂物，合理进行水土资源开发，适时进行水土保养及绿化养护	
巡视检查综述：			

检查人：

七、主要技术经济指标

考核内容：建筑物完好率、设备完好率、泵站效率、能源单耗、供排水成本、供排水量、安全运行率、财务收支平衡率等八项技术经济指标符合《泵站技术管理规程》（GB/T 30948）的规定。

赋分原则：工程完好率达不到规定指标，每低1%扣0.5分，最多扣5分；设备完好率达不到规定指标，每低1%扣0.5分，最多扣5分；泵站效率达不到规定指标，每低1%扣1分，最多扣10分；能源单耗达不到规定指标，每多0.2(kW·h)/(kt·m)扣1分，最多扣10分；供排水成本超过前三年平均水平或高于同类泵站平均水平，扣5分；供排水量不能满足生产要求或主管部门下达的指标，扣5分；安全运行率低于98%，每低1%扣1分，最多扣10分；财务收支平衡率达不到规定指标，每低5%扣1分，最多扣10分。

条文解读：

（1）"达不到规定指标"指达不到GB/T 30948规定的相应指标。

（2）考核泵站技术管理工作主要以建筑物完好率、设备完好率、泵站效率、能源单耗、供排水成本、供排水量、安全运行率、财务收支平衡率等八项技术经济指标为依据，考核的关键是与泵站技术经济指标相关的各项数据的获得、统计、计算和分析。

①　建筑物完好率

建筑物完好率应达到85%以上，其中主要建筑物的等级应不低于二类建筑物标准。泵站主要建筑物包括主泵房、进出水建筑物、流道（管道）、涵闸等。完好建筑物是指建筑物评级达到一类或二类标准。

建筑物完好率计算公式为

$$K_{jz} = \frac{N_{wj}}{N_j} \times 100\%$$

式中：K_{jz}——建筑物完好率，即完好的建筑物数与建筑物总数的百分比；

N_{wj}——完好的建筑物数；

N_j——建筑物总数。

②　设备完好率

设备完好率应不低于90%，其中主要设备的等级应不低于二类设备标准。对于长期连续运行的泵站，备用机组投入运行后能满足泵站提排水要求的，计算设备完好率时，机组总台套数中可扣除轮修机组数量。

泵站主要设备包括主水泵、主电动机、主变压器、高压开关设备、低压电器、励磁装置、直流装置、保护和自动装置、辅助设备、压力钢管、真空破坏阀、闸门、拍门及启闭设备等。完好设备是指评级达到一类或二类标准。

设备完好率计算公式为

$$K_{sb} = \frac{N_{ws}}{N_s} \times 100\%$$

式中：K_{sb}——设备完好率，即泵站机组完好的台套数与总台套数的百分比；

N_{ws}——机组完好的台套数；

N_s——机组总台套数。

③　泵站效率

泵站效率根据泵型、泵站设计扬程或平均净扬程及水源的含沙量情况，应符合表4-89的规定。

表4-89　泵站效率规定

泵站类型		泵站效率（%）
轴流泵站或导叶式混流泵站	净扬程小于3m	≥55
	净扬程为3～5m（不含5m）	≥60
	净扬程为5～7m（不含7m）	≥64
	净扬程7m及以上	≥68
离心泵站或蜗壳式混流泵站	输送清水	≥60
	输送含沙水	≥55
注：泵站效率为泵站输出有效功率与泵站输入功率的比值		

泵站效率可按下列公式计算：

a. 测试单台机组：

$$\eta_{bz} = \frac{\rho g Q_b H_{bz}}{1000P} \times 100\%$$

式中：η_{bz}——泵站效率；

ρ——水的密度，单位为千克每立方米（kg/m³）；

g——重力加速度，单位为米每二次方秒（m/s²）；

Q_b——水泵流量，单位为立方米每秒（m³/s）；

H_{bz}——泵站净扬程，单位为米（m）；

P——电动机输入功率，单位为千瓦（kW）。

b. 测试整个泵站：

$$\eta_{bz} = \frac{\rho g Q_z H_{bz}}{1000\sum P_i} \times 100\%$$

式中：η_{bz}——泵站效率；

ρ——水的密度，单位为千克每立方米（kg/m³）；

g——重力加速度，单位为米每二次方秒（m/s²）；

Q_z——泵站流量，单位为立方米每秒（m³/s）；

H_{bz}——泵站净扬程，单位为米（m）；

P_i——第 i 台电动机输入功率，单位为千瓦（kW）。

④ 能源单耗

泵站能源单耗考核指标应分别符合下列规定：

a. 对于电力泵站，净扬程小于 3m 的轴流泵站或导叶式混流泵站和输送含沙水的离心泵站或蜗壳式混流泵站能源单耗应不大于 4.95（kW·h）/（kt·m），其他泵站应不大于 4.53（kW·h）/（kt·m）；

b. 对于内燃机泵站能源单耗应不大于 1.28kg/（kt·m）；

c. 对于长距离管道输水的泵站，能源单耗考核标准可在本条 a、b 规定的基础上适当降低。

能源单耗计算公式：

$$e = \frac{\sum E_i}{3.6\rho \sum Q_{zi}H_{bzi}t_i}$$

式中：e——能源单耗，即水泵每提水 1000t、提升高度为 1m 所消耗的能量，单位为（kW·h）/（kt·m）或 kg/（kt·m）；

E_i——泵站第 i 时段消耗的总能量，单位为 kW·h 或燃油 kg；

Q_{zi}——泵站第 i 时段消耗的总流量，单位为立方米每秒（m³/s）；

H_{bzi}——第 i 时段的泵站平均净扬程，单位为米（m）；

t_i——第 i 时段的运行历时，单位为小时（h）。

⑤ 供排水成本

供排水成本 U，包括电费或燃油费、水资源费、工资、管理费、维修费、固定资产折旧和大修理费等。泵站工程固定资产折旧率应按《泵站技术管理规程》（GB/T 30948）的规定计算。供、排水成本的核算有三种方法，各泵站可根据具体情况选定适合的核算方法，分别按下列公式计算。

a. 按单位面积核算：

$$U = \frac{f \sum E + \sum C}{\sum A} [\text{元}/（\text{公顷} \cdot \text{次}）\text{或元}/\text{公顷} \cdot \text{a}]$$

b. 按单位水量核算：

$$U = \frac{f \sum E + \sum C}{\sum V} (\text{元}/\text{m}^3)$$

c. 按 kt · m 核算：

$$U = \frac{1000(f \sum E + \sum C)}{\sum G H_{\text{bz}}} [\text{元}/（\text{kt} \cdot \text{m}）]$$

式中：f——电单价，单位为元/（kW·h）；或燃油单价，单位为元/kg；

$\sum A$——供、排水的实际受益面积，单位为公顷；

$\sum E$——供、排水作业消耗的总电量，单位为 kW·h 或燃油量 kg；

$\sum C$——除电费或燃油费外的其他总费用，单位为元；

$\sum G$、$\sum V$——供、排水期间的总提水量，单位为吨、立方米（t、m³）；

H_{bz}——供、排水作业期间的泵站平均扬程，单位为 m。

备注：供排水成本宜在同类泵站间比较。

⑥ 供排水量

供排水量计算公式为

$$V = \sum Q_{zi} t_i$$

式中：V——供排水量，单位为立方米（m³）；

Q_{zi}、t_i——泵站第 i 时段的平均流量和第 i 时段的历时，单位分别为 m³/s、s。

⑦ 安全运行率

安全运行率应分别符合下列规定：

a. 电力泵站应不低于98%；

b. 内燃机泵站应不低于90%。

对于长期连续运行的泵站，备用机组投入运行后能满足泵站提排水要求的，计算安全运行率时，主机组停机台时数中可扣除轮修机组的停机台时数。

安全运行率计算公式为

$$K_a = \frac{t_a}{t_a + t_s} \times 100\%$$

式中：t_a——主机组安全运行台时数，单位为小时（h）；

t_s——因设备和工程事故，主机组停机台时数，单位为小时（h）。

⑧ 财务收支平衡率

财务收支平衡率是泵站年度财务收入与运行支出费用的比值。泵站财务收入包括国家、地方财政补贴、水费、综合经营收入等，运行支出费用包括电费、油费、工程及设备维修保养费、大修费、职工工资及福利费等。财务收支平衡率指标应不低于1.0。

财务收支平衡率计算公式为

$$K_{cw} = \frac{M_j}{M_c}$$

式中：K_{cw}——财务收支平衡率；

M_j——资金总流入量，单位为万元；

M_c——资金总流出量，单位为万元。

规程、规范和技术标准及相关要求：

《泵站技术管理规程》（GB/T 30948）

备查资料：

泵站经济技术指标考核表。

参考示例：

泵站经济技术指标考核表（见表4-90）

表4-90 泵站经济技术指标考核表

泵站管理单位（盖章）：　　　　　　　　　　考核时间：＿＿＿＿年＿＿月＿＿日

序号	考核项目		单位	要求指标	实际指标
1	建筑物完好率		%		
2	设备完好率		%		
3	泵站效率		%		
4	能源单耗	电力泵站	（kW·h）/（kt·m）		
		内燃机泵站	kg/（kt·m）		
5	供排水量	灌溉或城镇供水量	m³		
		排水量	m³		
6	供排水成本	按千吨米核算	元/（kt·m）		
		按水量核算	元/m³		
		按面积核算	元/（公顷·次）		
7	安全运行率		%		
8	财务收支平衡率		%		
基本情况	装机台套与装机功率（台套/kW）：		最高泵站扬程（m）：		
	实际灌排面积（万亩）：		最低泵站扬程（m）：		
	水泵型号：		平均泵站扬程（m）：		
	实际运行台时：		同时运行的水泵（台）数：		

八、建筑物工程管理与维护

考核内容：泵站建筑物完整无损，无安全隐患；主要建筑物无明显的不均匀沉陷；主泵房建筑物无裂缝、严重变形、剥落、露筋、渗漏等现象；进出水流道、压力管道、压力箱涵等建筑物无断裂、严重变形、剥落、露筋、渗漏等现象；进出水池等无严重冲刷、淤积，护坡、挡土墙无倒塌、破损、严重变形，砌体完好；主要建筑物的水平、位移、扬压力等观测点及设施齐全、规范。

赋分原则：泵站建筑物有损坏，存在安全隐患，扣 5~10 分；主要建筑物有明显的不均匀沉陷，扣 5~8 分；主泵房建筑物有裂缝、严重变形、剥落、露筋、渗漏等现象，扣 2~8 分；进出水流道、压力管道、压力箱涵等建筑物有断裂、严重变形、剥落、露筋、渗漏等现象，扣 2~8 分；进出水池等有严重冲刷、淤积，护坡、挡土墙有倒塌、破损、严重变形，砌体有损坏，扣 2~8 分；主要建筑物的观测点及设施不齐全、不规范，扣 2~8 分。

条文解读：

（1）混凝土结构是泵站工程的主要组成部分，易产生破损，管理单位应保证厂房、公路桥、工作便桥、工作桥及排水设施完好；进出水流道、压力管道、压力箱涵、导流隔墩无断裂、变形等。尤其是公路桥、工作便桥的栏杆，应有有效的防护措施。

（2）处于污水及污染环境的钢筋混凝土保护层受到侵蚀损坏时，应根据侵蚀情况分别采用涂料封闭、砂浆抹面或喷浆等措施进行处理。

（3）混凝土建筑物出现裂缝后，应加强检查观测，查明裂缝性质、成因及其危害程度，据以确定修补措施。混凝土的微细表面裂缝、浅层缝及缝宽小于水上区 0.2mm、水位变化区（淡水 0.25mm、海水 0.2mm）、水下区 0.3mm 最大允许值时，可不予处理或采用涂料封闭。缝宽大于规定时，则应分别采用表面涂抹、表面粘补、凿槽嵌补、喷浆或灌浆等措施进行修补，不稳定裂缝应采用柔性材料修补。

（4）伸缩缝填料如有流失，应及时填充；止水设施损坏，可用柔性化材料灌浆，或重新埋设止水予以修复。

（5）一般结合河床断面观测对进出水池淤积情况进行检查。河床冲刷坑危及防冲槽或河坡稳定时应立即组织抢修维护，一般可采用抛石或沉排等方法处理；不影响工程安全的冲刷坑，可不作处理；进出水池淤积影响工程效益时，应及时采用人工开挖、机械疏浚或利用泄水结合机具松土冲淤等方法清除。

（6）护坡、挡墙应定期检查并保证完好。浆砌块石的翼墙，必须保持结构完好、表面平整，如有塌陷、隆起、勾缝脱落或开裂、倾斜、断裂等现象，应及时修复；浆砌、干砌块石护坡、护底，如有松动、塌陷、隆起、滑坡、底部淘空、垫层散失等现象，应按原状修复；浆砌块石墙墙身渗漏严重时，可采用灌浆处理；墙身发生倾斜或有滑动迹象时，可采用墙后减载或墙前加撑等方法处理；墙基出现冒水冒沙现象，应立即采用墙后降低地下水位和墙前增设反滤设施等办法处理。

（7）应定期检查观测设施垂直、水平位移标点是否完好，有无破损或缺失；河道断面桩是否完好，有无缺失；伸缩缝标点是否完整齐全，如有缺失或破损，应及时修复。

规程、规范和技术标准及相关要求：

（1）《泵站技术管理规程》（GB/T 30948）

（2）《泵站运行规程》（DB32/T 1360）

（3）《江苏省泵站技术管理办法》

备查资料：

（1）泵站工程水工建筑物维修项目管理卡；

（2）泵站工程水工建筑物检修试验记录表；

（3）泵站工程水工建筑物日常巡视记录表；

（4）泵站工程水工建筑物定期检查表；

（5）泵站工程水工建筑物特别检查表；

（6）泵站工程水下检查记录表；

（7）泵站工程水工建筑物表面完好图片资料。

参考示例：

泵站水工建筑物检查记录表（见表4-91）

表4-91　泵站水工建筑物检查记录表

年　　月　　日　天气：

序号	部位	巡查内容	巡查情况
1	站身	建筑物外观是否完好，有无明显破损	
		有无裂缝，如有，是否为贯穿缝	
		表层混凝土有无脱离、露筋、碳化；闸门槽有无破损、露筋	
		中间层有无漏水洇潮	
2	翼墙	翼墙外观是否完好，有无明显破损	
		翼墙是否存在明显沉降、倾斜、错位	
		伸缩缝内填料有无流失	
		翼墙后排水孔是否堵塞；翼墙后是否有渗水、积水	
		翼墙后填土是否有塌陷现象	
3	岸墙	岸墙混凝土有无脱壳、裂缝、剥落、露筋、冻融破坏和碳化现象	
		岸墙与翼墙连接缝填料老化流失情况	
4	上下游连接	临水坡有无隆起、塌陷、淘刷	
		防汛道路是否完好，路面有无裂缝、破损	
5	工作桥便桥	桥面瓷砖有无剥落、裂坏现象	
		扶手栏杆有无锈蚀，连接是否牢固	
		伸缩缝填料是否完整，有无挤压变形或流失	

序号	部位	巡查内容	巡查情况
6	其他设施	沉降观测点是否完好，有无破坏；工程维修影响测点时，是否埋设新标点	
		测压管是否完好，有无倾斜，管口有无封堵	
		底板和翼墙伸缩缝观测点是否完好	
		水尺是否完好	
7	厂房	外观是否整洁，结构是否完整、稳定、可靠，是否满足抗震要求	
		有无裂缝、漏水、沉陷等缺陷	
		通风、防潮、防水是否满足安全运行要求	
8	水流水体	下游水流是否平滑，有无异常紊流	
		水体是否健康，有无明显变色、油污和异味	
主要问题上报及处理情况：			

检查人：

九、主机组设备管理及维护

考核内容： 主机组编号及机械旋转方向标识清晰正确，外观整洁，表面涂漆完好；定期进行预防性试验、保养和检修，且资料完整；润滑、冷却系统运行可靠；上下轴承油箱（油缸、油盆）及稀油水导轴承密封良好，油位、油质符合要求；测温系统运行准确可靠，各部测温表计、元件齐全完好，规格及数值符合要求，各部温升符合相应规范要求；各部的水平、高程、摆度、间隙等符合相应规范要求；运行中振动、噪声等符合相应规范要求；运行监视数据准确，记录完整。主电动机绝缘符合要求，定期检测绕组的绝缘电阻值；接线盒内或接线穿墙套管等清洁，接线螺栓无松动现象。主水泵叶片调节机构工作正常，无漏油现象；无明显的汽蚀、磨损现象；泵管与进出水流道（管道）结合面无漏水、漏气现象。

赋分原则： 主机组编号及机械旋转方向标识不清晰或不正确，外观不整洁，表面涂漆缺损，扣1～5分；未定期进行预防性试验、保养和检修，且资料不完整，扣1～5分；润滑、冷却系统运行不可靠，扣1～5分；上下轴承油箱（油缸、油盆）及稀油水导轴承密封渗漏油，油位、油质不符合要求，扣1～5分；测温系统运行不准确、不可靠，各部测温表计、元件有缺失、损坏，规格及数值不符合要求，各部温升不符合相应规范要求，扣1～5分；各部的水平、高程、摆度、间隙等不符合规范要求，运行中振动、噪声等不符合相应规范要求，扣1～5分；运行监视数据不准确，记录不完整，扣1～5分。主电动机绝缘不符合要求，扣1～5分，绕组的绝缘电阻值没有定期检测，扣5分；接线盒内或接线穿墙套管等不清洁，接线螺栓有松动现象，扣1～5分。主水泵叶片调节机构工作不正常，有漏油现象，扣1～5分；有明显的汽蚀、磨损现象，扣1～5分；泵管与进出水流道（管道）结合面漏水、漏气，扣1～

5 分。

条文解读：

（1）泵房内主机泵应进行编号，编号原则：面对下游，（自受电方向）从左至右按顺序编号；主机泵应用大红箭头在醒目位置标出旋转方向，电机层、联轴层、水泵层也应分别标注。

（2）按规定对主电机进行预防性电气试验，试验项目、周期、结果符合规定，试验单位必须具备电力部门颁发的相应等级资质，试验结果合格，数据真实，结论准确，出具的报告签字盖章齐全。

（3）主机泵检修（大修、中修、小修、养护）资料完整、齐全，主机大修报告书内容详细，记录规范，有试运行报告；每年主机组维修养护计划、项目、经费有统计汇总。

（4）主机泵运行正常，振动、噪声、温升符合规范要求，电机绕组、轴承、齿轮减速箱等温度巡测采集、传输可靠，数据准确；电机冷却系统正常，推力轴承（头）、导轴承间隙调整合理，温度正常；冷却水、润滑水压力正常，供水可靠，示流信号正常；水泵断流装置工作可靠，真空破坏阀无漏气现象；水泵填料函处盘根止水良好，渗水正常（80 滴/分钟左右）。

（5）主机泵上、下油缸及采用稀油润滑水导轴承无渗漏油及油水倒灌现象，油位、油色正常，油质经检测合格，有检测报告。

（6）励磁系统、变频启动装置及保护装置运行正常，工作可靠。

（7）主机泵外壳无尘、无污、无锈；电机定、转子绝缘电阻、吸收比合格，测量记录完整；电机接线盒内清洁，接线螺栓无松动，接线牢靠；外壳接地可靠，标识规范，接地电阻≤4 欧。

（8）主水泵叶片调节机构工作正常，无漏油现象，调节记录完整。

（9）主机泵运行时汽蚀、振动及主水泵摆度在允许范围内，运行时无异常声响。

（10）泵管及进出水流道结合面无漏水、漏气现象，流道进口淹没深度符合规定，进出水口无气泡、漩涡。

规程、规范和技术标准及相关要求：

（1）《泵站技术管理规程》（GB/T 30948）

（2）《泵站运行规程》（DB32/T 1360）

（3）《江苏省泵站技术管理办法》

备查资料：

（1）泵站工程主机泵维修项目管理卡；

（2）泵站工程主机泵检修保养记录；

（3）泵站工程主机泵日常巡视记录表；

（4）泵站工程主机泵定期检查表；

（5）泵站工程主机泵试验报告；

（6）泵站工程主机泵水下记录表；

（7）泵站工程主机泵完好图片资料。

参考示例:

(1) 泵站主水泵检查项目 (见表 4-92、表 4-93)

表 4-92　　＿＿＿号主水泵运行前的检查项目

检查内容	检查结果	
	正常	异常情况说明
上游引河情况		
下游引河情况		
检修闸门位置		
压力油装置工作情况		
冷却水系统工作情况		
压缩空气系统工作情况		
各管道闸阀开关情况		
水导轴承油位情况		

检查人:　　　　　　　　　　　　　　　日期:

表 4-93　　＿＿＿号主水泵运行中的检查项目

检查内容	检查结果	
	正常	异常情况说明
泵内有无异常声响		
水泵汽蚀和振动情况		
推力瓦运行温度情况		
导向瓦运行温度情况		
水导轴承运行温度情况		
填料函车站运行情况		
监测仪表、传感器等工作情况		
拦污栅两侧水位差情况		
技术供水水压及示流信号情况		
润滑及冷却油油温、油色、油位情况		

检查人:　　　　　　　　　　　　　　　日期:

（2）泵站主电机检查项目（见表4-94、表4-95）

表4-94 ＿＿＿号电动机运行前的检查项目

检查内容	检查结果	
	正常	异常情况说明
电动机定子绝缘测量情况		
电动机转子绝缘测量情况		
定、转子空气间隙检查情况		
加热烘干装置工作情况		
励磁装置工作情况		
通风机工作情况		
顶车装置与转子分离情况		
上、下油缸油位、油色情况		

检查人：   日期：

表4-95 ＿＿＿号电动机运行中的检查项目

检查内容	检查结果	
	正常	异常情况说明
电动机的运行电压情况		
电动机的运行电流情况		
电动机运行时励磁电流情况		
电动机运行时线圈温度情况		
电动机运行时上、下油缸油温及瓦温情况		
电动机运行时各部位振动、声响情况		
电动机运行时滑环、碳刷检查情况		
技术供水压力情况		
叶片调节机构运行情况		

检查人：   日期：

（3）泵站主机泵维修养护项目

① 小修

A. 水泵部分

a. 更换橡胶轴承，主泵填料密封更换。

b. 叶片调节机构轴承的更换及安装调整。

c. 供排水检修。

d. 叶片、叶轮外壳局部汽蚀区域的检查和修补。

e. 液位信号器、测温装置的检修。

f. 水导轴承更换。

B. 电机部分

a. 油冷却器的检修、铜管更换。

b. 上、下油缸的检修。

c. 滑环的处理。

② 一般性大修

a. 叶片、叶轮室的汽蚀处理。

b. 泵轴轴颈磨损的处理。

c. 水导轴承的检修和处理。

d. 填料密封装置的检修和处理。

e. 叶轮的解体、检查和处理。

f. 电动机轴承的检修和处理，电动机轴瓦的研刮。

g. 电动机定、转子绕组的绝缘维护。

h. 电动机滑环和电刷的处理或更换。

i. 冷却器的检查、试验和检修。

j. 机械调节机构解体检查处理。

k. 机组的同轴度、轴线的摆度、垂直度（水平）、中心、各部分间隙及磁场中心的测量调整。

l. 油、气、水系统检查、试验及处理。

m. 传动机构的检修和处理。

n. 测温元件的检修和处理。

o. 电动机变频启动装置的检查、试验和检修。

③ 扩大性大修

a. 转子磁极线圈或定子线圈损坏的检修更换。

b. 叶轮的静平衡试验。

c. 一般性大修的所有内容。

十、高低压电气设备维修养护

考核内容：电气设备外观整洁；标识清晰正确，表面涂漆完好；按规定定期进行维修、预防性试验和电气仪表定期校验，且维修和试验、校验记录完整。

赋分原则：电气设备外部不整洁，扣 1 分；标识不清晰或不正确，表面涂漆缺损，扣 1 分；未定期进行维修、预防性试验和电气仪表校验，且维修和试验、校验记录不完整，扣 3 分。

条文解读：

（1）高低压电气设备标识规范如下：

① 一次主结线模拟图上，不同电压等级母线标色不同（220kV 为紫色，110kV 为朱红色，35kV 为浅黄色，10kV 为绛红色，6kV 为深蓝色，0.4kV 为黄褐色）。

② 交流电相序标色（A 黄色、B 绿色、C 红色）。

③ 开关分合闸指示标色（分—绿色、合—红色）等。

④ 刀闸指示标色（分—白色、合—红色）等。

（2）高低压电气设备预防性试验应由经电力部门认可具备相应资质的单位进行，预防性试验项目、周期、标准应符合国家有关规定，试验报告数据准确、真实，出具的报告签字盖章齐全。电气指示仪表应定期校验，校验合格后，应将校验合格标签张贴在仪表后部，并标明校验日期。

（3）高低压电气设备应定期测量绝缘电阻，方法正确，操作规范；大容量电机、变压器等设备测量绝缘时应测量吸收比，吸收比 $R60''/R15'' \geqslant 1.35$；绝缘电阻测量数据读取准确，记录规范，测量记录应包含测量仪表型号、日期、天气、温度、湿度和测量人员。

（4）电气设备应按规定周期进行维修养护，维修养护资料齐全。

1. GIS

考核内容：GIS 开关、隔离刀 GIS 开关、隔离刀闸及接地刀闸闭锁装置可靠；各类管道及阀门无损伤、锈蚀，阀门的开闭位置正确，管道的绝缘法兰与绝缘支架完好，设备无漏油、漏气现象。

赋分原则：GIS 室通风不畅，扣 2 分；闭锁装置运行不可靠，扣 2 分；各类管道及阀门损伤、锈蚀，阀门的开闭位置不正确，扣 2 分，管道的绝缘法兰与绝缘支架存在缺损现象，扣 2 分；设备存在漏油、漏气现象，扣 2 分。

条文解读：

（1）GIS 组合开关表面干净、整洁，防护层完好，无脱落、锈迹等现象。

（2）GIS 组合开关间隔标志明显，间隔名称明确，铭牌完好、清楚；接线桩头牢固，无松动、发热现象。

（3）开关位置指示器指示正确、操作计数器的记录情况正常、无异常的噪音或气味、支撑件无锈蚀、螺栓螺母无松动等。

（4）压力表盘面干净、清晰，压力指示正常。

（5）GIS 本体及各间隔之间的接地连接可靠，接地标志明显。

（6）各开关拐臂、连杆机构润滑良好，无卡滞，动作灵活准确，闭锁可靠；汇控柜内清洁、元器件完好，具体按开关柜要求管理。

（7）电气闭锁装置和机械闭锁装置运行安全可靠。

（8）GIS 室内警告、提醒等标志齐全、明显。

（9）GIS 室一般应配备以下设施：

① 应设置专用消防器材，如二氧化碳灭火器等。

② 应安装 SF_6 环境监测仪、气体泄漏检测仪，且能自动监测并进行排风。

③ 应备有防毒面具、防护服、橡胶手套等防护工具。

规程、规范和技术标准及相关要求：

（1）《泵站技术管理规程》（GB/T 30948）

（2）《泵站运行规程》（DB32/T 1360）

备查资料：

（1）泵站工程 GIS 组合开关维修项目管理卡；

（2）泵站工程 GIS 组合开关检修保养记录；

（3）泵站工程 GIS 组合开关日常巡视记录表；

（4）泵站工程 GIS 组合开关定期检查表；

（5）泵站工程 GIS 组合开关试验报告；

（6）泵站工程 GIS 组合开关完好图片资料。

参考示例：

（1）泵站 GIS 设备维修项目及标准（见表 4-96）

表 4-96　泵站 GIS 设备维修项目及标准

序号	检查维修养护内容	检查维修要求及记录
1	SF₆气体的补充、干燥、过滤、检查	灭弧室内 SF_6 气体含水量≤300×10^{-6}，其他气体室内含水量≤500×10^{-6}；最小气体压力＞0.5MPa
2	对操动机构维修检查，处理漏油、漏气或某些缺陷，更换某些零部件	手动或电动分、合闸正常，无卡涩、无漏油、无漏气、液压油位或氮气罐压力及弹簧储能工作正常
3	储能电机检查维修	定、转子绝缘电阻＞1MΩ，碳刷及整流子磨损值在允许范围内，电机对中合格，试运正常
4	二次回路检查维修	线路完好、线号清晰、开关接点无烧损、无变色、动作准确、可靠
5	断路器的最低动作压力与动作电压试验	（1）操作机构分、合闸电磁铁或合闸接触器端子上的最低动作电压应在操作电压额定值的30%～65%之间 （2）在使用电磁机构时，合闸电磁铁线圈通电时的端电压为操作电压额定值的80%时应可靠动作
6	检查操作机构压力，校验压力表、压力（微动）开关、密度继电器或密度压力表	（1）压力（微动）开关在压力允许范围内可靠动作 （2）表计校验合格
7	检查传动部件及齿轮等磨损情况，对传动部件添加润滑剂	润滑良好，无锈蚀，传动时无杂音
8	检查各种外露连杆的紧固情况	螺丝连接紧固，无松脱
9	检查接地装置	连接良好，接地电阻≤4Ω
10	检查绝缘电阻	主回路绝缘电阻＞1000MΩ（用2500V兆欧表），低压回路绝缘电阻＞1MΩ（用1000V兆欧表）
11	必要时进行回路电阻测量	主回路电阻不得大于制造厂提供值的120%
12	油漆或补漆工作	油漆完好，无锈蚀，色标清晰、正确
13	清扫 GIS 外壳	干净、清洁，表面无油污
14	吸附剂干燥及更换	吸附剂的种类和用量符合制造厂规定

（2）泵站 GIS 设备检查项目（见表4-97、表4-98）

表 4-97　GIS 组合开关运行中的检查项目

检查内容	检查结果	
	正常	异常情况说明
通风系统运行情况		
GIS 室内安装的空气含氧量或 SF_6 气体浓度自动检测报警装置工作情况		
各开关指示及运行工况		
各指示灯、信号灯和带电监测装置运行情况		
避雷器的动作计数器指示值、在线检测泄漏电流指示值情况		
有无异常声音和特殊气味、异常振动		
外壳、支架、瓷套、外壳漆膜情况		
各类管道及阀门、接地导体情况		

检查人：　　　　　　　　　　　　　　　　　　　日期：

表 4-98　GIS 组合开关日常检查项目

检查内容	检查结果	
	正常	异常情况说明
通风系统检查情况		
操动机构检查情况		
传动机构磨损及润滑油检查情况		
各开关指示及运行工况		
断路器的机械特性及动作电压试验情况		
各种压力表校验情况		
控制系统检查及绝缘测量情况		
外壳及油漆检查情况		
SF_6 气体压力表的指示值情况		
加热器投入或切除情况		

检查人：　　　　　　　　　　　　　　　　　　　日期：

2. 变压器

考核内容：变压器油位、油色正常；各部分无渗油、漏油；预防试验各项指标符合国家现行相关标准的规定；套管油位正常，无破损裂纹、放电痕迹及其他异常现象；吸湿器完好，吸附剂干燥；压力释放器、防爆膜完好；保护装置可靠；冷却装置运行正常；运行噪声、温升等符合要求。

赋分原则：变压器油位、油色不正常，扣1分；各部分有渗油、漏油现象，扣2分；预防试验各项指标不符合国家现行相关标准的规定，扣3分；套管油位不正常，扣2分，外部存在破损、放电痕迹等异常现象，扣2分；吸湿器存在缺陷的扣2分；压力释放器、防爆膜存在缺陷的扣2分；保护装置不可靠，扣2分；冷却装置运行不正常，扣1分；运行噪声、温升等不符合要求，扣2分。

条文解读：

（1）油浸变压器：

① 变压器油标号选择符合要求：环境温度达到 -25℃ 及以上的，选用 DB-25 变压器油，环境温度达到 -10℃ 及以上的，选用 DB-10 变压器油；变压器油每年均需试验，并有试验合格报告；容量超过 10000kVA 变压器油需做色谱分析。

② 变压器散热片蝶阀必须全部在打开位置，并用红漆标注蝶阀指针，散热片需进行编号，冷却风扇运行正常。

③ 变压器各部位无渗漏油现象，储油柜（油枕）油位与温度刻度线对应，并用标识标注，温度数据应标明。

④ 变压器高低压套管无污垢，无渗油，无裂纹，无破损，无放电痕迹，高、低压接线可靠，安全距离符合规定。

⑤ 瓦斯继电器安装规范，按规定进行检测，有检测合格报告，变压器运行时瓦斯继电器观察窗应打开。

⑥ 变压器防爆管密封玻璃完好，吸湿器底部油杯油量适中，吸湿器内硅胶干燥，颜色正常。

⑦ 变压器器身接地可靠，标识规范；油池内鹅卵石大小、数量适中，铺设均匀，污油管道畅通。

⑧ 变压器分接头开关每次调节后应进行试验，并有试验报告。

⑨ 室内变压器通风正常，室内照明采用防爆灯具。

（2）干式变压器：

① 冷却系统运行正常，温控装置可靠。

② 变压器绕组、铁芯温度巡测装置运行可靠，测温准确。

③ 变压器通风道畅通，同时有防止小动物进入的防护措施。

④ 变压器底座接地可靠，标识规范。

⑤ 按规范进行电气预防性试验，试验资料齐全。

规程、规范和技术标准及相关要求：

（1）《泵站技术管理规程》（GB/T 30948）

（2）《泵站运行规程》（DB32/T 1360）

（3）《江苏省泵站技术管理办法》

备查资料：

（1）泵站工程变压器维修项目管理卡；

（2）泵站工程变压器检修保养记录；

（3）泵站工程变压器日常巡视记录表；

（4）泵站工程变压器定期检查表；

（5）泵站工程变压器试验报告；

（6）泵站工程变压器分接开关调整记录；

（7）泵站工程变压器完好图片资料。

参考示例：

（1）油浸式变压器的检查项目（见表 4-99、表 4-100）

表 4-99　油浸式变压器运行前的检查项目

检查内容	检查结果	
	正常	异常情况说明
变压器自身及其保护装置情况		
变压器冷却器检查情况		
套管、母线及引线接头检查情况		
各阀门开启关闭情况		
瓦斯继电器、二次端子箱检查情况		
变压器呼吸器检查情况		
变压器各部位油温、油质、油位情况		
变压器中性点接地情况		
变压器周围警示牌及变压器室检查情况		
压力释放器、安全气道及防爆膜检查情况		
变压器室的门、窗、照明、房屋漏水检查情况		

检查人：　　　　　　　　　　　　　　　　　日期：

表 4-100　油浸式变压器运行中的检查项目

检查内容	检查结果	
	正常	异常情况说明
变压器运行电压情况		
变压器各部运行油温、油位、油质情况		
套管、母线及引线接头运行情况		
变压器有无异常声响		
各冷却器运行温度情况		
变压器呼吸器运行情况		
压力释放器、安全气道及防爆膜运行检查情况		
瓦斯继电器、二次端子箱运行检查情况		
变压器室的门、窗、照明、房屋漏水情况		

检查人：　　　　　　　　　　　　　　　　　　日期：

（2）干式变压器的检查项目（见表 4-101、表 4-102）

表 4-101　干式变压器运行前的检查项目

检查内容	检查结果	
	正常	异常情况说明
变压器绝缘电阻测量情况		
变压器接地线检查情况		
变压器冷却风机检查情况		
电缆和母线检查情况		
变压器室的门、窗、照明、房屋漏水检查情况		

检查人：　　　　　　　　　　　　　　　　　　日期：

表 4-102　干式变压器运行中的检查项目

检查内容	检查结果	
	正常	异常情况说明
变压器声响及振动检查情况		
冷却风机运行检查情况		
电缆和母线运行检查情况		
温度巡检仪显示各点温度检查情况		
变压器室的门、窗、照明、房屋漏水检查情况		

（3）油浸式变压器维修项目

① 大修项目：

a. 检查清扫外壳，包括本体、大盖、衬垫、油枕、散热器、阀门等，消除渗油、漏油。

b. 根据油质情况，过滤变压器油，更换或补充硅胶。

c. 若不能利用打开大盖或人孔盖进入内部检查，应吊出芯子，检查铁芯、铁芯接地情况及穿芯螺丝的绝缘，检查及清理绕组及绕组压紧装置，垫块、各部分螺丝、油路及接线板等。

d. 检查清理冷却器、阀门等装置，进行冷却器的油压试验。

e. 检查并修理有载或无载调压接头切换装置，包括附加电抗器、定触点、动触点及传动机构。

f. 检查并修理有载分接头的控制装置，包括电动机、传动机械及其全部操作回路。

g. 检查并清扫全部套管。

h. 检查充油式套管的油质、油位情况。

i. 校验及调整温度表。

j. 检查及校验瓦斯继电器、仪表、保护装置、控制信号装置及其二次回路。

k. 进行预防性试验。

l. 检查及清扫变压器电气连接系统的配电装置及电缆。

m. 检查接地装置。

n. 检查变压器外壳油漆。

变压器大修结束后，应在 30 天内做出大修总结报告。

② 小修项目：

a. 检查并消除已发现的缺陷。

b. 检查并拧紧套管引出线的接头。

c. 检查油位计。

d. 冷却器、储油柜、安全气道及压力释放器的检修。

e. 套管密封、顶部连接帽密封衬垫的检查，瓷绝缘的检查、清扫。

f. 各种保护装置、测量装置及操作控制箱的检修、试验。

g. 有载调压开关的检修。

h. 充油套管及本体补充变压器油。

i. 油箱及附件的检修涂漆。

j. 进行规定的测量和试验。

（4）干式变压器维修项目

① 绕组检查：

a. 绕组清洁，表面无灰尘杂质，绕组无变形、倾斜、位移，绝缘无破损、变色及放电痕迹。

b. 高低压桩头接线牢固，瓷柱无裂纹、破损，无闪络放电痕迹；高、低压绕组间风道畅通，无杂物积存。

c. 检查引线绝缘完好，无变形、变脆、断股情况，接头表面平整、清洁、光滑无毛刺，且不得有其他杂质；引线及接头处无过热现象，引线固定牢靠。

② 铁芯检查：

a. 铁芯应平整，绝缘漆膜无脱落，叠片紧密。

b. 铁芯上下夹件、方铁、压板应紧固，用扳手逐个紧固上下夹件、方铁、压板等部位紧固螺栓。

c. 测量铁芯对夹件、穿心螺栓对铁芯及地的绝缘电阻。

d. 用专用扳手紧固上下铁芯的穿心螺栓。

③ 风机系统工作正常，开停灵活可靠。

④ 投入运行前，应测试超温报警、跳闸回路，确保运行时工作正常。

⑤ 温度显示准确，应与实际相符。

3. 高压电气设备

考核内容： 高压开关设备预防性试验结果符合国家现行相关标准的规定；主要零部件完好；保护装置可靠；操作机构灵活可靠；元器件运行温度符合规定；盘柜表计、指示灯等完好；柜内接线正确、规范，"五防"功能齐全。

赋分原则： 高压开关设备预防性试验结果不符合国家现行相关标准的规定，扣2分；主要零部件缺损，扣1分；保护装置不可靠，扣2分；操作机构不灵活可靠，扣1分；元器件运行温度不符合规定，扣1分；盘柜表计、指示灯等缺损，扣1分；柜内接线不规范，扣1分；"五防"功能不齐全，扣1分。

条文解读：

（1）高压开关柜铭牌完整、清晰、柜前柜后均有柜名；开关按主接线中规定编号；开关柜控制部分按钮、开关、指示灯等均有名称标识；电缆有电缆标牌；高压开关柜内安装的高压电器组件，如断路器、接触器、隔离开关及其操动机构、互感器、高压熔断器、套管等均应具有耐久且清晰的铭牌；各组件的铭牌应便于识别，若装有可移开部件，在移开位置能看清亦可。

（2）高压开关柜柜体完整、无变形，外观整洁、干净，无积尘，防护层完好、无脱落、无锈迹，盘面仪表、仪器、指示灯、按钮及开关等完好，仪表显示准确、指示灯显示正常。

（3）高压开关柜应具备防止误分、合断路器，防止带负荷分、合隔离开关或隔离插头，防止接地开关合上时（或带接地线）送电，防止带电合接地开关（或挂接地线），防止误入带电间隔等"五防"措施，"五防"功能完好。

（4）高压开关柜柜内接线整齐，分色清楚，二次接线端子牢固，端子标志清楚，文字清晰。柜内清洁无杂物、积尘；一次接线桩头坚固，桩头示温片齐全，无发热现象；动静触头之间接触紧密、灵活、无发热现象；柜内导体连接牢固，导体之间的连接处示温片齐全，无发热现象；电缆室与电缆沟之间封堵良好，防止小动物进入柜内。

（5）正常操作和维护时不需要打开的盖板和门（固定盖板、门），若不使用工具，应不能打开、拆下或移动；正常操作和维护时需要打开的盖板和门（可移动的盖板、门），应不需要工具即可打开或移动，并应有可靠的连锁装置来保证操作者的安全；观察窗位置应使观察者便于观察必须监视的组件及其关键部位的任意工作位置，观察窗表面应干净、透明。

（6）高压开关柜接地导体应设有与接地网相连的固定连接端子，并应有明显的接地标志；高压开关柜的金属骨架及其安装于柜内的高压电器组件的金属支架应有符合技术条件的接地，且与专门的接地导体连接牢固。凡能与主回路隔离的每一部件均应能接地，包括利用隔离开关切换到接地开关合上的位置来实现接地；每一高压开关柜之间的专用接地导体均应相互连接，并通过专用端子连接牢固。

（7）高压开关柜内的断路器、接触器及其操动机构必须牢固地安装在支架上，支架不得因操作力的影响而变形；断路器、接触器操作时产生的振动不得影响柜上的仪表、继电器等设备的正常工作；断路器、接触器的位置指示装置应明显，并能正确指示出它的分、合闸状态。

（8）高压开关柜手车进、出灵活，柜内开关动作灵活、可靠，储能装置稳定，继电保护设备灵敏、准确。柜内干净，无积尘，定期或不定期检查柜内机械传动装置，并对机械转动部分加油保养，确保机械传动装置灵活。

规程、规范和技术标准及相关要求：

（1）《泵站技术管理规程》（GB/T 30948）

（2）《泵站运行规程》（DB32/T 1360）

备查资料：

（1）泵站工程高压电气设备维修项目管理卡；

（2）泵站工程高压电气设备检修保养记录；

（3）泵站工程高压电气设备日常巡视记录表；

（4）泵站工程高压电气设备定期检查表；

（5）泵站工程高压电气设备试验报告；

（6）泵站工程高压电气设备完好图片资料。

参考示例：

（1）高压断路器的检查项目（见表4-103～表4-105）

表4-103　高压断路器运行前的检查项目

检查内容	检查结果	
	正常	异常情况说明
高压断路器控制方式检查		
手车控制开关位置检查情况		
手车位置检查情况		
柜门闭锁检查情况		
接地刀闸位置检查情况		

续表

检查内容	检查结果	
	正常	异常情况说明
绝缘子和绝缘套管检查情况		
绝缘拉杆和绝缘子检查情况		
导线接头连接处检查情况		
断路器外壳接地检查情况		
储能机构检查试验情况		

检查人：　　　　　　　　　　　　　　　　　日期：

表 4-104　高压断路器运行中的检查项目

检查内容	检查结果	
	正常	异常情况说明
断路器的分、合位置指示与 实际工况检查情况		
内部有无不正常的放电声		
带电显示器、各种表计显示检查情况		
绝缘子、绝缘套管检查情况		
绝缘拉杆和绝缘子检查情况		
导线接头连接处检查情况		
断路器外壳接地检查情况		
真空断路器灭弧室检查情况		
分、合线圈有无过热烧损检查情况		
弹簧操作机构储能指示检查情况		

检查人：　　　　　　　　　　　　　　　　　日期：

表 4-105　大容量高速开关柜运行中的检查项目

检查内容	检查结果	
	正常	异常情况说明
熔断器有无熔断		
母排接头处有无过热		
测控柜上的指示灯指示情况		

检查人：　　　　　　　　　　　　　　　　　日期：

（2）泵站高压开关设备检修项目

① 清扫柜体及接线桩头灰尘，检查桩头应无放电痕迹、发热变色。

② 检查开关应分、合灵活可靠，开关操作及指示机构应到位，测量断路器的行程、超行程及每相主导电回路电阻值应符合相关规定。

③ 柜体表面电气仪表进行校验工作。

④ 检查二次接线应紧固，辅助开关接触良好，接地线无腐蚀，如有腐蚀应进行更换。

⑤ 二次回路绝缘检查，一般大于等于 $1M\Omega$。

4. 低压电气设备

考核内容：低压电器电气试验结果符合国家现行相关标准的规定；主要零部件完好；电气保护元器件动作可靠；开关按钮动作可靠，指示灯指示正确；元器件运行温度符合规定；盘柜表计、指示灯等完好；柜内接线正确、规范。

赋分原则：低压电器电气试验结果不符合国家现行相关标准的规定，扣 2 分；主要零部件缺损，扣 1 分；电气保护元器件动作不可靠，扣 1 分；开关按钮动作不可靠，指示灯指示不正确，扣 1 分；元器件运行温度不符合规定，扣 1 分；盘柜表计、指示灯等缺损，扣 1 分；柜内接线不规范，扣 1 分。

条文解读：

（1）低压开关柜铭牌完整、清晰、柜前柜后均有柜名，抽屉或柜内开关上应准确标示出供电用途。

（2）低压开关柜外观整洁、干净，无积尘，防护层完好、无脱落、无锈迹，盘面仪表、指示灯、按钮及开关等完好，仪表显示准确、指示灯显示正常。

（3）开关柜整体完好，构架无变形，固定可靠。

（4）低压开关柜柜内接线整齐，分色清楚，二次接线端子牢固，端子编号清楚，电缆标牌齐全，标志清楚，柜内清洁无杂物、积尘。

（5）柜内导体连接牢固，母线导体之间连接处示温片齐全，无发热现象；开关柜与电缆沟之间封堵良好，防止小动物进入柜内。

（6）低压开关柜的金属构架、柜门及其安装于柜内的电器组件的金属支架与接地导体连接牢固，门体与开关柜用多股软铜线进行可靠连接，并有明显的接地标志；低压开关柜之间的专用接地导体均应相互连接，并与接地端子连接牢固。

（7）低压开关柜手车、抽屉进出灵活，闭锁稳定、可靠，柜内设备完好。

（8）开关柜门锁齐全完好，运行时柜门应处于关闭状态，对于重要开关设备电源或存在容易被触及的开关柜应处于锁定状态。

（9）柜内熔断器的选用及热继电器与智能开关保护整定值符合设计要求，漏电断路器应定期检测，确保动作可靠。

（10）操作箱、照明箱、动力配电箱的安装高度应符合规范要求，并作等电位联接，进出电缆应穿管或暗敷，外观美观整齐，箱体外壳接地可靠。

（11）设置在露天的开关箱应防雨、防潮，主令控制器及限位装置保持定位准确可靠，触头无烧毛现象。各种开关、继电保护装置保持干净，触点良好，接头牢固。

规程、规范和技术标准及相关要求：

《泵站运行规程》（DB32/T 1360）

备查资料：

（1）泵站工程低压电气设备维修项目管理卡；

（2）泵站工程低压电气设备检修保养记录；

（3）泵站工程低压电气设备日常巡视记录表；

（4）泵站工程低压电气设备定期检查表；

（5）泵站工程低压电气设备试验报告；

（6）泵站工程低压电气设备完好图片资料。

参考示例：

泵站低压开关柜检修项目

① 清扫柜体及接线桩头灰尘，检查桩头应无放电痕迹、发热变色；

② 检查开关应分、合灵活可靠，开关操作及指示机构应到位；

③ 柜体表面电气仪表进行校验工作；

④ 检查二次接线应紧固，接地线无腐蚀，如有腐蚀应进行更换；

⑤ 二次回路绝缘检查，一般大于等于1MΩ。

5. 励磁装置

考核内容： 励磁装置风机及控制回路运行正常；保护及信号装置工作可靠；励磁变压器运行正常；微机励磁装置通信正常；盘柜表计、指示灯等完好；柜内接线正确、规范。

赋分原则： 励磁装置风机及控制回路运行不正常，扣1分；保护及信号装置工作不可靠，扣1分；励磁变压器运行不正常，扣1分；微机励磁装置通信不正常，扣1分；盘柜表计、指示灯等缺损，扣1分；柜内接线不规范，扣1分。

条文解读：

（1）励磁柜铭牌完整、清晰、柜前柜后均有柜名。

（2）励磁柜外观整洁、干净，无积尘，防护层完好、无脱落、无锈迹，盘面仪表、指示灯、按钮及开关等完好，仪表显示准确、指示灯显示正常；触摸屏画面清楚，触摸灵敏；开关柜整体完好，构架无变形。

（3）励磁柜柜内接线整齐，分色清楚，二次接线排列整齐，端子接线牢固；一次接线桩头紧固，相序清楚，标志明显，桩头示温片齐全，无发热现象；开关柜与电缆沟之间封堵良好，防止小动物进入柜内。

（4）柜内元器件清洁、无积尘；空气开关主副触头接触良好，操作灵活；接触器通断可靠；灭磁电阻连接良好，无过热现象；主回路元器件完好，无发热损坏现象；散热器完好，散热片无变形；控制单元稳定可靠。

（5）同步电动机异步起动时，如过早投励或起动完毕后不投励，励磁系统应能自动跳闸停机；同步电动机产生失步时，励磁系统应能立即切除直流输出电压，并使同步电动机联锁停机。

（6）励磁系统应有灭磁装置，灭磁装置接线完好，无过热、损坏现象，并保证能可靠地灭磁。

（7）励磁变压器内外清洁，无积尘，铁芯无锈迹，线圈无过热现象，绝缘电阻符合正常要求；风机运行良好，无异常声音；温度指示准确。

（8）励磁柜的金属构架、柜门及其安装于柜内的电器组件的金属支架应与专门的接地导体连接牢固，并有明显的接地标志。

规程、规范和技术标准及相关要求：

《泵站运行规程》（DB32/T 1360）

备查资料：

（1）泵站工程励磁装置维修项目管理卡；

（2）泵站工程励磁装置检修保养记录；

（3）泵站工程励磁装置日常巡视记录表；

（4）泵站工程励磁装置定期检查表；

（5）泵站工程励磁装置试验报告；

（6）泵站工程励磁装置完好图片资料。

参考示例：

（1）泵站励磁装置检查项目（见表4-106）

表4-106　泵站励磁装置检查项目

序号	检查要求
1	每年定期检修保养一次
2	励磁变压器供给装置的电源正常
3	主电路的各元器件性能正常
4	装置的控制、调节单片机系统正常
5	各相励磁参数整定值正确
6	装置的启动、灭磁回路正常
7	冷却单元工作正常
8	连接装置与励磁变压器二次侧的空气断路器性能正常
9	各按钮、指示灯、警铃工作正常
10	仪表及采样信号正常
11	液晶屏输出的各参数与相应的仪表指示相符
12	与上位机通信正常
13	与保护装置的联动试验正常
14	与转子回路的联合静态调试每次不能超过15分钟

（2）泵站励磁装置运行中的检查项目（见表4-107）

表 4-107　泵站励磁装置运行中的检查项目

检查内容	检查结果	
	正常	异常情况说明
各表计指示应正常，信号显示应与实际工况相符		
各电磁部件无异声及过热现象		
各通流部件的接点、导线及元器件无过热现象		
励磁柜通风元器件、冷却系统工作应正常		
励磁装置的工作电源、操作电源、备用电源等应正常可靠，并能按规定要求投入或自动切换		
励磁变压器线圈、铁芯温度、温升不超过规定值；音响正常，表面无积污		
励磁变压器风机运转正常，温升不超过80℃		

检查人：　　　　　　　　　　　　　　　日期：

（3）泵站励磁系统维修项目

① 清扫柜体及接线桩头灰尘、污垢。

② 检查盘内一、二次接线应良好，一次接线、电缆与母线无损伤，无过热，无放电，紧固螺丝无松动。可控硅安装良好，散热片无破损。快速熔断器良好，一次标记清楚整洁。

③ 盘内各插件板、继电器、开关及其他元件标记清楚、正确，安装牢固、无损坏。

④ 盘内指示仪表指示正确，插件接触良好。

⑤ 进行控制、报警、跳闸系统联动试验，检查盘内照明、加热系统，检查处理灭磁开关触头，检查励磁装置冷却风机。

6. 直流装置

考核内容： 直流装置各项性能参数在额定范围内；绝缘性能符合要求；蓄电池能按规定进行充放电且容量满足要求；控制、保护、信号等回路控制器及开关按钮动作可靠，指示灯指示正确；盘柜表计、指示灯等完好；柜内接线正确、规范。

赋分原则： 直流装置各项性能参数不在额定范围内，扣1分；绝缘性能不符合要求，扣1分；蓄电池不能按规定进行充放电且容量不满足要求，扣1分；控制、保护、信号等回路控制器及开关按钮动作不可靠，指示灯指示不正确，扣1分；盘柜表计、指示灯等缺损，扣1分；柜内接线不规范，扣1分。

条文解读：

（1）直流盘柜铭牌完整、清晰，名称编号准确，电池屏及周围环境通风良好，周围环境无严重尘土、无爆炸危险介质、无腐蚀金属或损坏绝缘的有害气体、导电微粒和严重霉菌，蓄电池室通风良好，照明灯采用防爆灯具，亮度符合规定。

（2）直流屏、UPS柜外观整洁、干净，无积尘，防护层完好、无脱落、无锈迹；柜面仪表盘面清楚，显示准确，开关、按钮可靠；柜体完好，构架无变形。

（3）直流屏、UPS柜内一次接线整齐，分色清楚，二次接线排列整齐，端子接线牢固，无杂物、积尘；电池屏电池摆放整齐，接线规则有序，电池编号清楚，无发热、膨胀现象；屏柜与电缆沟之间封堵良好，防止小动物进入柜内。

（4）高频整流充电模块工作正常、切换灵活；触摸屏微机监控单元显示清晰、触摸灵敏；绝缘监控装置稳定准确；电池巡检单元、电压调整装置、交直流配电稳定可靠。

（5）直流系统能可靠进行数据监测及运行管理，对单体电池监测，电池容量测试，故障告警记录等；系统所有的信息均通过通信接口实现遥信、遥测、遥控等功能。

（6）系统应能根据蓄电池状态自动选择充电模式，进行均充电、浮充电及模式的切换，使系统一直处于最佳工作状态。

（7）屏柜的金属构架、柜门及其安装于柜内的电器组件的金属支架应有符合技术条件的接地，且与专门的接地导体连接牢固，并应有明显的接地标志。

（8）UPS在同市电连接时，应始终向电池充电，并且提供过充、过放电保护功能；如果长期不使用UPS，应定期对电池进行补充电，定期检查电池容量，电池容量下降过大或电池损坏时应整体更换。

（9）蓄电池每年进行核容性充放电保养，保养记录齐全，并应进行充放电总结。

规程、规范和技术标准及相关要求：

《泵站运行规程》（DB32/T 1360）

备查资料：

（1）泵站工程直流装置维修项目管理卡；

（2）泵站工程直流装置检修保养记录；

（3）泵站工程直流装置日常巡视记录表；

（4）泵站工程直流装置定期检查表；

（5）泵站工程直流装置试验报告；

（6）泵站工程直流装置充放电记录及保养报告；

（7）泵站工程直流装置完好图片资料。

参考示例：

（1）直流装置运行中的检查项目（见表4-108）

表4-108　直流装置运行中的检查项目

检查内容	检查结果	
	正常	异常情况说明
充电装置工作状态、充电电压、电池电压、控母电压、充电电流、负载电流和每块电池的端电压情况		

续表

检查内容	检查结果	
	正常	异常情况说明
直流母线正对地、负对地电压，直流系统对地绝缘情况		
蓄电池柜及蓄电池检查情况		
蓄电池电解液面、蓄电池温度检查情况		
蓄电池连接处无锈蚀、凡士林涂层应完好		

检查人：   日期：

（2）泵站直流装置充放电记录表（见表4-109）

表4-109 直流屏蓄电池充放电记录表

年   月   日

时间												
编号	电池电压											
1												
2												
3												
4												
5												
6												
7												
8												
9												
10												
11												
12												
13												
14												
15												
16												
17												
18												
放电电流												
总电压												

测量   记录

（3）泵站直流装置蓄电池电压测量记录表（见表 4-110）

表 4-110　蓄电池电压测量记录表

年　　月　　日

带电时测量值		不带电时测量值	
电池编号	电压值	电池编号	电压值
1		1	
2		2	
3		3	
4		4	
5		5	
6		6	
7		7	
8		8	
9		9	
10		10	
11		11	
12		12	

测量　　　　　记录　　

（4）泵站直流系统维修项目

① 检查直流系统应无灰尘、污垢、锈迹。

② 检查二次接线应紧固，接地线无腐蚀，如有腐蚀应进行更换；电池屏电池摆放整齐，接线规范有序，电池编号清楚，无发热、膨胀现象；屏柜与电缆沟之间封堵良好，防止小动物进入柜内。

③ 严格按厂家说明书对蓄电池进行充放电，及时测量蓄电池的电压等数据并保留相关记录，保证蓄电池的完好。

④ UPS 在同市电连接后，应始终向电池充电，并且提供过充、过放电保护功能；如果长期不使用 UPS，应定期对电池进行补充电，蓄电池应定期检查电池容量，电池容量下降过大或电池损坏时应整体更换。

7. 保护装置

考核内容：保护和自动装置动作灵敏、可靠；保护整定值符合要求，试验结果符合要求；自动装置机械性能、电气特性符合要求；开关按钮动作可靠且指示灯指示正确；通信正常；盘柜表计、指示灯等完好；柜内接线正确、规范。

赋分原则：保护和自动装置动作不灵敏、不可靠，扣 2 分；保护整定值不符合要求，电气试验结果不符合要求，扣 2 分；自动装置机械性能、电气特性不符合要求，扣 2 分；开关按钮动作不可靠且指示灯指示不正确，扣 1 分；通信不正常，扣 1 分；

盘柜表计、指示灯等缺损，扣1分；柜内接线不规范，扣1分。

条文解读:

（1）保护柜铭牌完整、清晰、柜前柜后均有柜名。

（2）保护柜外观整洁、干净，无积尘，防护层完好、无脱落、无锈迹；柜面各保护单元屏面清楚，显示准确，按钮可靠；柜体完好，构架无变形。

（3）柜内接线整齐，分色清楚，二次接线排列整齐，端子接线牢固，无杂物、积尘；保护柜与电缆沟之间封堵良好，防止小动物进入柜内。

（4）保护柜应有良好可靠的接地，接地电阻应符合设计规定；电子仪器测量端子与电源侧应绝缘良好，仪器外壳应与保护柜在同一点接地；测量绝缘电阻时，应拔出装有集成电路芯片的插件（光耦及电源插件除外）。

（5）日常检查维护中，不宜用电烙铁，如必须用电烙铁，应使用专用电烙铁，并将电烙铁壳体与保护柜在同一点接地。

（6）用手接触芯片的管脚时，应有防止人体静电损坏集成电路芯片的措施；只有断开直流电源后才允许插、拔插件。

（7）拔芯片应用专用起拔器，插入芯片应注意芯片插入方向，插入芯片后应经第二人检验无误后，方可通电检验或使用。

（8）微机保护装置应定期检查盘柜上各元件标志、名称是否齐全；检查转换开关、各种按钮、动作是否灵活，接点接触有无压力和烧伤；检查各盘柜上表计、继电器及接线端子螺钉有无松动；检查电压互感器、电流互感器二次引线端子是否完好；配线是否整齐，固定卡子有无脱落；检查空气开关分合是否正常。

规程、规范和技术标准及相关要求:

《泵站运行规程》（DB32/T 1360）

备查资料:

（1）泵站工程保护装置维修项目管理卡；

（2）泵站工程保护装置检修保养记录；

（3）泵站工程保护装置日常巡视记录表；

（4）泵站工程保护装置定期检查表；

（5）泵站工程保护装置试验报告；

（6）泵站工程保护装置完好图片资料。

参考示例:

（1）泵站保护装置检查项目（见表4-111）

表4-111　泵站保护装置检查项目

序号	内容
1	外观及接线检查：保护装置的硬件配置、标注及接线等应符合图纸要求。保护装置各插件上的元器件的外观质量、焊接质量应良好，所有芯片应插紧，型号正确，芯片放置位置正确。检查保护装置的背板接线应无断线、短路和焊接不良等现象，检查背板上抗干扰元件的焊接、连线和元器件外观是否良好。保护装置的各部件应固定良好，无松动现象，装置外形应端正，无明显损坏及变形现象。检查屏蔽接地和压板

序号	内容
2	绝缘检查：采用1000V摇表分别测量各组回路间及各组回路对地的绝缘电阻，绝缘电阻均应大于10MΩ。在测量某一组回路对地绝缘电阻时，应将其他各组回路都接地。在保护屏端子排处将所有电流、电压及直流回路的端子连接在一起，并将电流回路的接地点拆开，用1000V摇表测量整个回路对地的绝缘电阻，其绝缘电阻应大于1MΩ
3	保护装置通电自检：给装置送电，观察液晶屏或数码管等显示应正确。校准时钟。检查装置的日历时钟，应准确，如果不准确，应将其校准。功能键使用正常。各指示灯工作正常
4	数据采集系统的检验
4.1	零点漂移：微机保护装置各交流端子均开路，不加电压、电流。通过人机对话显示和键盘，观察各个模拟量采集值。对二次额定电流为5A的微机保护装置，采样值应在±0.3范围内；对于二次额定电流为1A的微机保护装置，采样值应在±0.1范围内。若检查的结果不符合要求，则应进行调整。对可直接通过人机对话显示和键盘调出相应的零漂调整菜单进行调整的，现场可调整；否则需生产厂家处理
4.2	电流、电压通道：各相分别加入一定数量的电流、电压，观察显示值的误差是否在该产品规定的误差范围内。若超过范围，则按调整零点漂移误差的方法进行调整。若某路模拟量不能加入该装置，则检查微机保护装置内的线路是否松脱、断线，对应的电流变换器或电压变换器、A/D（模数）转换器、U/F（压频）转换器是否损坏，以及电流、电压通道的其他元件是否损坏
5	配置保护功能主要检查项目及方法
5.1	开关量输出回路：此时应加入各相电流或电压值，使其达到微机保护的整定值，观察微机保护装置和微机监控后台的输出相应信号是否正确。若信号输出不正确，可以从端子排上检查对应装置输出常开接点是否接通，再一一检查对应电路的各芯片及其他元件是否损坏
5.2	告警信号：通过加某相电流使其达到告警值看装置是否发出告警信号的方式进行检查
5.3	开关量输入回路：用微机保护装置的正电源分别点接各个CPU插件上引入开关量的端子，如重瓦斯（若其在运行状态下，则跳闸压板应退出）、轻瓦斯、手车位置、断路器位置等，检查保护装置和后台是否呼唤相应的信号
5.4	定值输入功能：可通过人机对话显示和键盘，直接写入定值并固化，再通过查看功能检查写入定值的正确性。当定值被重新写入或修改后，最好加入电流或电压信号，重新进行检验
6	系统工作电压及负荷电流下的检验项目
6.1	接入系统电压，通入负荷电流，使装置处于正常运行状态。调出相应菜单，检查U_a、U_b、U_c和I_a、I_b、I_c是否符合以下要求：U_a超前U_b 120°，U_b超前U_c 120°，I_a超前I_b 120°，I_b超前I_c 120°，U_a和I_a、U_b和I_b、U_c和I_c之间的夹角应基本相等，并与系统功率因数一致。若符合以上要求，说明三相电压和电流对称且为正相序，而且负荷电流相位也正确。否则，应检查装置交流电压、交流电流回路接线（包括屏内连线）是否正确

（2）泵站保护装置二次回路检查项目（见表4-112）

表4-112　泵站保护装置二次回路检查项目

序号	项目	内容
1	绝缘电阻	直流小母线和控制盘的电压小母线，在断开所有其他并联支路时应不小于10MΩ
		二次回路的每一支路和断路器、隔离开关、操作机构的电源回路不小于1MΩ；在比较潮湿的地方，允许降到0.5MΩ
2	回路正确性检查	结合整组联动试验，检查二次回路接线的正确性

8. 其他电气设备

考核内容： 其他电气设备的各项参数满足实际运行需要；零部件完好；操作机构灵活；预防试验符合国家现行相关标准的规定。

赋分原则： 其他电气设备的各项参数不能满足实际运行需要，扣2分；零部件缺损，扣1分；操作机构不灵活，扣1分；预防试验不符合国家现行相关标准的规定，扣1分。

条文解读：

（1）其他电气设备管理要求参照相关规程规范和厂家说明书的规定。

（2）按规范要求进行电气预防性试验，试验报告齐全。

规程、规范和技术标准及相关要求：

《泵站技术管理规程》（GB/T 30948）

备查资料：

（1）电气设备预防性试验报告；

（2）设备维修项目管理卡；

（3）定期检查记录。

参考示例：

泵站主要电气设备试验项目（见表4-113）

表4-113　泵站主要电气设备试验项目

序号	试验项目		试验周期	备注
	设备名称	试验内容		
1	电动机、变频发电机	绕组绝缘电阻和吸收比	1年	
		绕组直流电阻		
		定子绕组泄漏电流和直流耐压	2~3年	
2	干式变压器	绝缘电阻和吸收比	1年	
		绕组直流电阻		
		测温装置及二次回路检查	必要时	
		交流耐压	3年	

续表

序号	试验项目		试验周期	备注
	设备名称	试验内容		
3	真空断路器	绝缘电阻、直流接触电阻	1年	
		交流耐压		
		合闸、分闸时间、同期性，触头开距及合闸时弹跳	2年	
4	隔离手车	交流耐压	1年	
5	氧化锌避雷器	绝缘电阻	1年	
		直流1mA电压（U_1mA）及 0.75 U_1mA 下的泄漏电流		
		检查放电计数器的动作情况		
6	电动机中性点避雷器	绝缘电阻、电导电流	1年	
7	电缆	绝缘电阻	1年	
		交流耐压	3年	
8	母线	绝缘电阻、交流耐压	1年	
9	电流互感器、电压互感器	绝缘电阻	1年	
		交流耐压	3年	
10	过电压保护器	绝缘电阻	1年	
		直流1mA电压（U_1mA）及 0.75 U_1mA 下的泄漏电流		
		工频放电电压		
11	真空接触器	导电回路电阻、绝缘电阻	1年	
		交流耐压		
12	继电保护	微机保护装置校验	1年	
		电流互感器伏安特性		
13	励磁装置	绝缘电阻、启动回路调试、励磁变压器	1年	
14	安全用具	绝缘棒	1年	
		绝缘手套、绝缘靴、验电器	0.5年	
15	接地装置	有效接地系统的电力设备的接地电阻	1年	
16	透平油	外状、黏度40OE、闪点（开口）℃	1年	
		水分、游离碳、机械杂质		

9. 电力电缆、电缆线路、照明线路

考核内容：无漏电、短路、断路、虚连等现象；架空线路下无树障，线路保持畅通，定期测量导线绝缘电阻值；油浸电缆电缆头无渗漏油，铅包及封铅处无龟裂现象，接地线牢固，无断股、脱落现象；直埋电缆附近地面无挖掘痕迹，标示桩完好无损，无堆放重物、腐蚀性物品及临时建筑，引入室内的电缆穿墙套管封堵严密；沟道内电缆盖板完整无缺，支架牢固，无锈蚀，沟道内无积水，电缆标示牌完整、无脱落。

赋分原则：存在漏电、短路、断路、虚连等现象扣 5 分；架空线路不畅通扣 2 分；没有定期测量导线绝缘电阻值扣 2 分；油浸电缆电缆头渗漏油，铅包及封铅处有龟裂现象，接地线不牢固，扣 5 分；直埋电缆附近地面存在挖掘痕迹，标示桩缺损、堆放重物、腐蚀性物品及临时建筑，引入室内的电缆穿墙套管封堵不严密，扣 5 分；沟道内电缆盖板缺损，支架固定不牢固、锈蚀，扣 2 分；沟道内积水，电缆标示牌缺损、脱落，扣 3 分。

条文解读：

（1）电缆编号齐全，标示牌内容齐全，无脱落、缺损。

（2）电力电缆敷设符合规定，直埋电缆附近地面没有挖掘痕迹，标示桩齐全，地面无堆放重物、腐蚀性物品及临时建筑，引入室内的电缆穿墙套管封堵严密，穿墙套管无损伤；敷设在电缆沟内的电缆线路、电缆支架固定牢固，全部接地，无锈蚀缺损，电缆沟盖板齐全，无缺损；电缆沟排水通畅，无积水，电缆沟出口有防止动物进入的措施。

（3）油浸电缆敷设高差在允许范围内，电缆头制作规范，不渗油；铅包及封铅处无龟裂现象，接地线牢固，接地可靠。

（4）架空线路架设规范，定期检查、养护，架空线路下无高秆杂草和树木，线路通畅。

（5）电缆线路、架空线路防雷设施配备齐全，并定期试验。

规程、规范和技术标准及相关要求：

《泵站运行规程》（DB32/T 1360）

备查资料：

（1）泵站工程电缆检修保养记录；

（2）泵站工程电缆日常巡视记录表；

（3）泵站工程电缆定期检查表；

（4）泵站工程电缆试验报告；

（5）泵站工程电缆完好图片资料。

参考示例：

泵站输电线路维修养护方法（见表 4-114）

表 4-114　泵站输电线路维修养护方法

序号	维修养护部位	存在的问题	维修养护方法
1	接地电阻	接地电阻数值不符合规定	当接地电阻超 10Ω 时，应补充接地极

序号	维修养护部位	存在的问题	维修养护方法
2	防雷接地器支架	防腐涂层有破损	及时修补局部破损
3	避雷针	避雷针（线、带）及地下线存在腐蚀	超过截面的30%时，应更换
4	焊接点或螺栓接头	导电部件的焊接点或螺栓接头有脱焊、松动现象	补焊或旋紧
5	防雷设施	构架上架设低压线、广播线及通信线	及时清理，每年在雷雨季前委托有资质的单位进行检测
6	避雷器	不灵敏	经检测不满足要求的，应修复或更换

10. 防雷装置和接地装置

考核内容： 避雷针本体焊接部分无断裂、锈蚀，焊接点保持良好；避雷器瓷套管无破损、无放电痕迹，法兰边无裂纹；导线及接地引下线连接牢固，无烧伤痕迹和断股现象；计数器密封良好，动作正确。

赋分原则： 避雷针锈蚀扣1分；焊接点脱落扣1分；避雷器瓷套管破损、有放电痕迹，法兰边有裂纹扣2分；导线及接地引下线连接不牢固扣2分，有烧伤痕迹和断股现象扣2分；计数器不密封，动作不正确扣2分。

条文解读：

（1）避雷针定期检查、养护，构件及焊接部位无锈蚀、断裂，焊接点保护良好，防腐层及油漆保护完好。

（2）避雷器瓷套管无污垢、破损和放电痕迹，法兰边无锈蚀、裂纹，导线及接地引下线敷设规范，连接可靠，接地线无烧伤痕迹和断股现象；雷击计数器有巡视记录，每年惊蛰前定期清零。

（3）接地装置接地电阻符合要求，每处接地引上线均与接地网相通，无锈蚀、脱落。

（4）避雷线、避雷带无锈蚀、折断，接地可靠。

（5）每年汛前应由具有资质的检测机构进行防雷接地专项检测，并出具检测报告。

规程、规范和技术标准及相关要求：

《泵站运行规程》（DB32/T 1360）

备查资料：

（1）泵站工程防雷接地装置检修保养记录；

（2）泵站工程防雷接地装置日常巡视记录表；

（3）泵站工程防雷接地装置定期检查表；

（4）泵站工程防雷接地装置检测试验报告；

（5）泵站工程防雷接地装置完好图片资料。

参考示例：

泵站防雷接地装置维修养护方法（见表4-115）

表 4-115　泵站防雷接地装置维修养护方法

序号	维修养护部位	存在的问题	维修养护方法
1	接地电阻	接地电阻数值不符合规定	当接地电阻超10Ω时，应补充接地极
2	防雷接地器支架	防腐涂层有破损	及时修补局部破损
3	避雷针	避雷针（线、带）及地下线存在腐蚀	超过截面的30%时，应更换
4	焊接点或螺栓接头	导电部件的焊接点或螺栓接头有脱焊、松动现象	补焊或旋紧
5	防雷设施	构架上架设低压线、广播线及通讯线	及时清理，每年在雷雨季前委托有资质的单位进行检测
6	避雷器	不灵敏	经检测不满足要求的，应修复或更换

十一、辅助设备维修养护

考核内容： 辅助设备外观整洁，标识清晰正确，表面涂漆完好，转动部分的防护罩完好；油泵、水泵、空压机（真空破坏阀）定期保养、检修，运行可靠；辅机控制系统工作可靠；管道和阀件标识规范，密封良好；各种控制阀启闭灵活，压力继电器、压力容器和各种表计等定期校验。信号准确，动作可靠；油系统油位、油压正常，油质、油量、油温符合要求，压力油和润滑油的油质定期检验，气系统工作压力正常；技术供水系统工作压力正常；排水系统工作正常；抽真空系统工作正常。

赋分原则： 辅助设备外观不整洁，扣1分；标识不清晰或不正确，表面涂漆缺损，转动部分的防护罩缺失，扣1~3分；油泵、水泵、空压机没有定期保养、检修，扣10分；辅机控制系统工作不可靠，扣10分；管道和阀件标识不规范扣2分，存在跑、冒、滴、漏、锈等现象扣3分；控制阀启闭不灵活，压力继电器、压力容器和各种表计等未定期校验，扣1~2分。油系统油压不正常，压力油和润滑油没有定期检验扣5分，油质、油量不满足使用要求扣5分；气系统工作压力不正常，扣2分；技术供水系统工作压力不正常，扣2分；排水系统工作不正常，扣2分；抽真空系统工作不正常，扣2分。

条文解读：

（1）有油、气、水系统图，并上墙明示；图上管路标识、设备名称、设备编号符合规定，并与现场一致；油、气、水系统密封完好，没有跑、冒、滴、漏现象；管道排列整齐，固定牢靠，标识规范；油质、压力容器、压力仪表经有资质部门检测合格，有检测报告，压力容器、压力仪表合格标签应贴在设备上；油泵、水泵、空压机等定期维修养护，运行正常；辅机系统维修养护计划、项目和经费有统计汇总表。

（2）油系统：

① 油系统主要包括压力油系统和润滑油系统，泵站压力油系统主要用于主水泵叶片角度调节，润滑油系统主要用于主电动机轴承润滑、主泵导轴承润滑。

② 油系统设备应有完整的铭牌，铭牌表面清洁，字迹清楚。

③ 设备及管道表面应完整清洁，无锈蚀、无油污、无积尘、无渗漏现象；各压力表表面清晰、指示准确；油箱油质、油位正常；配套电机防护罩、风扇完好无变形，风扇表面无积尘，盘动灵活。

④ 压力油装置储气罐排列整齐，固定可靠，表面整洁，铭牌、编号清楚，表面油漆无脱落。

⑤ 压力油装置仪表柜、控制柜干净整洁，控制设备动作可靠、灵敏。

⑥ 压力油和润滑油的质量标准应符合有关规定，其油温、油压、油量等应满足使用要求。

⑦ 油系统应保持畅通，各管道安全阀、止回阀、电磁阀等动作可靠、准确，阀门开关灵活，密封良好。

⑧ 油系统中的安全装置，压力继电器和各种表计等运行中不得随意调整。

（3）气系统：

① 泵站气系统主要包括低压压缩空气系统、抽真空系统，低压压缩空气系统主要用于真空破坏阀断流、机电设备吹扫、风动工具及管道、闸阀冲淤等；抽真空系统用于水泵启动和机组发电时起动机组。

② 气系统设备应有完整的铭牌，铭牌表面清洁，字迹清楚。

③ 设备及管道表面应清洁，无锈蚀、无油污、无积尘、无渗漏现象；各压力表表面清晰、指示准确；油箱油质、油位正常；配套电机防护罩、风扇完好无变形，风扇表面无积尘，盘动灵活。

④ 气系统储气罐应可靠固定，表面清洁，铭牌、编号清楚，表面油漆无脱落。

⑤ 润滑油定期检查油质、油位应正常。

⑥ 空压机冷却器整洁、通畅，无杂物、积尘。

⑦ 气系统管路应保持畅通，安全阀、止回阀等动作可靠、准确，阀门开关灵活，密封良好。

⑧ 电接点压力表等工作压力应符合规定要求，不得随意调整。

⑨ 真空泵排气过滤器、进出气口及管路畅通，油质、油位正常。

⑩ 真空破坏阀：

a. 关闭状态下密封良好。

b. 按水泵启动排气的要求调整阀盖弹簧压力，确保真空破坏阀开启、关闭灵活。

c. 吸气口附近不应有妨碍吸气的杂物。

d. 真空破坏阀的控制设备或辅助应急措施处于能够随时投入应急运用状态，确保机组停机后能及时打开真空破坏阀破坏虹吸管内真空。

（4）水系统：

① 泵站水系统主要包括供水系统、排水系统及消防用水等，供水系统主要供主电动机冷却水、水泵轴承润滑和填料函水封用水；排水系统主要排除泵房渗漏水、技术供水回水及其他废水等。供水方式分为直接供水和间接供水两种，泵站采用备用供水时为直接供水方式。

② 水系统设备应有完整的铭牌，铭牌表面清洁，字迹清楚。

③ 水系统设备及管道表面应清洁，无锈蚀、无油污、无积尘、无渗漏现象；各压力表表面清晰、指示准确；配套电机防护罩、风扇完好无变形，风扇表面无积尘，盘动灵活。

④ 水系统管路畅通，管道止回阀、电磁阀等动作可靠、准确，阀门开关灵活，密封良好。

⑤ 水系统压力表盘面清晰，指示准确。

⑥ 技术供水的滤水器工作正常，水质、水温、水量、水压等应满足设备用水的要求。

⑦ 回水示流装置良好，指示准确，信号上传正常。

⑧ 水泵积水坑干净，无积水，排水廊道集水井无淤积，水泵进水口无堵塞。

⑨ 供、排水泵工作可靠，对备用供、排水泵应定期切换运行。

⑩ 供水管路如出现渗漏现象，须及时查清原因，并进行处理。

⑪ 冬季应防止管道内存水冻结。

规程、规范和技术标准及相关要求：

（1）《泵站技术管理规程》（GB/T 30948）

（2）《泵站运行规程》（DB32/T 1360）

（3）《江苏省泵站技术管理办法》

备查资料：

（1）泵站工程油、气、水辅机设备维修项目管理卡；

（2）泵站工程油、气、水辅机设备检修保养记录；

（3）泵站工程油、气、水辅机设备日常巡视记录表；

（4）泵站工程油、气、水辅机设备定期检查表；

（5）泵站工程油、气、水辅机设备校验报告；

（6）泵站工程油、气、水辅机设备完好图片资料。

参考示例：

（1）泵站油系统检查项目（见表4-116、表4-117）

表4-116　压力油系统运行前的检查项目

检查内容	检查结果	
	正常	异常情况说明
润滑油、压力油的质量标准检查情况		
油温、油号、油量检查情况		
压力油系统可靠性检查情况		
叶片调节机构检查情况		
各表计指示检查情况		

检查人：　　　　　　　　　　　　　　　　　　　　日期：

表 4-117　压力油系统运行中的检查项目

检查内容	检查结果	
	正常	异常情况说明
油压装置运行情况		
油温、油量检查情况		
叶片调节机构运行情况		
各表计指示检查情况		

检查人：　　　　　　　　　　　　　　　　　日期：

（2）泵站油系统维修项目

① 检修周期

A. 大修周期

油泵每运行 4000～5000 小时，系统大修一次。根据油系统中各设备的技术状况和零部件的磨损、腐蚀、老化程度及运行维护条件，综合分析判断，认为确有必要时进行，如运行良好也可考虑推迟。

B. 小修周期

系统小修 1 年一次，运行环境较差的设备可适当缩短小修周期。

C. 临时性检修

根据系统实际运行状况，发生的故障或隐患而进行。

② 检修项目

A. 齿轮泵小修项目

a. 检查油封，必要时更换填料，调整压盖间隙或修理机械密封。

b. 检查清洗过滤器。

c. 校正联轴器对中。

d. 局部防腐处理。

B. 齿轮泵大修项目

a. 包括小修项目。

b. 解体检查各零部件磨损情况。

c. 修理或更换齿轮、齿轮轴、端盖。

d. 检查修理或更换轴承、联轴器、壳体和填料压盖。

e. 更换填料或机械密封。

C. 压油装置检修项目

a. 校验压力表及安全阀，安全阀、卸荷阀的检修。

b. 管道及闸阀、滤油器等附件的检修。

c. 传感器、压力表计的检修、校验。

d. 系统用油的处理或换油。

e. 清扫油箱，并喷涂耐油漆。

③ 解体检修与组装

A. 解体检修

a. 拆开联轴器，检查对中。

b. 拆卸后端盖检查轴承。

c. 拆卸压盖，检查填料密封或机械密封。

d. 检查齿轮、齿轮轴和轴承。

B. 组装

a. 将检修、更换后的零部件清洗晾干。

b. 装入主动齿轮、从动齿轮。

c. 根据齿轮泵质量标准测量齿轮间隙。

d. 安装泵端盖。

e. 安装密封圈、填料、密封压紧盖。

f. 安装联轴器。

g. 组装过程必须符合齿轮泵工艺及质量标准。

（3）泵站气系统检查项目（见表 4-118、表 4-119）

表 4-118　压缩空气系统运行前的检查项目

检查内容	检查结果	
	正常	异常情况说明
压缩空气系统安全装置检查情况		
压缩空气系统继电器及各表计检查情况		
压缩空气系统压力值检查情况		
空压机检查情况		
备用空压机检查情况		

检查人：　　　　　　　　　　　　　　　　　　日期：

表 4-119　压缩空气系统运行中的检查项目

检查内容	检查结果	
	正常	异常情况说明
压缩空气系统安全装置运行情况		
压缩空气系统继电器及各表计指示情况		
压缩空气系统压力值运行情况		
空压机运行情况		
备用空压机运行情况		

检查人：　　　　　　　　　　　　　　　　　　日期：

（4）泵站气系统维修项目

螺杆式空气压缩机的检修应按以下检修周期进行。

① 运转 500h

a. 新设备使用后第 1 次换油过滤器。

b. 更换冷却液。

② 运转 1000h

a. 检查进气阀动作及活动部位，并加注油脂。

b. 清洁空气过滤器。

c. 检查管接头固定螺栓及紧固电线端子螺丝。

③ 运转 2000h 或 6 个月

a. 检查各部分管路。

b. 更换空气滤清器滤芯和油过滤器。

④ 运转 3000h 或 1 年

a. 清洁进气阀，更换 O 形密封环，加注润滑油脂。

b. 检查泄放阀。

c. 更换油气分离器，更换螺杆油。

d. 检查压力维持阀。

e. 清洗冷却器，更换 O 形密封环。

f. 更换空气滤清器滤芯、油过滤器。

g. 电动机加注润滑油脂。

h. 检查起动器的动作应正常。

i. 检查各保护压差开关动作应正常。

⑤ 运转 20000h 或 4 年

a. 更换机体轴承及油封，调整间隙。

b. 测量电动机绝缘，应在 1MΩ 以上。

（5）泵站水系统检查项目（见表 4-120、表 4-121）

表 4-120　冷却水系统运行前的检查项目

检查内容	检查结果	
	正常	异常情况说明
技术供水的水质、水温、水量、水压检查情况		
各闸阀开启关闭情况		
示流装置，供水管路检查情况		
供、排水泵莲蓬头检查情况		
集水坑和排水廊道检查情况		
供、排水泵检查情况		
备用供、排水泵检查情况		
供、排水系统滤水器检查情况		
排水廊道水位计检查情况		

检查人：　　　　　　　　　　　　　　　　　日期：

表 4-121　冷却水系统运行中的检查项目

检查内容	检查结果	
	正常	异常情况说明
示流装置，供水管路运行情况		
冷却水压力指示		
集水坑和排水廊道水位情况		
供、排水泵运行情况		
备用供、排水泵运行情况		
供水系统滤水器运行情况		
排水廊道水位计报警装置动作的可靠性		

检查人：　　　　　　　　　　　　　　　　　日期：

（6）泵站水系统维修项目

① 检修周期

A. 大修周期

a. 离心泵每运行 4000～5000h，系统大修一次。

b. 根据系统运行中各设备运行情况和零部件的磨损、腐蚀、老化程度，以及运行维护条件，综合分析认为确有必要时进行，如运行良好可考虑推迟。

B. 小修周期

每 1 年进行一次供、排水系统小修。

C. 临时性检修

根据水泵实际运行状况所发生的故障或缺陷随时进行。

② 检修项目

水系统检修包括离心泵、闸阀、底阀、逆止阀、管道、滤网、测量元器件。

A. 离心泵小修项目

a. 检查油封，更换填料，或修理机械密封，进行渗漏处理。

b. 检查各部分螺栓紧固情况。

c. 局部防腐补漆。

d. 检查底阀无漏水、淤塞。

e. 检查过滤器、吸入管无堵塞。

f. 轴承加注符合规定的润滑油。

g. 更换磨损零件。

h. 机组无噪声及振动。

B. 离心泵大修项目

a. 包括小修项目。

b. 解体检查各部件的磨损情况。

c. 检查或更换轴承、轴承端盖。

d. 检查或更换叶轮、挡水圈、填料函、键。

e. 检查或维修泵体。

f. 更换密封。

g. 逆止阀的检修。

h. 管道及其他附件的检修。

③ 卧式离心泵解体检修与组装

A. 离心泵解体检修

a. 拆卸进水管法兰螺栓，水泵地脚螺栓。

b. 拆卸叶轮室泵盖。

c. 拆卸叶轮旋紧螺母，取下叶轮、键。

d. 拆卸轴承压盖、填料压盖、填料。

e. 取出挡水圈、泵轴。

f. 取出密封环。

B. 闸阀的解体

a. 拆卸法兰上固定螺母，取出旋盘。

b. 拆卸压紧螺母，取出填料。

c. 在阀盖与阀体上打印标记，并拆卸阀盖。

d. 取出阀盖、阀芯、阀杆。

C. 逆止阀的解体

a. 拆卸逆止阀盖板。

b. 旋开阀体侧转动芯杆定位螺丝。

c. 松开阀门与转动芯杆固定螺栓。

d. 取出转动杆。

e. 取出阀门。

f. 取出铜套。

④ 立式单级离心泵检修及组装

A. 离心泵检修

a. 卸下泵联体螺母，抽出全部转动部件。

b. 清理检查叶轮、叶轮室、密封环。

c. 更换经检查后不能使用的零部件及填料。

B. 闸阀的组装

a. 清理、检查闸阀各零部件。

b. 更换经检查后不合格的零部件及填料。

c. 依拆卸逆顺序进行组装。

C. 逆止阀的组装

a. 检查阀芯体各零部件并进行处理。

b. 更换经检查后不合格的零部件。

c. 依拆卸逆顺序进行组装。

D. 离心泵的组装

a. 安装前检查设备零部件应已清理或修复。

b. 盘车应灵活，无阻滞、卡住现象，无异常声音。

c. 管道内部和管端应清洗干净，密封面和螺纹不应损坏，相互连接的法兰端面或螺纹轴心线应平行、对中，不应强行连接。

d. 管路与泵连接后，不应再在其上进行焊接和气割，防止焊渣进入泵内损坏泵的零件。

e. 外观喷涂油漆。

E. 离心泵的调试

a. 在电气二次控制设备确保可靠正确的前提下，进行水泵的单机试运转。

b. 将泵出水管上阀件关闭，随泵启动运转再逐渐打开，并检查有无异常，电动机温升、水泵运转、压力表数值、接口严密程度等是否符合要求。

十二、金属结构维修养护

考核内容：金属结构设备外观整洁；标识清晰正确，表面涂漆完好，转动部分的防护罩完好；水泵出水压力管道及伸缩器（节）无变形、锈蚀、位移、渗漏等现象，镇墩结构完好；虹吸真空破坏装置、快速闸门、拍门、出口工作阀等断流装置工作安全、可靠；闸门、拍门及门槽、出口工作阀等的结构完好、无变形，防护涂层基本完好，止水装置（密封）完好；拦污栅结构和清污装置完好，拦污、清污效果好；起重设备工作安全可靠，有技术质量监督部门出具的检测报告；其他金属结构无变形、裂纹、折断、锈蚀。

赋分原则：金属结构设备外观不整洁，扣1分；标识不清晰或不正确，表面涂漆缺损，转动部分的防护罩缺失，扣1~3分；水泵出水压力管道及伸缩器（节）有变形、锈蚀、位移和渗漏等现象，镇墩存在破损，扣1~5分；断流装置不能安全、可靠工作，扣5分；闸门、拍门及门槽、出口工作阀等的结构缺损、变形，锈蚀较严重，止水装置（密封）缺损，扣1~5分；拦污栅结构和清污装置零部件缺损，拦污、清污效果较差，扣1~4分；起重设备不能安全可靠工作，无技术质量监督部门出具的检测报告，扣5分；其他金属结构存在较严重变形、裂纹、折断、锈蚀等现象，扣1~3分。

条文解读：

金属结构维修养护标准基本相同，主要注意以下方面：

（1）结构完整，各部构件无变形、锈蚀。

（2）转运部件润滑正常，运转灵活。

（3）接地可靠，接地电阻符合规定。

（4）金属结构设备防腐保护层完好，外观整洁，标志标识规范。

（5）钢闸门无变形，表面防护漆完好，无脱落、无锈迹；发现局部锈斑、针状锈迹时，应及时补漆。

（6）钢闸门应保持清洁，梁格内无积水，闸门横梁、门槽及结构夹缝处等部位的杂物应及时清理，附着的水生物、泥沙和漂浮物等杂物应定期清除。

（7）闸门止水橡皮表面应光滑平直，止水橡皮接头胶合应紧密，接头处不应有错位、凹凸不平和疏松现象，止水压板锈蚀严重时，应予更换，压板螺栓、螺母应齐全。

（8）钢闸门出现严重锈蚀或涂层出现剥落、鼓泡、龟裂、明显粉化等老化现象时，应尽快采取防腐措施加以保护，可采用喷砂除锈后再作防腐涂层或喷涂金属等。

（9）钢闸门门体的局部构件锈损严重的，应按锈损程度，在其相应部位加固或更换。

（10）闸门的连接紧固件如有松动、损坏、缺失，应分别予以紧固、更换、补全；焊缝脱落、开裂锈损，应及时补焊。

（11）吊座与门体应联结牢固，销轴的活动部位应定期清洗加油。吊耳、吊座出现变形、裂纹或锈损严重时应更换。

（12）拦污栅表面应清理干净，栅条平顺，无缺损变形、卡阻、杂物、脱焊等。

（13）拦污栅人孔小门应能开足位置，开关灵活，固定良好。

（14）行车、电动葫芦、手拉葫芦等起吊设备经质量监督机构检测合格，有检测报告，合格证应挂在设备现场。

规程、规范和技术标准及相关要求：

（1）《泵站技术管理规程》（GB/T 30948）

（2）《泵站运行规程》（DB32/T 1360）

（3）《江苏省泵站技术管理办法》

备查资料：

（1）泵站工程金属结构件维修项目管理卡；

（2）泵站工程金属结构件检修保养记录；

（3）泵站工程金属结构件日常巡视记录表；

（4）泵站工程金属结构件定期检查表；

（5）泵站工程行车校验报告；

（6）泵站工程金属结构件完好图片资料。

参考示例：

（1）泵站拦污栅维修养护项目及标准

① 吊出拦污栅检查变形、损坏情况，清理杂物，检查拦污栅小门铰链应焊接牢固，拦污栅、小门、小门铰链如有损坏应及时维修，锈蚀应做防腐处理。

② 检修流程：

栅条焊接施工工艺顺序：除锈→清理表面→焊接→清理→检查。

油漆防腐施工工艺顺序：除锈→清理表面→刷防锈漆→刷底漆→刷面漆。

③ 拦污栅的焊接与防腐：

a. 检查焊接设备应正常，焊机外壳应可靠接地或接零，操作场所无易燃易爆物品。

b. 焊前要清除焊件表面铁锈、油污、水分等杂物，焊条必须干燥。

c. 焊缝的宽度一般在焊条直径的 1.5～2 倍之间。

d. 焊接过程中，宜采用锤击焊缝金属的方法以减少焊件残余应力。

e. 焊接后焊件要注意缓慢冷却，并根据需要及时进行清除应力的处理。

f. 焊接完毕后，用钢丝刷清除焊渣及杂质，并将焊接好的工件平放整齐，防止变形。

g. 拦污栅焊缝、焊疤应进行除锈。

h. 金属表面宜打磨出金属光泽，然后刷防腐底漆一遍，涂刷均匀且不漏刷。

i. 再刷两道面漆，涂刷应均匀，不得漏刷、透底，不脱皮起泡返锈，表面光滑平整、黏结牢固。

（2）泵站电动葫芦维修养护项目及标准

① 钢丝绳应符合《起重机械用钢丝绳检验和报废实用规范》，并具有合格证明，其报废、更新标准应符合《起重机械安全规程》的规定。

② 更换钢丝绳时，要保证总破断拉力不低于原设计标准，缠绕或更换钢丝绳时，不能打结。

③ 当吊钩处于工作位置最低点时，钢丝绳在卷筒上除绕固定绳尾的圈数外，还必须有不少于2圈的缠绕量。

④ 钢丝绳润滑前必须用钢丝刷清除绳上污物，润滑时要将润滑油浸入钢丝绳内部。

⑤ 吊钩的钩子应能在水平面内360°和垂直方向大于180°的范围内灵活转动。

⑥ 吊钩表面应光滑，不准有剥落、锐角、毛刺、裂纹、折皱及刀痕等缺陷，不允许焊或修补吊钩上的缺陷。

⑦ 滑轮绳槽的表面要光滑，不得有损伤钢丝绳的缺陷，滑轮出现裂纹或损害钢丝绳的缺陷时，应予更换。

⑧ 限位器的动作必须灵敏可靠，吊钩提升到极限位置，碰撞限位器顶板时，应作用在顶板的中部。

⑨ 制动轮的制动摩擦面不应有妨碍制动性能的缺陷或沾染油污，制动轮出现裂纹或磨损严重时，应予更换，制动弹簧出现裂纹和塑性变形时，应报废更换。

⑩ 轨道的两终端须装弹性缓冲器，轨道因腐蚀或磨损而承载能力降低至原设计承载能力的87%或受力断面腐蚀或磨损达原厚度的10%时，如不能修复，应予更换。

⑪ 轨道因产生塑性变形，使运行机构不能正常运行，而冷加工不能校正时，应予更换。

⑫ 轨道对接高低错位应不大于1mm，凸起部位应打磨平滑。

十三、启闭机维修养护

一般要求： 防护罩、机体表面保持清洁；无漏油、渗油现象；油漆保护完好；标识规范、齐全。

赋分原则： 防护罩、机体表面不清洁，扣1~3分；存在漏油、渗油现象，扣2~5分；设备存在锈蚀现象，扣2~5分；标识不规范、齐全，扣1~2分。

条文解读：

防护罩、机体表面保持清洁；传动部位定期保养，保持润滑；润滑系统注油设施可靠，油路、油质、油量符合规定；控制系统动作可靠；开高及限位装置准确可靠。

1. 卷扬式启闭机

考核内容： 启闭机的联接件保持紧固；传动件的传动部位保持润滑；限位装置可

靠；滑动轴承的轴瓦、轴颈无划痕或拉毛，轴与轴瓦配合间隙符合规定；滚动轴承的滚子及其配件无损伤、变形或严重磨损；制动装置动作灵活、制动可靠；钢丝绳定期清洗保养，涂抹防水油脂。

赋分原则： 每台启闭机存在1项次缺陷扣 $10/n$ 分（n 为启闭机台数）；维修养护记录不规范，扣5分。

条文解读：

（1）闸门放到底后钢丝绳在滚筒上预留圈数不得少于4圈，且固定可靠，绳头捆绑美观、长度一致（10cm左右）。

（2）启闭机机架、电机及控制箱外壳等接地可靠，设备之间不允许跨接，接地电阻≤4Ω，接地线标色规范（10cm黄绿相间或黑色）。

（3）启闭机标色规范，转动部位大红色（警告色），油杯、油标尺顶部大黄色（警示色），启闭机及机架油漆颜色没有特别规定，但不要选用警告警示色，最好能与周围环境协调。

（4）电机及抱闸线圈绝缘电阻≥0.5MΩ，测量记录规范（日期、天气、温度、仪表型号、测量人）；抱闸间隙在1mm左右，两侧间隙均匀，调整记录完整；制动轮表面应光洁，没有凹陷、压痕和不均匀磨损，如有这类缺陷，当制动轮深度超过1mm时，车轮应重新加工，并进行热处理以保证表面硬度。

（5）齿轮、滚筒、传动轴等受力部件无损伤，无锈蚀，齿轮啮合大于接触面2/3以上，无咬齿现象；联轴器联接可靠，转动方向标志齐全。

（6）启闭机上下限位可靠，开度指示准确。

（7）润滑系统油量适中（减速箱油位：大齿轮最低齿端以上2~3齿高，油杯加油需反复旋转添加，直到轴瓦端有新油挤出，再为油杯加满油），润滑正常，油质合格（有检测报告）。

（8）减速箱无渗漏现象；减速箱轴伸端、齿型联轴器密封完好，不渗油。

2. 液压式启闭机

考核内容： 供油管和排油管敷设牢固；活塞杆无锈蚀、划痕、毛刺；活塞环、油封无断裂、失去弹性、变形或严重磨损；阀组动作灵活可靠；指示仪表指示正确并定期检验；贮油箱无漏油现象；工作油液定期化验、过滤，油质和油箱内油量符合规定。

赋分原则： 供油管和排油管敷设不牢固，扣2~5分；油缸漏油，每个扣2分；阀组动作失灵，每套扣10分；仪表指示失灵，每表扣1分；贮油箱渗漏油，扣3~5分；油质不合格，扣10分；维修养护记录不规范，扣2~5分。

条文解读：

（1）有油压系统图，图上管线、闸阀标识规范，油泵、电机、闸阀、油缸等编号齐全、规范，并在油压站（回油箱）现场上墙明示，设备现场编号应与系统图编号一致。

（2）油管敷设整齐美观，固定牢固；油管标识规范，压力油管大红色，回油管大黄色，闸阀黑色。

（3）油泵及电机转动方向标志醒目，补油箱、回油箱应有油标尺，并要标示上、下限油位线。

（4）液压油应定期过滤，液压油和压力仪表应定期（两年一次）校验，并且有有资质单位出具的校验报告。

（5）油压系统溢流阀压力设置合理，换向阀和手动回油阀工作可靠。

（6）活塞杆表面光滑，无污垢，有防尘套保护。

（7）开度仪工作正常，开度指示准确。

（8）液压站机架、回油箱、补油箱、油泵及电机外壳、管道等应可靠接地，设备之间不允许跨接，接地电阻≤4Ω。

3. 螺杆式启闭机

考核内容： 螺杆无弯曲变形、锈蚀；螺杆螺纹无严重磨损，承重螺母螺纹无破碎、裂纹及螺纹无严重磨损，加油程度适当，维修养护记录规范。

赋分原则： 螺杆存在弯曲变形、锈蚀现象，扣3～10分；螺杆螺纹严重磨损，扣5～10分；承重螺母螺纹存在破碎、裂纹及螺纹严重磨损，扣10分；加油不符合规定，扣3～5分；维修养护记录不规范，扣2～5分。

条文解读：

（1）螺杆启闭机固定牢固，上下限机械限位、电气限位准确可靠。

（2）开度指示清晰、准确、美观。

（3）电动启闭的螺杆启闭机、联轴器联接可靠，联轴器上需加防护罩，转动部件刷大红漆，电机及启闭机外壳可靠接地，设备之间不允许跨接，接地电阻≤4Ω，减速箱油位适中，油质合格。

（4）有限载保护的螺杆启闭机，弹簧压力调整合理，限载可靠。

备查资料：

（1）泵站工程启闭机维修项目管理卡；

（2）泵站工程启闭机检修试验记录表；

（3）泵站工程启闭机日常巡视记录表；

（4）泵站工程启闭机定期检查表；

（5）泵站工程启闭机专项检查表；

（6）泵站工程启闭机油质化验报告；

（7）泵站工程启闭机压力仪表、配套电机试验报告；

（8）泵站工程启闭机完好图片资料。

十四、微机监控、视频监控系统

考核内容： 微机监控、视频监视系统运行管理制度完善，设定安全等级操作权限；不间断电源装置逆变正常；监控系统及网络通信系统运行正常；监控网采用必要的安全防护隔离；现场控制单元运行正常；执行元件、信号器、传感器等工作可靠；自动控制安全可靠；音响、显示报警信号系统工作正常；历史数据定期转录并存档；视频监视系统工作正常，调节可靠，图像清晰。

赋分原则： 微机监控、视频监视系统运行管理制度不完善，扣1～2分；未设定安全等级操作权限，扣1分；不间断电源装置逆变不正常，扣1分；监控系统及网络通信系统运行不正常，扣2分；监控网未采用必要的安全防护隔离，扣2分；现场控制单元运行不正常，扣2分；执行元件、信号器、传感器等工作不可靠，扣2分；自动控制不可靠，扣2分；音响、显示报警信号系统工作不正常，扣2分；历史数据没有定期转录和存档，扣1分；视频监视系统工作不正常，调节不可靠，图像不清晰，扣1~5分。

条文解读：

（1）微机监控设备、视频监控设备外观整洁、干净，无积尘。

（2）现场监控单元柜面、仪表盘面清洁，显示准确，开关、按钮、连接片、指示灯等完好，可靠。

（3）柜体的管理标准同开关柜的管理标准。

（4）硬件具有通用性、软件模块化，适应系统发展变化的需要。

（5）监控系统应做到尽量简单可靠，不同设备之间工作协调、配合良好。

（6）微机监控设备不能频繁开启电源，开启电源时间间隔应在5min以上，以免烧毁机器设备和减少设备使用寿命。

（7）微机监控机房采用联合接地，接地电阻应<1Ω，机房内各通信设备、通信电源应尽量合用同一个保护接地排。

（8）微机监控系统机房接地系统应完好，其防雷接地应与机房的保护接地共用一组接地体。

（9）微机监控主机应做到：

① 计算机主机、显示器及附件完好，机箱封板严密，按照标准化管理要求定点摆放整齐。

② 计算机机箱内外部件清洁，无积尘，散热风扇、指示灯工作正常。

③ 计算机线路板、各元器件、内部连线连接可靠，接插紧固。

④ 计算机显示器、鼠标、键盘等配套设备连接可靠，工作正常，定期擦拭，保持清洁。

⑤ 计算机工作电压正常，电源插头连接可靠，接触良好。

⑥ 计算机磁盘定期维护清理，重要数据定期备份。

⑦ 计算机主机应放置于通风、防潮、防尘场所，机箱上禁止放其他物品，移动设备未经允许不得随意移动。

⑧ 计算机开启应该严格遵守计算机使用规程，不能强行关机，机器在运行时强行关掉电源，会造成硬盘划伤及系统文件丢失，无法正常工作。

⑨ 不能擅自拆卸机器设备，不准在带电状态下进行通信及数据传输端口的热插拔。

⑩ 非管理人员不能擅自更改系统设置参数、修改机器内的原始文件，避免因更改系统参数及文件造成系统死锁或不能正常工作。

⑪ 不得在计算机内擅自安装其他软件，尤其是游戏软件及其他商业应用软件，以免感染病毒或造成软件不兼容，致使系统死锁或无法正常工作。

⑫ 关键岗位的计算机应配备不间断电源，并配备预装同类软件的计算机作为紧

急时备用。

（10）视频监控系统应做到：

① 硬盘录像主机、分配器、大屏、摄像机等设备运行正常，表面清洁，散热风扇、加热器等设施完好，工作正常。

② 硬盘录像软件运行正常。

③ 图像监视、球机控制、录像、回放等功能正常。

④ 视频摄像机机架无锈蚀，安装固定可靠，及时清洁摄像机镜头，保持监控效果良好。

⑤ 视频摄像机线路整齐，连接可靠，信号传输通畅，电源电压符合工作要求。

⑥ 可调视频摄像机接线不影响摄像头转动，避免频繁调节，尽量不要将摄像头调到死角位置。

⑦ 设备正常运行后不要轻易打开监控柜、电视墙等，以免触碰设备的电源线、信号线端口造成接触不良，影响系统正常工作。

⑧ 操作摇杆动作不能过激过猛，以免折断或造成接触不良，操作键盘应避免其他液体洒入，以免造成短路致使系统主机烧毁。

规程、规范和技术标准及相关要求：

《泵站技术管理规程》（GB/T 30948）

备查资料：

（1）泵站工程监控系统维修制度；

（2）泵站工程监控系统定期检查记录；

（3）泵站工程监控系统维修记录。

参考示例：

（1）工程监控系统维修制度

① 工程监控系统维修应有专人负责，并配备合理的专业维修人员，软件、硬件工程师各一名。

② 维修人员应熟练掌握泵站、水闸自动控制系统、视频监视系统和通信网络的技术性能和维修要求，具有故障的应急处理及应用软件的修改完善能力。

③ 维修人员应及时解决系统运行中出现的故障和日常维护中发现的问题，对较大故障或一时难以修复的故障应及时提出应急维修方案，报处职能部门批准后实施。

④ 维修人员应按监控系统定期检查记录要求，定期对监控系统进行全面的检查、维护，每年两次，即汛前（3月底前完成）和汛后（10月底前完成）各一次；检查、维护结束后，向处职能部门及相关工程单位提交定期检查记录；汛后检查报名应包括下年度监控系统维修计划、技术改进方案等。

⑤ 监控系统故障维修后，维修人员应及时填写故障维修记录，详细记录故障发生时间、情况、处理经过等。

⑥ 应用软件修改后，维修人员应及时备份应用软件，并填写应用软件修改记录，详细记录应用软件修改内容、修改时间、修改人员、备份文件存储路径。

⑦ 维修人员应定期备份应用软件，并填写应用软件备份记录，详细记录备份内

容、备份时间、备份人员及备份文件存储路径。

⑧ 维修人员应定期转存历史数据库中的历史数据，并填写历史数据转存记录，详细记录转存内容、转存时间、转存人员及数据文件存储路径。

⑨ 监控系统应按技术档案管理要求专门建立文字档案记录，主要包括系统档案记录、应急维修方案、定期检查记录、故障维修记录、应用软件修改记录、应用软件备份记录、历史数据转存记录等，其中系统档案记录应详细记录各工程监控系统相关用户名、密码、设定值等内容。

（2）泵站视频监控系统检查表（见表4-122）

表4-122　泵站视频监控系统检查表

检查部位	检查项目及要求		检查结论
	编号	检查内容	
硬盘录像机	1	外观检查	
	2	机壳内、外部件及散热风扇清理	
	3	接插件、板卡及连接件固定	
	4	电源电压、接地检查等	
	5	显示器、鼠标、键盘等配套设备清理和检查	
	6	硬盘录像机启动、自检、运行状态检查	
	7	散热风扇、指示灯及配套设备运行状态检查	
	8	网络接口配置、运行状态、连通性检查	
摄像机	1	外观检查与清理	
	2	现场照明照度检查	
	3	摄像机安装位置检查	
	4	摄像机云台及镜头检查	
其他设备	云台、解码器、分配器、视频光端机、视频分配器、专用线缆、适配器等设备检查		
系统功能	1	硬盘录像机配置文件检查	
	2	各个通道的图像检查	
	3	图像清晰度检查	
	4	各个活动摄像机的控制功能检查与测试	
	5	硬盘录像机录像及回放功能检查与测试	
	6	硬盘录像机远程浏览功能测试	

（3）泵站监控系统检查表（见表4-123）

表4-123　泵站监控系统检查表

检查部位	检查项目及要求		检查结论
	编号	检查内容	
硬件	1	外观检查	
	2	机壳内、外部件及散热风扇清理	
	3	接插件、板卡及连接件固定	
	4	电源电压、接地检查等	
	5	显示器、鼠标、键盘等配套设备清理和检查	
	6	计算机启动、自检、运行状态检查	
	7	散热风扇、指示灯及配套设备运行状态检查	
	8	网络接口配置、运行状态、连通性检查	
	9	主、从设备的检查与定期轮换运行	
操作系统	1	操作系统启动画面、自检过程、运行过程检查	
	2	计算机 CPU 负荷率、内存使用率检查	
	3	应用程序进程或服务状态检查	
	4	计算机的磁盘空间检查、优化，临时文件清理	
	5	文件、文件夹的共享或存取权限检查	
	6	检查并校正系统日期和时间	
应用软件	1	应用软件完整检查、核对	
	2	应用软件启动、运行过程检查	
	3	应用软件查错、自诊断	
	4	应用软件运行信息检查	
	5	应用软件修改后进行备份	
数据库	1	数据库访问权限检查	
	2	数据库表查询	
	3	历史数据存储状态检查	
	4	历史数据定期转存	
系统功能	1	服务器与各分中心工控机通信检查	
	2	应用服务器软件运行状态检查	
	3	数据库软件运行状态检查	
	4	WEB 软件运行状态检查	
	5	系统时钟同步检查	
	6	系统限（定）值检查、核对	
	7	软件修改后功能测试	

（4）泵站监控系统故障维修记录（见表4-124）

表 4-124　泵站监控系统故障维修记录

序号	日期	故障现象及修复情况	是否解决	维修人

注：故障现象及修复情况应包括故障设备、故障情况、发生时间、维修过程、修复时间。

十五、控制运用

考核内容：制订泵站控制运用计划或调度方案；按泵站控制运用计划或上级主管部门的指令组织实施；操作运行规范，按照操作规程实现优化运行。

赋分原则：无控制运用计划或调度方案，此项不得分。未按计划或指令实施泵站控制运用，每发生1次扣10分；违反操作运行规程，每次扣10分。

条文解读：

（1）应有经上级批准的控制运用计划或调度方案。

（2）应有运行值班制度，高低压电气设备、主机泵、辅机系统等操作运行规程。

（3）调度指令的接受与下达、执行要有详细记录。

（4）设备操作规范，操作要按规定填写、注销和存档。

（5）有泵站运行记录和巡视检查记录。

（6）每年应对工程运行时间、水量等进行统计汇总。

规程、规范和技术标准及相关要求：

（1）《中华人民共和国防汛条例》

（2）《泵站技术管理规程》（GB/T 30948）

（3）《泵站运行规程》（DB32/T 1360）

（4）《江苏省泵站技术管理办法》

备查资料：

（1）泵站工程控制运用办法（方案）；

（2）泵站工程运行操作规程；

（3）泵站工程运行日志；

（4）泵站工程运行检查记录；

（5）泵站工程工程调度指令和执行记录；

（6）泵站工程运行操作票；

（7）泵站工程年度运行时间及水量统计。

参考示例：

泵站工程运行日志（见表4-125）

表 4-125　泵站工程运行日志

年　　月　　日

0～8时		8～16时							
值班长		值班长							
值班员		值班员							
16～24时		机组开机台时统计							
		1号机组		2号机组		3号机组		4号机组	
		当日运行	累计运行	当日运行	累计运行	当日运行	累计运行	当日运行	累计运行
		5号机组		6号机组		7号机组		8号机组	
		当日运行	累计运行	当日运行	累计运行	当日运行	累计运行	当日运行	累计运行
		9号机组		10号机组					
		当日运行	累计运行	当日运行	累计运行				
值班长									
值班员								值班：_____	

十六、现代化管理

考核内容：有管理现代化发展规划和实施计划；积极引进、推广使用管理新技术；引进、研究开发先进管理设施，改善管理手段，增加管理科技含量，推进精细化管理；工程监视、监控、监测自动化程度高；积极应用管理自动化、信息化技术；设备检查维护到位；系统运行可靠，利用率高。

赋分原则：无管理现代化发展规划和实施计划，扣 10 分；管理技术手段落后，扣 5～10 分；办公设施现代化水平低，扣 5～10 分；未建立信息管理系统，扣 5 分；未建立办公局域网，扣 5 分；未加入水信息网络，扣 5 分；工程未安装使用监视、监控、监测系统，每缺 1 项扣 5 分；设备检查维护不到位，扣 5 分；运行不可靠，扣 10 分；使用率低，扣 5 分。

条文解读：

（1）有现代化发展规划和实施计划，规划和实施计划应报上级部门审批。

（2）新设备、新材料、新技术、新工艺开发运用有推广证明材料。

（3）采用计算机监控系统实现自动监视和控制的泵站应根据各自具体情况，制定计算机监控系统运行管理制度。

（4）泵站计算机监控系统各执行元件动作可靠，各项测量数据准确，各种统计报表完整，运行正常，使用率高；监控系统操作权限明确，监控设备维护及集控室有管理制度，并上墙明示。

（5）泵站上下游引河、工作桥、公路桥、启闭机房、变压器室、高低压开关室、集中控制室、控制保护及 PLC 室、每台主机泵、电机层、水泵层、辅机设备及办公区等应安装视频监视系统。

（6）水情自动测报设施、工程观测设施、监测设备运行正常，使用率高；数据采集、计算、分析准确及时。

（7）开发本单位信息管理系统和内部办公局域网，办公自动化程度高，能通过内网上省、市、县水利信息网。

（8）历史数据应定期转录并存档，软件修改前后必须分别进行备份，并做好修改记录。

规程、规范和技术标准及相关要求：

（1）《泵站技术管理规程》（GB/T 30948）

（2）《水电厂计算机监控系统运行及维护规程》（DL/T 1009）

（3）《视频安防监控系统工程设计规范》（GB 50395）

备查资料：

（1）泵站工程现代化规划及上级批文；

（2）泵站工程现代化实施计划；

（3）泵站工程信息化建设规划；

（4）泵站工程管理信息系统方案；

（5）泵站工程监控系统方案；

（6）泵站工程维修项目管理卡（自动化系统）；

（7）泵站工程检修试验记录表（自动化系统）；

（8）泵站工程新材料、新技术、新设备应用推广证明；

（9）泵站工程信息化系统检查表；

（10）泵站工程自动化监控系统图片资料。

参考示例：

（1）泵站工程现代化规划编制要点

泵站工程现代化规划应包括：工程现状与形势分析、现代化内涵与指标、指导思想与总体目标、工程管理、防汛防旱及应急能力建设、工程设施建设、信息化建设、实施计划、保障措施等。

（2）泵站工程信息化建设规划编制要点

泵站工程信息化建设规划应包括：工程概况、信息化现状和存在问题、信息化建设目标、工程监控系统、水文信息化系统、数据管理系统、防汛防旱决策系统、电子政务系统、移动应用系统、投资规模与实施计划等。

第五章　经济管理

经济管理共 4 条 100 分，包括财务管理，工资、福利及社会保障，费用收取和水土资源利用等。

一、财务管理

考核内容：维修养护、运行管理等费用来源渠道畅通，使用规范，"两项经费"及时足额到位；有主管部门批准的年度预算计划；开支合理，严格执行财务会计制度，无违规违纪行为。

赋分原则：资金来源渠道不畅通，扣 10 分；维修养护、运行管理等经费使用不规范，扣 1~5 分；公益性人员基本支出和工程公益性部分维修养护费未能及时足额到位，每低 10% 扣 5 分，低于 60%，此项不得分；没有按照批准的年度预算计划执行，扣 10 分；财务检查或审计报告中有违规违纪行为的，每起扣 10 分。

条文解读：

（1）维修养护经费：纯公益性单位及准公益性单位的维修养护经费，除省下达的流域性工程维修养护经费外，市、县同级财政或主管部门均应安排一定数额的维修养护经费；经营性单位应根据工程需要，安排一定数额的维修养护经费以保证工程安全运行。

（2）运行管理经费：包括人员及公用经费，应按同级财政部门核定的事业单位人员及公用经费标准核定。纯公益性单位，无收入的，人员及公用经费应全部纳入财政预算，有收入的，不足部分由财政纳入部门预算；准公益性单位收入不足的，不足部分由同级财政或上级主管部门补助；自收自支单位收入足以安排人员及公用经费的，对经营收入、收费收入、其他收入要确定其是否稳定，一般要提供近三年收入情况，来分析确定收入来源是否稳定。

（3）维修养护、运行管理等费用需提供经批准的近三年的部门预算、有关经费指标通知单和财务收入、支出账及有关报表、按照规定标准测算的有关资料，据此判断经费是否及时、足额到位。

（4）维修养护经费是专项资金，应专款专用，不得截留、挤占、挪作他用，不得弄虚作假，虚列支出。维修养护项目实行专账核算，按照下达的明细项目设置明细账，独立反映资金的收、支、余情况，实行财政报账制的项目，报账和核算时应提供支出明细原始凭证。水利工程维修经费要实行项目管理。专项资金结算应通过银行转账进行，不得以大额现金（单笔或多笔超过 5000 元的）预付及结算施工工程款、材料设备和劳务价款，如因对方确无银行账号，需现金支付的，应报单位财务部门提出意见后报单位分管财务负责人批准，经批准后应当汇入对方银行卡，并在报销凭证上注明姓名，留有身份证复印件、家庭地址、宅电及移动电话，不得由他人代为领取结算经费。项目实施单位应按有关规定建立健全资金支付程序和手续，加强合同的审查和管理，按实际工程进度申请支付资金。市县财政、水利部门及项目实施单位应严格按照规定用途使用专项资金，未经批准，不得擅自调整或改变项目内容，执行中确需调整的，由县级以上财政、水利部门在项目批复4个月内向省财政厅、省水利厅提出书面申请，经批准后方可变更，省属工程由省水利厅直属水利工程管理处向省财政厅、省水利厅提出书面申请。

（5）下列费用不得在维修养护经费中开支：

① 纳入行政事业编制由财政单独核拨经费的水管单位在职人员经费、离退休人员经费及公用经费。

② 水利工程中非公益性部分维修养护支出。

③ 工程更新改造费用，超常洪水造成的较大工程抢险、水毁工程修复及其他专项费用。

④ 超出正常维修养护项目范围，未经省财政厅认定的开支项目和费用。

（6）有主管部门批准的年度预算计划。部门预算单位需提供财政部门下达的部门预算，非部门预算单位应提供主管部门批准的年度预算。严格按照批复的预算执行，调整预算按规定程序报批。

（7）严格按照《中华人民共和国会计法》的规定，合理设置财务机构，内部岗位责任制明确，财务管理制度健全；会计信息真实可靠、内容完整，基础工作规范；独立编制预算，独立核算；银行印鉴、密钥等实行分置，主办会计对银行存款按月逐笔核对，定期核对库存现金，有核对记录，国库集中支付制度完善；所有费用支出必须提供合法的票据，不得以白条抵库；加强票据管理；建立材料验收、领用、登记制度；加强经济合同管理，建立完善的经济合同管理制度，对标的金额超过5000元的对外部的经济事项均需签订经济合同，合同内容必须全面真实，包括当事人名称、地址、合同标的数量、规格型号、品牌、价款或报酬、质量保证金金额或比例及支付条件、履行期限、地点和结算方式，违约责任等合同事项，合同需经双方法定代表人或授权代表签字并加盖单位印章，工程维修养护合同应注明合同对方必须无条件接受财政、水利和本单位对该项工程实际成本的延伸审计或资金使用情况检查；加强采购管理，遵守政府采购法律法规，对已经达到公开招标规模的项目应实行公开招标采购，对已达到当地财政部门明确的集中采购限额标准的项目，应当按当地政府采购有关规定实施政府集中采购，对未实施公开招标也未实施政府集中采购的项目，应当按规定实施部门集中采购或单位分散采购，实施部门集中采购及单位分散采购限额由市县水利部门制定；三公经费、会议费、培训费开支规范；近几年检查未发现各类违规违纪现象，税务、财务审计报告中无挤占专项款、虚列支出、"小金库"等各种违规违纪行为。

（8）资产管理制度健全。对购置的资产及时进行验收登记，录入资产信息管理系统，并进行账务处理，房屋建筑物等工程完工后，应及时进行竣工决算和验收，按规定进行财产物资移交，使用单位要办理有关权属证书，并按照固定资产管理要求，及时做好资产登记造册入账等工作；定期对资产进行清查盘点，每年至少盘点一次，做到账、卡、实相符；使用专项资金购置的资产或形成的资产，应当及时办理决算验收登记，按规定纳入单位资产管理；资产处置应当严格履行审批手续。

备查资料：

（1）江苏省水利厅关于×××年省级部门预算的批复；

（2）江苏省财政厅、江苏省水利厅关于下达×××年度省级水利工程维修养护经费的通知；

（3）×××年财政厅财政资金到位批复数（附财政拨款情况表）；

（4）财税、财务检查及相关审计报告；

（5）相关财务管理制度、会计报表、账册及会计凭证、银行对账单等；

（6）各年度工程维修养护经费、运行管理经费情况表；

（7）经济合同；

（8）固定资产盘点表。

参考示例：

年度预算执行情况

年度预算执行情况应包括：部门预算执行情况；专项经费执行情况等。

二、工资、福利及社会保障

考核内容：人员工资及时足额兑现；福利待遇不低于当地平均水平；按规定落实职工养老、失业、医疗等各种社会保险。

赋分原则：工资不能按时发放，扣5分；年工资不能足额发放，扣5分；福利待遇低于当地平均水平，扣5分；未按规定落实职工养老、失业、医疗等社会保险，每缺1项扣5分。

条文解读：

（1）需提供当年工资、福利发放表及有关财务凭证、账册，统计年鉴确定的当地城镇居民平均收入。

（2）办理养老、医疗、失业等社会保险的有关凭证（如保险机构保险费结算单、参加保险人数的证明资料、财务汇缴保险费单据等），如当地政府有关规定可暂不交的，应提供相关文件，可视同已缴纳相关保险。离退休人员工资由财政全额承担的，可视同已办理养老保险。

备查资料：

（1）×××年××市国民经济和社会发展统计公报；

（2）工资、福利发放表；

（3）机关事业单位养老保险基金结算凭证，医疗、失业、工伤等社会保险结算凭证；住房公积金汇缴凭证。

参考示例：

×××年××市国民经济和社会发展统计公报

×××年××市国民经济和社会发展统计公报应包括：全体居民人均可支配收入金额及增长率，城镇常住居民人均可支配收入金额及增长率。

三、费用收取

考核内容：按有关规定收取各种费用，收取率达到95%以上。

赋分原则：各项费用收取率（分别计算收取率，取其算术平均值）低于95%的，每低5%扣3分，此项最低得0分。

条文解读：

（1）水费征收应按照物价部门核定的水价执行，按照《江苏省水利工程水费管理办法》（苏水财〔2015〕12号）进行管理，并与用水户签订供用水合同。

（2）船闸和有通航孔的节制闸船舶过闸收费应符合《江苏省水利系统船舶过闸费征收和使用办法》（苏财综〔96〕198号、苏价费〔1996〕541号、苏价规〔2013〕5号、苏价费〔2015〕71号）的有关规定（特殊工程除外）。

（3）小水电发电按照与电力部门签订的发电上网协议执行。

（4）河道堤防占用补偿费等有关费用的收取，应符合相关政策法规的规定。

（5）各类费用收取应按列入政府清单目录中的收费项目执行，并制定费用收取管理办法，明确岗位责任制。

（6）收费窗口应将收费依据和收费标准予以公示。

备查资料：

（1）与用水户签订的供用水协议；

（2）与电力部门签订的发电上网协议；

（3）江苏省水利系统船舶过闸收费标准表；费用收取管理办法，明确岗位责任制。

参考示例：

（1）江苏省水利系统船闸船舶过闸经营性收费标准表（见表5-1）

表5-1　江苏省水利系统船闸船舶过闸经营性收费标准表　　　　　元

船舶类别		收费方式	按照船舶准载吨位每次收费	按照船舶总吨位每次收费	按照每立方米每次收费
1	轮队	装载货物	0.6		
		空载	0.5		
2	挂机船、机帆船、工作船、货轮（空重不分）、旅游船		0.7		
3	拖轮、挖泥船、泥驳、宿舍船、抽水机船等			0.1	
4	排筏及其他浮运物				0.4

备注：凡符合《江苏省水利系统船闸船舶过闸经营性收费管理办法》第八条规定的过闸船舶，免收过闸费。

251

（2）船舶过闸管理规定

为加强船舶过闸管理，建立良好的过闸秩序，根据国家和省有关规定精神，结合本区域的船舶过往情况，特制定本规定：

① 所有过闸船舶必须服从船闸管理人员的监督、检查、指挥调度，过闸船舶的所有人、经营人必须严格遵守港航规章及本所制定的有关管理规定，自觉服从管理。

② 除交通主管部门的港监、航道工程船舶以外，其他所有过闸船舶均必须在远方调度站履行报到，办理登记，领取过闸号，接受检查，按指定地点停泊。

③ 按通知进入闸口引航道的所有船舶必须两条一帮停泊，不得超帮停靠，影响引航道畅通。

④ 绿灯亮后方可进闸。

⑤ 一切船舶进闸时，必须服从值班人员的指挥，严格遵循先出后进的规定，顺序慢行，不得抢档超越。过闸船舶的船员，必须认真驾驶操作，注意安全，要爱护国家财产，不得损坏船闸建筑物及其附属设备，不准用笛钩勾捣闸门，不准在闸室上下旅客，装卸货物，倾倒垃圾污物粪便。不准在闸墙涂写刻划，禁止在闸室内生火和使用火源。闸门运行时严禁船舶进出。

⑥ 进闸后的船舶必须在安全警戒线后停泊，必须上足档位，带活缆绳，密切注视闸室涨落水时自身船舶的安全。

⑦ 船舶安全系好后，立即上闸到服务大厅核查盖章。

⑧ 船舶出闸时，必须在闸门开启完毕以后听指挥行驶出闸。

⑨ 装运危险品的船舶除必须严格遵守本规定外，还必须在安全地点单独停泊，并主动与值班人员联系，交验危险品准运证件，接受交通检查站的检查，听候安排过闸。

⑩ 有规定属于提放范围的电煤专运船队，装运鲜活货船队，军用及抢险救护的特种船舶，必须持有规定的证明手续，在向远方调度站联系后，主动与船闸值班所长联系，可安排优先放行。

⑪ 为确保船闸安全畅通和过往船舶的安全航行，船闸有权禁止下列船舶通过：

a. 违反中华人民共和国的有关法律、法规和港航规章的。

b. 不符合航行规定或港航监督部门通知扣留的。

c. 船舶局部破坏或安全状况差（包括危险品船舶），严重不适航，不适拖的。

d. 安全交通事故后手续未清或未承担赔偿费用又无适当担保的。

e. 有其他妨碍交通安全的情况和可能对船闸安全畅通、设备、设施造成危害的。

⑫ 各类船舶、排锋和浮运物体过闸，必须交验航行证件，全部货物运单，并按规定缴纳过闸费，凡有下列行为者，按规定补收或加收过闸费：

a. 购票时不出验全部货物运单，少报吨位，除按章补缴不足吨位应缴过闸费外，视情节轻重加收应缴费额 3 倍以下的过闸费。

b. 无票进闸、抢档进闸，除按提放船舶计征过闸费外，并加收应交费额 3 倍的过闸费。

c. 私自买卖过闸凭证，使用回笼过闸票据，抗拒检查，伪造、涂改闸票和过闸证件及其他不法行为者，按船舶应缴费额的 5 倍以下计征过闸费，情节严重的，报公安或司法机关处理。

d. 过闸船舶、排筏和浮运物体，缺少本航次已过船闸的过闸费票据，由检查的船闸管理机构补征其应缴过闸费。违反前款规定者，由船闸管理人员处理，在未交清过闸费前，船闸管理机构有权扣留航行签证簿，处理时应做好文字记录，存档备查。

未作处理前，不予过闸。按章补缴和加收的过闸费应给予正式票据。

⑬ 本规定由本公司负责解释，限对本套闸管辖区域内的待闸和通过船舶有效。

⑭ 本规定自××××年×月×日起实施。

（3）船舶过闸安全管理制度

① 凡过闸船舶必须服从船闸管理人员的检查、监督、指挥、调度，必须严格遵守过闸须知。

② 过闸船舶应主动办理过闸手续，按规定缴纳过闸费。

③ 船舶进闸前应按指定停泊区顺序停靠，不得影响引航道畅通。

④ 船舶过闸时，必须服从指挥，先出后进，顺序慢行，不得抢档超越。过闸船舶的驾驶员、船员必须认真驾驶、操作，注意安全。

⑤ 进闸后的船舶不得超越安全警戒标停靠，及时带活缆绳，密切注视闸室涨落水时自身船舶的安全，禁止在闸室内生火或使用火源，乱倒垃圾污物等，闸门运行时严禁船舶进出。

⑥ 船舶出闸时，必须等闸门完全开启后按顺序出闸。

⑦ 装有危险品的船舶，按"危险品船舶过闸安全管理制度"执行。

⑧ 对违反《船闸管理办法》和本制度而造成严重后果的，公司视情节予以处罚，或提交公安机关追究刑事责任。

（4）售票员岗位职责

① 严格执行规费征收标准，认真做好售票工作，坚持应征不漏、应免不征，做到不错收、不漏收。

② 认真核对过闸船舶吨位，坚持唱收唱付，保证售出的票据章印齐全，不发生差错。

③ 严格遵守财经纪律和制度，不贪污、不挪用，票据领用及时，自觉接受领导、财务人员对票据、现金的不定期检查，负责将过闸费送银行。

④ 按规定妥善保管和结算好本班船舶过闸票据，认真履行交接班手续，安全使用保险柜，不发生失职行为。

⑤ 积极完成领导交办的其他工作。

四、水土资源利用

考核内容： 有水土资源开发利用规划，充分合理利用管理范围内的水土资源；可开发水土资源利用率达80%以上，利用开发效果好。

赋分原则： 没有水土资源开发利用规划，扣5分；可开发水土资源利用率达不到80%，扣10分；利用开发效果不好，扣5分。

条文解读：

（1）应提供上级主管部门批复的具体的水土资源开发利用发展规划和分年实施计划。

（2）提供有关经营的财务凭证、账册及报表，确定经济效益的好坏和盈亏。

（3）管理单位应发挥水利工程优势，充分开发管理范围内水土资源。管理范围内绿化部分，视同土地资源已经开发利用。利用率＝已开发面积（含绿化）/可开发面积。

备查资料：

上级主管部门批复的××××年水土资源开发利用及水利经济发展规划；相关台账。

第六章　小型水库规范化管理

为进一步完善水利工程管理考核体系，2010 年省厅以苏水管〔2010〕211 号文印发了《江苏省小型水库工程管理考核办法（试行）》及其考核标准。2014 年，将小型水库管理考核并入全省水利工程管理考核，并在 2017 年再次对考核办法和考核标准进行了修订，现就小型水库的规范化管理和考核达标作简要介绍。

一、组织管理

共 6 条 11 分，包括管理体制和运行机制、机构设置和管理人员配备、管理设施、规章制度、资料管理、年度自检和考核等。

1. 管理体制和运行机制（2 分）

考核内容： 管理体制顺畅、管理权限明确；落实管养责任；建立合理、有效的考核激励机制。

赋分原则： 未完成深化小型水利工程管理体制改革验收的，此项不得分；产权不明晰、管理体制不顺扣 0.5 分；管理权限不明确扣 0.5 分；未落实管养责任扣 1 分；未建立合理、有效的考核激励机制扣 1 分。

条文解读：

（1）深化小型水利工程管理体制改革需通过县级政府自验和市级水利、财政联合验收，未落实县级以下管护经费的，应视为未完成改革。

（2）水库产权单位清晰，主管单位和管理单位明确。

（3）水库归口管理部门（水利、能源、旅游、建设、农业等）不明的，视为管理权限不明确。

（4）水库上级主管部门（单位）对水库管理单位，水库管理单位对管护人员应建立考核激励机制。

（5）检查水库管护工作岗位职责划分资料、管护人员和管理工作考核结果、考核结果奖惩材料。

2. 机构设置和管理人员配备（2 分）

考核内容： 管理机构设置有批文；落实管理人员，并经培训上岗。

赋分原则： 无固定管理人员，此项不得分；管理人员未培训扣 1 分，无县级以上（含县级）水行政主管部门颁发的培训合格证扣 0.5 分；现场管理人员业务能力不满足管理需求扣 1 分。

条文解读：

（1）有承担管理责任的单位，即可认为有管理机构。

（2）小型水库管理所等无专门管理单位的，必须有固定的管理人员，否则此项不得分。

（3）现场管理人员应经过培训具备看报水尺水位、发现渗漏异常现象等基本管理要求的业务能力。

（4）应有管理机构成立文件或主管单位出具的说明、管护人员水库管护培训合格证书。

3. 管理设施（2分）

考核内容：管理用房、通信设施齐全；管理区整洁，环境优美。

赋分原则：无专用管理用房，此项不得分；无通信设施扣0.5分；管理区不整洁，有杂草杂物扣1分；有固定通信设施加0.5分。

条文解读：

（1）管理设施包括：管理用房、水雨量测量设施、通信设施和档案柜。

（2）管理用房被占用，视为无专用管理用房。

（3）几座水库集中建设管理用房的，各水库现场需有值班房。

（4）管理房内需配备有线或无线座机。

（5）环境整洁。

4. 规章制度（3分）

考核内容：建立水库管理岗位责任制、调度运用制度、巡视检查制度、维修养护制度、防汛抢险制度、闸门操作规程、资料管理制度等；制度明示。

赋分原则：制度不健全，每缺一项扣0.5分；制度针对性和可操作性不强，扣0.5分；制度未明示扣0.5分。

条文解读：

（1）对照标准，应制定水库管理岗位责任制、调度运用制度、巡视检查制度、维修养护制度、防汛抢险制度、闸门操作规程、资料管理制度等，制度齐全的可赋分，制度不健全的相应扣分，掌握要点是涵洞、泄洪闸的启闭操作制度一定要明示在启闭房内。

（2）制度套用其他水库，未针对水库实际制定，视为没有针对性和可操作性。

5. 资料管理（1分）

考核内容：各类工程管理资料规范齐全，分类清楚，存放有序，按时归档。

赋分原则：无档案柜或不按时归档此项不得分；工程管理资料不齐全扣0.5分；分类不清楚、存放杂乱扣0.5分。

条文解读：

（1）水库现场应有档案柜。

（2）水库除险加固工程建设资料可存放在水利局，但考核时需提供查阅。

（3）水库需有巡查、防汛值班、水雨情、闸门启闭等运行资料。

（4）年度水库工程管理资料应整理装订成册，做到一库一册。

6. 年度自检和考核（1分）

考核内容： 管理单位按照规定每年进行自检，并报上级水行政主管部门，上级水行政主管部门按规定进行考核。

赋分原则： 管理单位未开展年度自检，每年扣0.5分；未报上级水行政主管部门考核，每年扣0.5分；上级水行政主管部门未按规定考核，每年扣0.5分。

条文解读：

（1）需提供县级水行政主管部门逐库考核支撑材料和市级水行政主管部门按比例进行复核的支撑材料，资料签字齐全。

（2）支撑材料主要有管理单位水库管护工作年度自检考核表上报资料、上级水行政主管部门年度考核情况。

二、安全管理

共9条28分，包括注册登记、安全鉴定、划界确权、大坝安全责任制、水行政管理、防汛组织、防汛预案、除险加固、安全生产等。

1. 注册登记（2分）

考核内容： 按照《水库大坝注册登记办法》进行注册登记，并及时办理变更事项登记。

赋分原则： 未按要求进行大坝注册登记，此项不得分；未及时办理变更事项登记，扣1分。

条文解读：

（1）完成了新一轮注册登记和复查换证，注册登记表填报的内容准确或齐全。

（2）工情或注册信息发生变化，应在工程竣工验收后3个月内及时进行变更完善。

2. 安全鉴定（3分）

考核内容： 按照规定开展安全鉴定工作，鉴定成果用于指导水库的安全运行和除险加固。

赋分原则： 未进行大坝安全鉴定，此项不得分；未将鉴定成果用于指导水库安全运行或除险加固，扣1分。

条文解读：

（1）除险加固竣工验收满5年或正常运行距上次安全鉴定满8年应进行安全鉴定。

（2）安全鉴定时限超期但已完成的，可不扣分。

（3）安全鉴定应由具有水利水电勘测设计丙级以上（含丙级）资质的单位或水利部公布的有关科研单位和大专院校（江苏省为南科院和河海大学）承担。

（4）安全鉴定结果为三类坝的，一票否决。

（5）支撑材料主要有安全鉴定资料及成果用于指导水库安全运行或除险加固资料。

3. 划界确权（3分）

考核内容：按规定进行划界确权，管理范围和保护范围明确；界桩齐全、明显；护坝地明确。

赋分原则：未完成划界，此项不得分；水库库区管理范围、大坝管理和保护范围未全部划定，扣2分；管理范围和保护范围未向社会公布，扣1分；界桩不齐全、不明显扣1分；无护坝地扣1分，护坝地不满足管理要求扣0.5分。

条文解读：

（1）划界确权并经政府验收。

（2）划界只明确水库管理范围，未明确大坝管理和保护范围的，视为未全部划定。

（3）护坝地为鱼塘、水稻田等无法观察渗漏情况的，视为无护坝地。

（4）护坝地宽度不足10米的，视为护坝地不满足管理要求。

（5）界桩齐全，标志清晰。

（6）划界确权资料及成果，应有管理范围的平面图（示意图），在图上应有管理（保护）范围和高程标注。

4. 大坝安全责任制（2分）

考核内容：落实政府、主管部门及管理单位三级责任人，现场公示，并及时以书面形式告知责任人。

赋分原则：三级责任人未按要求落实并发文公布，此项不得分；未在公共媒体上公布扣1分；未现场公示扣1分；未以书面形式将工程情况、履职要求告知责任人扣1分。

条文解读：

（1）三级责任人（非防汛责任人）应由水行政主管部门正式发文公布。

（2）责任人名单应在报纸或政府网站公布，只在水利局网站公布的，扣0.5分。

（3）水行政主管部门应将水库工程情况及存在问题、履职要求书面告知各责任人。

（4）政府、主管部门、管理单位责任人应在大坝醒目位置公示。

5. 水行政管理（4分）

考核内容：有水库开发利用规划；坚持依法管理；管理范围内无违章行为；危险区警示标志醒目；无排放有毒或污染物等破坏水质的活动。

赋分原则：未经政府批准的水库开发利用规划扣1分；管理范围内有违章行为，每处扣0.5～2分；宣传标牌、危险区警示标志不醒目扣1分；有向水库排放有毒或污染物等破坏水质的活动，每起扣1分；水库水质污染严重扣2分。

条文解读：

（1）编制水库开发利用规划。

（2）管理范围内水法规颁布以前发生的行为，可不视为违章行为。

（3）发现有违章建筑、污染水体活动，要有详细记载及处理结果。

（4）宣传牌、警示牌设置规范醒目，泄洪闸（溢洪闸）、输水涵洞等危险区域设置警示标志。

（5）新创建水库在近 3 年、复核水库在复核周期内有新增违章行为的，一票否决。

6. 防汛组织（4 分）

考核内容：防汛责任制落实，责任到人；防汛抢险队伍、物资落实。

赋分原则：防汛责任制不落实扣 2 分；未现场公示扣 1 分；防汛抢险队伍不落实扣 1 分；物资不落实扣 1 分，现场必要的防汛物资储备不足扣 0.5 ~ 1 分，存放不规范扣 0.5 分。

条文解读：

（1）落实水库防汛行政责任人和技术责任人，并于汛前向社会公布。

（2）水库抢险人员名册齐全。

（3）防汛物资需经测算，现场需储备砂、石、木桩、编织袋、铁锹、应急灯等必要的防汛物资，其余防汛物资可代储，但需有代储协议和物资调运路线图，并注明调运路线长度、时间等要素。

（4）开展防汛抢险培训和演练及相关资料、图片。

7. 防汛预案（2 分）

考核内容：有水库汛期调度运用方案、防汛抢险应急预案，预案可操作性强。

赋分原则：无方案、预案，每少一项扣 1 分；未按规定审查审批扣 1 分；内容不全扣 0.5 分；可操作性不强扣 0.5 分。

条文解读：

（1）小水库汛期调度运用方案按省防指中心要求编制，并经有审批权的防汛指挥机构批准执行，方案可操作性强。

（2）防汛抢险应急预案应由县级防汛指挥机构编制，经市级防汛指挥机构审查同意，报同级人民政府批准，可操作性强。

8. 除险加固（3 分）

考核内容：大坝能按规划设计标准正常运行；病险水库有除险加固实施计划，未除险加固前有安全运行措施。

赋分原则：一类坝或已除险加固水库，此项满分。二、三类坝，无除险加固规划及实施计划扣 1 分；除险加固前未制定安全运行措施扣 1 分。

条文解读：

（1）实施除险加固工程，通过工程竣工验收，且在验收后，工程运行未发现新的重大隐患。

（2）已列入省除险加固计划的水库，应有安全运行措施。

（3）检查除险加固工程竣工验收报告、除险加固计划和加固前安全运行措施。

9. 安全生产（5 分）

考核内容：《水库大坝安全管理应急预案》完善；隐患排查治理及时；安全生产方面无重大责任事故。

赋分原则：未编制《水库大坝安全管理应急预案》扣 3 分，未按规定批复扣

2 分，未及时修订并批复各扣 0.5 分；未按规定开展重大隐患排查治理扣 2 分；每发现 1 处安全生产隐患扣 0.5 分；工程及设施、设备不能正常运行扣 1 分。

条文解读：

（1）《水库大坝安全管理应急预案》应经县级以上地方人民政府批准。

（2）水库发生除险加固等重大工情变化，应将预案修订后重新报政府批准。

（3）重大隐患排查治理应按照《水利工程生产安全重大事故隐患判定标准（试行）》（水安监〔2017〕344 号）开展。

（4）检查《水库大坝安全管理应急预案》及上级审批批文、县级水行政主管部门出具的近几年安全生产无事故证明。

三、运行管理

共 8 条 55 分，包括工程检查，水雨情观测，工程养护，工程维修，汛情测报，防洪、兴利调度，操作运行，管理现代化等内容。

1. 工程检查（10 分）

考核内容：按规定对坝体、溢洪道（闸）、输水涵洞等建筑物及闸门、机电设备、管理设施等开展检查；检查内容齐全，记录和审签规范，有分析及处理意见。

赋分原则：未开展检查，此项不得分；检查频次不足扣 2 分；未制定检查线路图扣 1 分，未明示扣 0.5 分；无汛前、汛后专项检查总结报告各扣 1 分；汛期、高水位、水位突变、地震等特殊情况下未增加检查扣 1 分；检查内容不全扣 1 分；检查记录不规范扣 1 分；无负责人签字扣 1 分；无初步分析及处理意见扣 1 分；有检查未发现的问题，每处扣 2 分；涵洞未进洞检查并记录、拍照扣 1 分；有渗水、窨潮、裂缝等现象未记录发展变化情况扣 1 分。

条文解读：

（1）巡视检查分为日常巡视检查、年度巡视检查和特别巡视检查三类：

① 日常巡视检查：管理单位应根据水库工程的具体情况和特点，制定切实可行的巡视检查制度，具体规定检查的时间、部位、内容和要求，并确定日常巡视检查路线和检查顺序，由技术人员负责进行。日常巡视检查的次数应符合下列要求：

a. 施工期，宜每周 2 次，但每月不少于 4 次。

b. 初蓄水期或水位上升期，宜每天或每两天 1 次，但每周不少于 2 次，具体次数视水位上升或下降速度而定。

c. 运行期，宜每周 1 次，或每月不少于 2 次，汛期、高水位及出现影响工程安全运行情况时，应增加次数，每天至少 1 次。

② 年度巡视检查：每年汛前、汛后、用水期前后、有蚁害地区的白蚁活动高峰期和冰冻较严重时，应按规定的检查项目和内容，由管理单位负责人组织对水库工程进行全面或专门的检查，一般每年不少于 2~3 次。

③ 特别巡视检查：当水库遭遇到暴雨、大洪水、有感地震、强热带风暴，以及库水位骤升骤降或持续高水位等情况，发生比较严重的破坏现象或出现危险迹象时，应由主管单位负责组织特别检查，必要时应组织专人对可能出现险情的部位进行连续监视。当水库放空时应进行全面巡视检查。

（2）各级水库主管单位应组织对水库安全运行管理进行监督检查，一般每年不少于 1~2 次。

（3）记录、分析及处理：

① 每次巡视检查均应做出记录。对已发现的异常情况，除详细记述时间、部位、险情和绘出草图外，必要时应测图、摄影或录像。

② 现场记录应及时整理，并将每次巡视检查结果与以往巡视检查结果进行比较分析，如有问题或异常现象，应及时复查。

③ 日常巡视检查中发现异常现象时，应立即采取应急措施，措施可行记录翔实并上报主管单位。

④ 年度巡视检查和特别巡视检查结束后，应提出检查报告，对发现的问题应立即采取应急措施，并根据设计、施工、运行资料进行综合分析，提出处理方案，上报上级部门。

⑤ 各种巡视检查的记录、图件和报告等均应整理归档。

（4）巡视检查制度应上墙明示。

（5）年度巡视检查由管理单位负责人组织，特别巡视检查由主管单位组织，并需在检查结束向上级部门提交检查报告。

（6）涵洞进洞检查，每年至少 1 次，并需有相关检查记录和洞内照片。

（7）应有水库工程检查线路图，年度检查、特别检查、日常检查报表，异常情况及处理资料。

2. 水雨情观测（5分）

考核内容： 水位、雨量观测设施齐全、运行正常，观测记录规范；资料按时整编。

赋分原则： 无观测设施此项不得分；观测设施不能正常运行、读数不准扣 2 分，未按规定时间、频次补充人工观测，加扣 2 分；未定期进行自动、人工观测校对扣 2 分；观测记录不规范扣 1 分；观测资料未按规范整编扣 1 分。

条文解读：

（1）水库水雨情遥测设施和人工水尺、雨量计运行正常，读数准确。

（2）巡查记录簿上应记录人工观测数据，并与自动观测数据进行校对。

（3）观测资料每年需进行整编。资料整编分析成果中最高和最低库水位及其发生时间、年最大日雨量及其发生时间、年累计雨量应与记录一致。

3. 工程养护（21分）

考核内容：

（1）坝顶无坑凹、缺损，无高大树木、高草，无积水，无弃物；防浪墙、坝肩、踏步完整，轮廓鲜明；坝体无裂缝，无堆积物。坝坡坡面平整，草皮完整，无雨淋沟，无杂草滋生现象；护坡无松动、风化、塌陷、脱落或架空现象；排水、导渗设施无断裂、损坏、阻塞、失效现象。

赋分原则： 坝顶不平整，有缺损、高大树木、高草、积水或弃物，每 1 项扣 0.5 分，最多扣 2 分；防浪墙、坝肩、踏步损坏，轮廓不清，坝体有裂缝、坑凹和堆积物，每 1 项扣 0.5 分，最多扣 2 分；坝坡坡面不平整，草皮不完整，有雨淋沟，有杂草滋生现象，每1项扣0.5分，最多扣2分；护坡砌块有草木、损坏、风化、松动、塌陷、脱落或架空现象；排水、导渗设施有断裂、损坏、阻塞、失效现象，排水不畅，每1项扣0.5分，最多扣2分。

（2）溢洪道（闸）、涵洞、交通桥等建筑物和启闭机、闸门、机电设备清洁完好；进出口岸坡完整，河渠通畅。

赋分原则：溢洪道（闸）、涵洞、交通桥、启闭机、闸门、机电设备不清洁、有损坏，进出口岸坡不完整，溢洪道出口有淤积或障碍物，每1项扣0.5分。

（3）观测设施完好，工作正常；防汛道路、通信设施畅通；管理用房、启闭机房完好；工程管理标牌完好、醒目。

赋分原则：观测设施损坏、不能正常使用扣1分；防汛道路、通信设施不畅扣1分；管理用房、启闭机房损坏、门窗不完好扣1分；工程管理标牌不完好、不醒目，每1项扣0.5分。

（4）制订年度白蚁防治计划并按计划实施，有年度防治工作总结；规范开展防治，防治效果良好。

赋分原则：发现蚁害未防治或防治满三年未达控，此项不得分；未按规定组织复查验收扣2分；未制订年度防治计划扣1分；无年度防治工作总结扣0.5分；投药、设桩等防治行为不规范扣1分；防治无记录扣1分，记录不规范扣0.5分。

条文解读：

（1）小型水库白蚁防治复查验收年限为4年。

（2）大坝、护坝地及大坝两端30米的蚁患区5—6月和9—10月每月白蚁防治检查不少于3次，4月和7—8月每月检查不少于2次；蚁源区每月检查不少于1次。

（3）检查记录应包括发现指示物的时间、地点，绘制白蚁危害和指示物的分布图。

（4）养护记录应包括养护内容、时间、数量。

（5）现场检查、工程养护应符合标准。

4. 工程维修（4分）

考核内容：及时编制维修计划；有批复文件或相关资料，项目实施规范，资料完整，按计划完成并进行验收。

赋分原则：未编制维修计划扣1分；发现问题不及时处理扣1分；维修工程无设计或实施方案扣0.5分，无批复文件或相关资料扣0.5分；未按计划完成扣1分；未验收扣1分。

条文解读：

（1）省级维修养护项目应建立项目管理卡，并按管理卡要求管理。

（2）维修项目应有工程设计、批复文件、竣工验收报告，项目管理规范。

5. 汛情测报（2分）

考核内容：按时测报，测报符合规范要求。

赋分原则：测报不及时扣1分；测报不准确扣1分。

条文解读：

（1）要有汛期报汛记录。

（2）汛期水位、雨量记录应符合县级以上防汛部门的要求。

6. 防洪、兴利调度（5分）

考核内容： 制订水库防洪方案、兴利调度计划，并按规定报批，严格执行调度方案，记录规范，有年终防洪、兴利调度工作总结。

赋分原则： 有超蓄现象，此项不得分；未制订水库防洪方案、兴利调度计划扣1分；未按规定报批扣1分；未严格执行调度方案和上级（指有调度权）指令扣3分；无调度记录扣2分，调度记录不规范扣0.5分；无年终防洪、兴利调度工作总结扣0.5分。

条文解读：

（1）重点检查有无相关文件和指令，有无超蓄。

（2）防洪方案、兴利调度计划按规定报批。

（3）严格执行调度方案，防洪、兴利调度运行记录规范。

（4）有年度水库供水计划及执行情况总结。

7. 操作运行（5分）

考核内容： 溢洪闸、涵洞按操作规程和调度指令运行，记录规范。

赋分原则： 发生人为事故，此项不得分；未按操作规程和调度指令运行扣3分；记录不规范扣2分；操作规程及泄流曲线未明示，各扣1分。

条文解读：

（1）溢洪闸、涵洞的运行记录符合规定。

（2）调度指令执行及时，操作规程及泄流曲线在启闭机房明示。

（3）记录表中应有调度指令、启闭时间、闸门开高、输泄流量及水量、操作人。

8. 管理现代化（3分）

考核内容： 积极引进、使用水雨情遥测、监视、监控、预警预报、信息共享等新技术；设备完好，系统运行稳定。

赋分原则： 积极引进、使用水雨情遥测、监视、监控、预警预报、信息共享等新技术，每缺一项扣0.5分；设备损坏、系统运行不稳定各扣0.5分，最多扣3分。

条文解读：

（1）小型水库管理实现水、雨情测报自动化，信息共享。

（2）系统定期维护，运行稳定、正常。

四、经济管理

共2条7分，包括财务管理、综合效益。

1. 财务管理（5分）

考核内容： 管护经费来源渠道明确，并及时足额到位；严格执行财务会计制度，资金使用规范。

赋分原则： 管护经费未专款专用，此项不得分；县级及以下无配套管护经费扣3分；资金使用不规范扣2分；区市有配套管护经费加1分。

条文解读：

（1）检查小型水库管护专项经费使用情况，主要检查经费是否足额到位，使用和管理是否符合有关规定，具体管护人员是否取得一定的报酬，县级及以下是否有配套管护经费到位。

（2）提供省、市、县（区）三级下达小水库管护经费的文件及乡镇级财政配套经费拨付凭证。

（3）小水库养护经费支付项目金额符合规定；有年度审计报告。

2. 综合效益（2 分）

考核内容：水土资源利用合理；综合效益好。

赋分原则：水库水土资源破坏严重，此项不得分；利用不合理扣 1 分；综合效益差扣 1 分。

条文解读：

（1）水土资源利用合理，水库生态环境良好，综合效益好。

（2）利用水土资源进行养殖、种植经营活动有收益的，应附经营协议，收益凭证。

备注

（1）本标准分 4 类 25 项。每个单类单项扣分后最低为 0 分，最高分不超过本项标准分。

（2）在考核中，如出现合理缺项，该项得分为：合理缺项得分 ＝［合理缺项所在类得分/（该类总标准分 – 合理缺项标准分）］×合理缺项标准分。合理缺项依据该工程的设计文件确定，或由考核专家组商定。

表 6-1～表 6-3 分别为水库输水涵洞操作运行记录表、小型水库大坝安全检查内容、小型水库巡视检查记录表。

表 6-1 _____水库输水涵洞操作运行记录表

年 月

日期	水库水位（米）	开启时间	开启高度（厘米）	关闭时间	放水时间（分钟）	输水流量（立方米/秒）	输出水量（立方米）	操作人员签名	管理单位负责人签名	备注

表6-2 小型水库大坝安全检查内容

安全检查部位		内容与情况
坝体	坝顶	有无裂缝，异常变形，积水或植物滋生现象等
	防浪墙	有无开裂、挤碎、架空、错断、倾斜等情况
	迎水面	护面或护坡是否损坏等
	背水面	有无隆起、塌陷、雨淋沟、散浸、冒水、渗水或流土、管涌等现象，草皮防护、坡面排水沟是否完好等
	坝趾	有无冒水、渗水坑或流土、管涌等现象；排水系统是否畅通；反滤体等导渗设施有无异常；坝脚是否临塘；有无护坝地等
坝基和坝区	坝基	基础排水设施的工况是否正常；渗透水的水量、颜色、气味等有无变化
	坝端	两岸坝端区有无裂缝、滑动等异常渗水
	坝趾近区	有无窨湿、渗水、管涌、流土或隆起等现象；排水设施是否完好；绕坝渗水是否正常
	坝端岸坡	有无裂缝、滑动等迹象
	上游铺盖	有条件的应检查有无裂缝
涵洞	引水段	有无堵塞、淤积、崩塌
	竖井	有无裂缝、渗水、空蚀等
	洞身	洞壁有无裂缝、渗水等损坏现象
	出口	放水期流态、流量是否正常；停水期是否有漏水现象
	消能工	有无冲刷、裂缝、磨损、空蚀或砂石、杂物堆积等
	闸门	能否正常工作，有无锈蚀、渗水情况等
	动力及启闭机	能否正常工作，备用电源和手动启闭是否可靠
	工作桥	是否有不均匀沉降、裂缝、断裂等现象
溢洪道（闸）	进出段	有无塌陷、崩岸、淤堵或其他阻水现象；流态是否正常
	控制段	有无渗水、裂缝、剥落、冲刷、磨损、空蚀等现象
	泄槽	有无渗水、裂缝、剥落、冲刷、磨损、空蚀等现象
	消能工	有无冲刷或砂石、杂物堆积等现象
	尾水渠	是否与河道连接；断面是否满足过流要求；有无绕坝回流现象等
	有闸门控制情况	应检查闸门、动力与启闭机、工作桥等内容

表 6-3　小型水库巡视检查记录表

水库名称：＿＿＿＿＿＿＿＿＿＿＿＿＿＿＿；巡视检查时间：＿＿＿年＿月＿日；

当日天气：(晴/雨（降雨量）/阴/多云)；库水位：＿＿＿＿＿＿＿＿＿＿米；

检查人员：(签名)＿＿＿＿＿＿＿＿＿；管理单位负责人：(签名)＿＿＿＿＿＿

巡查部位		损坏或异常情况	处理措施
坝体	坝顶 防浪墙 迎水面 背水面 坝趾 排水系统 观测设施		
坝基和坝区	坝基 两岸坝端 坝趾近区 坝端岸坡		
输、泄水洞（管）	引水段 竖井 洞（管）身 出口 消能设施 闸门 启闭设备 工作桥（大梁）		
溢洪（闸）道	进口段 堰顶或闸室 溢流面 消能设施 闸门 启闭设备 工作桥 下游河床及岸坡		
库区（有无违法、违章行为）			
管理设施（包括观测、水雨情遥测、监控系统、警示标志等情况）			

注：1. 记录内容应翔实、规范，字迹清楚、端正，严禁杜撰、随意涂改。

　　2. 被巡查的部位若无损坏和异常情况，应写"无"字。

　　3. 对发现的问题应标明桩号、高程、范围和变化程度，如①渗水范围（桩号、高程、长度）、漏水量、浑浊度（清水或浑水）；②裂缝范围（位置、宽度、深度、长度）；③沉降范围（位置、高程、长度、沉降量等）。